北大社 "十三五" 职业教育规划教材

高职高专土建专业 "互联网＋" 创新规划教材

全新修订

建筑工程材料

主　编◎向积波　黎万凤　刚宪水
副主编◎陈　宇　陈思静　黄含薇

北京大学出版社
PEKING UNIVERSITY PRESS

内 容 简 介

本书主要介绍建筑材料、装饰材料、安装材料。

建筑材料部分主要介绍胶凝材料、混凝土、砂浆、钢材、墙体材料、功能性材料的分类、区别、特性、技术要求、产生原理及日常应用等知识。

装饰材料部分主要介绍建筑玻璃、建筑陶瓷、建筑石材、建筑涂料、建筑木材等材料；对平板玻璃、装饰玻璃、安全玻璃、节能玻璃的性能、用途及检验方法做了相关介绍；对如何区分天然石材和人工合成石材等做了介绍。

安装材料部分主要对给排水材料、电气材料、通风与空调材料、消防材料做了介绍；对各专业材料的识别、性能、分类和施工中应用做了介绍。

本书力求以实用为目的，通过学习本书，让建筑专业的学生对建筑工程中的材料有了解和辨认的能力，从而进一步提高技能和现场质量管理的水平。

图书在版编目(CIP)数据

建筑工程材料/向积波，黎万凤，刚宪水主编 . —北京：北京大学出版社，2018.1
(高职高专土建专业"互联网+"创新规划教材)
ISBN 978 - 7 - 301 - 28982 - 2

Ⅰ. ①建…　Ⅱ. ①向…②黎…③刚…　Ⅲ. ①建筑材料—高等职业教育—教材
Ⅳ. ①TU5

中国版本图书馆 CIP 数据核字(2017)第 298433 号

书　　　　名	建筑工程材料
	JIANZHU GONGCHENG CAILIAO
著 作 责 任 者	向积波　黎万凤　刚宪水　主编
策 划 编 辑	刘健军
责 任 编 辑	刘　雪
数 字 编 辑	贾新越
标 准 书 号	ISBN 978 - 7 - 301 - 28982 - 2
出 版 发 行	北京大学出版社
地　　　　址	北京市海淀区成府路 205 号　100871
网　　　　址	http://www.pup.cn　新浪微博：@北京大学出版社
电 子 信 箱	pup_6@163.com
电　　　　话	邮购部 62752015　发行部 62750672　编辑部 62750667
印 刷 者	北京虎彩文化传播有限公司
经 销 者	新华书店
	787 毫米×1092 毫米　16 开本　16.25 印张　390 千字
	2018 年 1 月第 1 版
	2021 年 10 月修订　2021 年 10 月第 5 次印刷
定　　　　价	42.00 元

修订前言

建筑工程材料是一门理论结合实验的课程，而建筑材料知识空洞、难学已经成为高职高专学生的共识。学生普遍认为：理论部分涉及材料检测标准方法较多；试验部分操作步骤繁多，实践性强，难以掌握。因此，编写一本具有高职高专特色的，易读、易懂、易掌握且方便学生毕业后在工作中应用的教材，已成为迫切需要解决的问题。

在本书编写过程中，参考借鉴了近期的新标准、新规范及新出版的建筑材料相关教材、专著等的优点，充分考虑高职高专教育培养高素质应用型人才的要求，同时考虑高职高专学生的学习特点，对知识内容、案例等方面进行了特殊处理。本书主要具有以下特点。

第一，可读性强，规范、标准新。

第二，操作性强，参考内容多样。

第三，实践性强，步骤清晰易懂。

同时本书以"互联网＋"教材的建设理念，以二维码的形式链接了相关的学习素材，使学生学习不局限于教材，可以通过扫描书中二维码来阅读更多学习资料。

本书这次修订增加了课程思政内容，同时对第2篇内容做整体调整。

本书由重庆建新建设工程监理咨询有限公司向积波、重庆航天职业技术学院管理工程系黎万凤、德州职业技术学院刚宪水任主编，重庆航天职业技术学院陈宇、李思静、黄含薇任副主编。

本书的策划安排和统稿工作由向积波主编完成。在本书编写过程中，得到了重庆航天职业技术学院管理工程系主任石道元教授、工程造价专业负责人李利斌老师的支持，在此对他们表示感谢。

本书引用了有关专业标准、文献和资料，在此对有关文献作者表示感谢。由于编写水平有限，加之时间仓促，本书难免存在不足之处，诚恳希望同行、读者批评指正。

编　者

2021 年 10 月

【资源列表】

本书课程思政元素

本书课程思政元素从"格物、致知、诚意、正心、修身、齐家、治国、平天下"中国传统文化角度着眼，再结合社会主义核心价值观"富强、民主、文明、和谐、自由、平等、公正、法治、爱国、敬业、诚信、友善"设计出课程思政的主题．然后紧紧围绕"价值塑造、能力培养、知识传授"三位一体的课程建设目标，在课程内容中寻找相关的落脚点，通过案例、知识点等教学素材的设计运用，以润物细无声的方式将正确的价值追求有效地传递给读者．本书的课程思政元素设计以"习近平新时代中国特色社会主义思想"为指导，运用可以培养大学生理想信念、价值取向、政治信仰、社会责任的题材与内容，全面提高大学生缘事析理、明辨是非的能力，把学生培养成为德才兼备、全面发展的人才．每个思政元素的教学活动过程都包括内容导引、展开研讨、总结分析等环节．在课程思政教学过程，老师和学生共同参与其中，在课堂教学中教师可结合下表中的内容导引，针对相关的知识点或案例，引导学生进行思考或展开讨论。

页码	内容导引 （案例或知识点）	展开研讨（思政内涵）	思政落脚点
2	建筑材料的发展趋势	建筑材料的科学进步标准人类文明进步，对我们居住有何影响？	大国复兴 环保意识 能源意识
4	建筑材料在工程中的作用和地位	1. 新型建筑材料的提升对国际建筑的重大影响与创新，如何评价建筑材料在工程中的地位？ 2. 随着科学技术的进步，"材料—构件—结构"的组成是否有创新和地位的改变？	民族瑰宝 可持续发展 创新意识
35	水玻璃的应用	1. 水玻璃的出现，对于提高材料密实度和强度有何意义？ 2. 水玻璃的应用还可以应用在哪些方面？	求真务实 专业水准 行业发展
69	混凝土配合比	1. 混凝土配合比对于建筑结构的安全，起着重要的作用，掌握配合比的计算有何重要作用？ 2. 混凝土配合比对于不同的使用环境、不同的结构有何重要意义？	科技发展 安全意识
83	砂浆配合比	1. 砂浆配合比对于建筑结构的安全，起着重要的作用，掌握配合比的计算有何重要作用？ 2. 砂浆配合比对于不同的使用环境、不同的结构有何重要意义？	行业发展 责任与使命
96	本章导读	1. 在现代工程中施工使用最多的材料是什么？ 2. 如何选择优良的钢材？	科学发展 环保意识

页码	内容导引 （案例或知识点）	展开研讨（思政内涵）	思政落脚点
97	钢的冶炼	1. 钢材冶炼方法对钢材质量的影响？ 2. 钢材冶炼方法的发展对我国乃至世界建筑业的推动有何意义？	工匠精神 环保意识
105	钢材的化学成分对钢材性能的影响	钢材中有哪些化学成分，这些化学成分对建筑功能有何影响？	产业报国 能源意识
115	了解建筑钢材在实体工程的应用	1. 建筑钢材是如何应用在建筑工程中的？ 2. 钢材在建筑中应用的举世瞩目的建筑，你知道的有哪些？能说说它的特点吗？	民族瑰宝 全球议题
122	引言	墙体材料的选择成为建筑设计中非常重要的方面，你知道如何选择墙体材料？	科技发展 行业发展
125	强度等级的选用	墙体材料的选择需要考虑环境及功能上的客观需求，结合现场情况如何选择不同强度等级的砌块？	创新意识 专业能力
142	了解墙体材料的抽样送检	1. 墙体材料的质量如何保证？ 2. 墙体材料抽样送检如何进行？	责任与使命 安全意识
144	引言	功能性材料的创新层出不穷，为当今建筑装饰提供很多新的创意，为什么有这么多新型的功能性材料出现？会带来什么影响？	现代化 专业水准
160	保温材料的基本性能	节能保温尤为重要，以至将节能保温的要求列入法规的要求中，你知道保温材料性能有哪些？	环保意识 适应发展
166	吸声材料的基本特征	在剧院、KTV、中吸声材料大量应用，你想知道吸声材料如何吸声吗？	责任与使命 专业与社会
232	知识链接	安装工程在工程中的质量非常重要，关系到日后使用，对于安装完成的管道如何进行检查？	专业能力 法律意识
234	本章导读	电线电缆在建筑安装中是一项不可缺少的部分，如何避免引起灾难？	专业能力 法律意识
237	知识链接	现在建材市场中出现不同质量的电线电缆，大家还记得西安地铁问题电缆事件吗？	专业能力 法律意识
239	本章导读	随着环境变化，空气质量和天气温度变得让人难以承受，夏季家家户户用上新风和空调，你了解空调是何时出现吗？	专业能力 法律意识
243	引言	你知道消防器材有哪些吗？	专业能力 法律意识

注：教师版课程思政内容可联系出版社索取。

目 录

第 1 篇　建筑材料

第 2 篇　建筑装饰材料

第 3 篇　安装工程材料

绪 论

引 言

　　任何建筑物或构筑物都是由各种材料建造而成的。建筑工程中的各种材料的性能对建筑物或构筑物的性能具有非常重要的影响。建筑材料不仅影响建筑工程的质量和使用性能，还影响整个工程的造价。随着国家对绿色建筑的重视和环境可持续发展，越来越多的工业废料和新材料亟待开发和利用。为使建筑物或构筑物同时具备安全、可靠、耐久、环保和经济实用的综合性能，必须合理选择并正确使用相关材料。

学习目标

　　了解建筑材料的发展趋势；了解建筑材料的分类及标准；掌握建筑材料的物料和化学性质。

本章导读

　　建筑物是用各种材料建成的，用于建筑工程的这些材料总称建筑材料。建筑材料不仅是建筑工程的物质基础，而且是决定建筑工程质量和使用性能的关键因素。为使建筑物获得结构安全、性能可靠、耐久、美观、经济适用的综合品质，必须合理选择且正确使用材料。大家讨论一下，我们现在上课的教室里面都有哪些建筑材料？

0.1　建筑工程材料的发展及趋势

1. 建筑材料的基本概念

　　建筑工程材料是指应用于工程建设中的无机材料、有机材料和复合材料的总称。通常根据工程类别在材料名称前加以适当区分，如建筑工程常用材料称为建筑材料；道路（含桥梁）工程常用材料称为道路建筑材料；主要用于港口码头时，则称为港工材料；主要用

于水利工程的称为水工材料。此外，还有市政材料，军工材料，核工业材料等。本书主要介绍建筑材料。

2. 建筑材料的发展及趋势

人类历史按照制造生产工具所用材料划分，由史前的石器时代，经过青铜器时代、铁器时代，发展到今天的人工合成材料时代，标志着材料科学的进步，也标志着人类文明的进步，同时标志着建设事业的进步。高层建筑、大跨度结构、预应力结构、海洋工程等，均与建筑材料的发展紧密相连。

目前我国建筑工程材料主要由普通水泥、普通钢材、普通混凝土、普通防水材料等部分组成，国内这一类材料除了有比较成熟的生产工艺和应用技术，使用性上也能满足消费需求。

虽然近年来建筑工程材料业有了长足的进步和发展，但与发达国家相比，还存在品种少、质量档次低、生产和使用能耗大及浪费严重等问题。因此如何发展和应用新型建筑工程材料已成为现代化建设急需解决的关键问题。

随着现代化建筑向高层、大跨度、节能、美观、舒适的方向发展和人民生活水平、国民经济实力的提高，特别是基于新型建筑材料的自重轻、抗震性能好、能耗低、大量利用工业废渣等优点，研究开发和应用新型建材已成为必然。遵循可持续发展战略，建筑工程材料的发展方向可以理解为以下几方面。

（1）生产所用的原材料要求充分利用工业废料、能耗低、可循环利用、不破坏生态环境、有效保护自然资源。

（2）生产和使用过程中不产生环境污染，即废水、废气、废渣、噪声等零排放。

（3）做到产品可再循环和回收利用。

（4）产品性能要求轻质、高强、多功能，不仅对人畜无害，而且能净化空气、抗菌、防静电、防电磁波等。

（5）加强材料的耐久性研究和设计。

（6）主要产品和配套产品同步发展，并解决好利益平衡关系。

0.2　建筑材料的分类及技术标准

1. 建筑材料的分类

建筑工程材料的种类繁多。为了研究、使用和叙述上的方便，通常根据材料的组成、功能和用途分别加以分类。

1）按建筑工程材料的使用性能分类

（1）承重结构材料。主要指梁、板、柱、基础、墙体和其他受力构件所用的材料。最常用的有钢材、混凝土、沥青混合料、砖、砌块、墙板、楼板、屋面板、石材和部分合成高分子材料等。

（2）非承重结构材料主要包括框架结构的填充墙、内隔墙和其他围护材料等。

（3）功能材料。主要有防水材料、防火材料、装饰材料、保温隔热材料、吸声（隔声）材料、采光材料、防腐材料、部分合成高分子材料等。

2）按建筑工程材料的化学组成分类

根据建筑工程材料的化学组成，通常可分为无机材料、有机材料和复合材料三大类。这三大类中又分别包含多种材料类别，见表0-1。

表0-1　建筑材料的分类

分　　类			实　　例
无机材料	金属材料	黑色金属	钢、铁
		有色金属	铜、铝、铝合金
	非金属材料	天然石材	毛石、料石、石板材、碎石
		烧土制品	烧结砖、瓦、陶器
		玻璃及熔融制品	玻璃、玻璃棉、岩棉
		胶凝材料	气硬性：石灰、石膏、水玻璃
			水硬性：各类水泥
		混凝土类	砂浆、混凝土、硅酸盐制品
有机材料	植物质材料		木材、竹板、植物纤维及其制品
	合成高分子材料		塑料、橡胶、有机涂料和胶粘剂等
	沥青材料		石油沥青、煤沥青制品
复合材料	金属-无机非金属复合材料		钢筋混凝土、预应力混凝土
	非金属-有机复合材料		沥青混凝土、聚合物混凝土

3）按建筑工程材料的使用部位分类

按建筑工程材料的使用部位通常分为结构材料、墙体材料、屋面材料、楼地面材料、路面材料、路基材料、饰面材料和基础材料等。

2. 技术标准

建筑材料技术标准是针对原材料、产品以及工程质量、规格、检验方法、评定方法、应用技术等做出的技术规定，如原材料、材料及其产品的质量、规格、等级、性质、要求以及检验方法，材料以及产品的应用技术规范，材料生产以及设计规定，产品质量的评定标准等。材料技术标准的分级见表0-2；材料技术标准的分类见表0-3；技术标准所属行业及代号见表0-4。

表0-2　材料技术标准的分级

材料技术标准的分级	发布单位	适用范围
国家标准	国家技术监督局	全国
行业标准（部颁标准）	中央部委标准机构	全国性的某行业
企业标准与地方标准	工厂、公司、院所等单位	某地区内、某企业内

表 0 - 3　材料技术标准的分类

分类方法	种　类
必要时	试行标准、正式标准
按权威程度	强制性标准、推荐性标准
按特性	基础标准、方法标准、原材料标准、能源标准、环保标准、包装标准等

表 0 - 4　技术标准所属行业及其代号

所属行业	标准代号	所属行业	标准代号
国家标准	GB	石油	SY
建材	JC	冶金	YB
建设工程	JG	水利电力	SD
交通	JT		

0.3　建筑材料在工程中的作用和地位

【参考图文】

建筑材料在建设过程中有着举足轻重的地位。

（1）建筑材料是建设工程的物质基础。土建工程中，建筑材料的费用占土建工程总投资的 60％左右，因此，建筑材料的价格直接影响到建设投资。

（2）建筑材料与建筑结构和施工之间存在相互促进、相互依存的密切关系。一种新型建筑材料的出现，必将促进建筑形式的创新；同时结构设计和施工技术也将相应改进和提高。同样，新的建筑形式和结构布置，也呼唤新的建筑材料，并促进建筑材料的发展。例如，采用建筑砌块和板材替代实心黏土砖墙体材料，就要求结构构造设计和施工工艺、施工设备的改进；高强混凝土的推广应用，要求新的钢筋混凝土结构设计和施工技术规程；同样，高层建筑、大跨度结构、预应力结构的大量应用，要求提供更高强度的混凝土和钢材，以减小构件截面尺寸，减轻建筑物自重；又如随着建筑功能的要求提高，需要提供同时具有保温、隔热、隔声、装饰、耐腐蚀等性能的多功能建筑材料，等等。

（3）构筑物的功能和使用寿命在很大程度上取决于建筑材料的性能。如装饰材料的装饰效果、钢材的锈蚀、混凝土的劣化、防水材料的老化问题等，无一不是材料问题，也正是由这些材料特性构成了构筑物的整体性能。因此。从强度设计理论向耐久性设计理论的转变，关键在于材料耐久性的提高。

（4）建设工程的质量，在大程度上取决于材料的质量控制。如钢筋混凝土结构的质量主要取决于混凝土强度、密实性和是否产生裂缝。在材料的选择、生产、储运、使用和检验评定过程中，任何环节的失误都可能导致工程质量事故。事实上，在国内外建设工程中发生的质量事故，绝大部分都与材料的质量缺陷相关。

（5）构筑物的可靠度评价，在很大程度上依耐于材料可靠度评价。材料信息参数是构成构件和结构性能的基础，在一定程度上"材料—构件—结构"组成了宏观上的"本构关系"。因此，作为一名建筑工程技术人员，无论是从事设计、施工或管理工作，均必须掌握建筑材料的基本性能，并做到合理选材和正确使用。

0.4 材料的基本性质

1. 物理性质

1）材料与质量的联系

材料在绝对密实状态下单位体积的质量称为材料的密度，在自然状态下单位体积的质量称为材料的表现密度。表现密度的大小与其含水情况有关，材料含水率变化时，质量体积均有变化。颗粒材料在自然堆积状态下单位体积的质量称为堆积密度。

材料内部孔隙体积占总体积的百分率称为材料的孔隙率，一般而言，孔隙率较小的材料，其吸水性小。强度较高，导热系数较小，抗渗性好。材料内部固体物质的体积占总体积的百分率称为密实度，用来反映材料体积内固体物质充实的程度，材料空隙率的大小则反映了粒装材料的颗粒之间互相填充的密实程度。粒状材料堆积体积中，颗粒体积所占总体积的百分率称为填充率，反映粒装材料堆积体积中颗粒填充的程度。

2）材料与水的联系

（1）材料的亲水性与憎水性。

当材料在空气中与水接触时可以发现，有些材料能被水润湿，即具有亲水性；有些材料则不能被水润湿，即只有憎水性。亲水性材料易被水润湿，且水能沿着材料表面的连通孔隙或通过毛细管作用而渗入材料内部，如水泥、混凝土、砂、石、砖、木材等。憎水性材料则能阻止水分渗入毛细管中，从而降低材料的吸水性。憎水性材料常被用作防水材料或亲水性材料的覆盖面，以提高其防水、防潮性能。如沥青、石蜡及塑料等为憎水性材料。

（2）材料的吸水性与吸湿性。

材料在水中吸收水分的性质称为吸水性，在空气中吸收水分的性质被称为吸湿性。材料的吸水性有质量吸水率和体积吸水率两种表示方式，材料通过连通孔隙吸入水分，吸水性与孔隙率和特征有关，对于细微连通的孔隙，孔隙率越大，吸水率越大。

材料在空气中吸收水分的性质被称为吸湿性，用含水率表示。吸湿性随着空气湿度和环境温度的变化而变化，当空气湿度较大且温度较低时，材料的含水率较大；反之则小。材料的吸水性和吸湿性均会对材料的性能产生不利影响，吸水后自重增加、导热性加大、强度和耐久性有不同程度下降，材料干湿交替还会引起其形状尺寸变化，从而影响使用。

（3）材料的耐水性。

材料长期在饱和水作用下，强度不显著降低的性质称为耐水性。一般来说，材料被水浸湿后，强度会有所降低。长期处于潮湿环境中的结构，要选择耐水性材料。

（4）材料的抗渗性。

抗渗性是指材料抵抗压力水渗透的性质，与其孔隙特征有关，孔隙越多，抗渗性越差。材料的抗渗性还有材料的亲水性和憎水性有关，憎水性材料的抗渗性优于亲水性材料。抗渗性是决定材料耐久性的重要因素，也是检验防水材料质量的重要指标。

（5）材料的抗冻性。

材料在吸水饱和状态下，经受多次冻融循环作用而质量损失不大，强度无显著降低的性质称为抗冻性。材料的抗冻性取决于其孔隙率和孔隙特征、充水程度和材料对结冰膨胀所产生的冻胀应力的抵抗能力。抗冻性常作为考察材料耐久性的一项重要指标，要确保建筑物的耐久性，常对材料提出一定的抗冻性要求。

3）材料与温度的联系

为了减低建筑物的使用能耗，以及为生产和生活创造适宜的条件，常要求建筑工程材料具有一定的热工性质以维持室内温度，通常考虑的热工性质有材料的导热性、热容量和比热容等。

导热性是指材料传导热量的能力，材料的导热系数越小，表示其保温隔热性能越好，保温隔热材料应经常处于干燥状态，以利于发挥材料的保温隔热效果。

热容量是指材料受热时吸收热量或冷却时发出热量的性质。比热容是反映材料的吸热或放热能力大小的物理量，不同材料比热容不同，比热容大的材料，能缓和室内的温度波动。

2. 力学性质

材料的力学性质是指材料在外力作用下的变形和抵抗破坏的性质。

1）强度与强度等级

材料在外力作用下抵抗破坏的能力称为强度。根据外力作用形式的不同，材料的强度有抗压强度、抗拉强度、抗弯折强度和抗剪强度之分。

各种材料的强度差别甚大。建筑工程材料按其强度值的大小划分为若干个强度等级，等级的划分对生产和使用有重要意义，它可使生产时控制质量有据可依，使用时方便掌握材料的性能指标，便于合理选用材料。

2）弹性与塑性

材料在外力作用下变形，外力撤除后变形消失并能完全恢复到原始状态的性质称为弹性，是一种可恢复的可逆变形，具有这种性质的材料称为弹性材料。外力撤除后不能恢复变形的性质称为塑性，具有这种性质的材料称为塑性材料。

3）脆性与韧性

材料受外力作用达到一定值时，材料突然破坏，而无明显的塑性变形的性质称为脆性，具有这种性质的材料称为脆性材料。建筑工程材料中大部分无机非金属材料均属于脆性材料，如天然岩石、陶瓷、玻璃、普通混凝土等。材料在冲击或振动荷载作用下吸收较多的能力，产生较大变形而不破坏的性质称为韧性，具有这种性质的材料称为韧性材料。在建筑过程中，对于要求承受冲击荷载和有抗震要求的结构，如吊车梁、桥梁、路面等所用的材料，均应具有较高的韧性。

4）硬度与耐磨性

硬度是指材料表面抵抗硬物压入或刻划的能力，耐磨性是材料表面抵抗磨损的能力，与材料的组成成分、结构、强度、硬度有关。一般强度较高且密实的材料的硬度较大，其耐磨性较好。

知 识 链 接

建筑材料是构成建筑物的基本组成部分，其性能表现对于建筑物的各种性能具有重要影响。因此，建筑材料不仅是建筑工程的物质基础，而且是决定建筑工程质量和使用性能的关键因素。为使建筑物获得结构安全、性能可靠、耐久、美观、经济适用的综合品质，必须合理选择且正确使用材料。

学习小结

建筑材料正在朝着环保、可再生方向发展。建筑材料最常见的分类方式是按照化学组成，通常分为无机材料、有机材料和复合材料三大类。建筑材料采用的标准有国家标准、行业标准、地方标准和企业标准。建筑材料的物理性质和化学性质会影响材料的使用和寿命。

课后思考与讨论

一、填空题

1. 建筑材料的标准分为_____、_____、_____和_____。

2. 建筑工程材料是指应用于建筑工程建设中的_____、_____和_____的总称。

3. 建筑材料的标准分为_____、_____、_____和_____。

二、简答题

1. 建筑材料的分类有哪些方式？

2. 建筑材料的物理性质有哪些？

3. 建筑材料的化学性质有哪些？

4. 根据绿色可再生发展的要求，建筑材料的发展趋势是什么？

第1篇

建筑材料

建筑材料是土木工程和建筑工程中使用材料的统称。

建筑材料可分为结构材料、装饰材料和专用材料。常用的结构材料包括水泥、混凝土、墙体材料、钢材、复合材料等；装饰材料包括各种涂料、油漆、陶瓷、石材、具有特殊效果的玻璃等；专用材料也称功能性材料，指用于防水、防潮、防腐、防火、阻燃、隔声、隔热、保温、密封等功能的材料。

建筑材料按其性能可分为无机材料、有机材料和复合材料。无机材料分为金属材料和非金属材料。有机材料有天然的，也有人工合成的。建筑材料的同种产品往往分成几个等级和标号。每个等级的材料应保证一定的质量，这就是材料标准。在材料标准中规定了材料的规格、尺寸、细度、化学成分、强度、技术指标等。材料在出厂、验收和使用前应抽样检验，看它是否符合标准。建筑材料标准有国家标准、部颁标准和企业内部控制标准之分。

建筑材料是构成建设工程项目的实体，是保证建设工程质量的物质基础。随着科学技术的快速发展和对质量的重视，各种新材料、新工艺、新标准和新规范不断出现，我们在学习和了解建筑材料的性能时，要注意关注新的国家标准和相应规范的规定。

第 1 章　胶凝材料

引　言

石灰是建筑中使用较早的气硬性胶凝材料；建筑石膏加水、缓凝剂等拌和成的石膏浆体，常常用于室内抹灰的面层，而石膏板也是我国最普遍的一种吊顶材料。

水泥是我国建筑中应用较多的水硬性胶凝材料，它是配制普通混凝土的最重要材料，而不同的水泥其特性也不同，在建筑工程中用在不同的地方。

学习目标

了解胶凝材料的分类；熟悉气硬性胶凝材料与水硬性胶凝材料的区别；熟悉石灰、石膏、水泥的特性及应用；掌握石灰、石膏的技术要求以及凝结硬化原理；掌握硅酸盐水泥熟料的矿物组成及其特性；掌握硅酸盐水泥的水化和凝结硬化过程以及技术性质等；了解其他品种水泥的特性及应用。

本章导读

我国农村的很多建筑中，常用石灰砂浆来粉刷墙面。但时间久了，人们会发现墙面上出现如图 1.1 所示的情况。

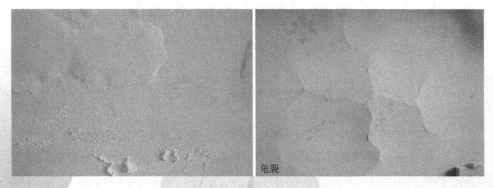

龟裂

图 1.1　墙面出面鼓包、开裂

是什么原因导致用石灰砂浆刷墙后墙面出面鼓包、开裂的现象呢？这跟气硬性胶凝材料石灰的特性息息相关。通过本章的学习，大家就能找到答案。

1.1 认识胶凝材料

1. 胶凝材料的概念

在一定条件下，经自身一系列的物理、化学作用后，由液体或膏状体变为坚硬的固体，同时能将散粒材料（如砂、石子）或块状材料（如砖、石块、砌块）黏结成具有一定强度的整体的材料，统称为胶凝材料。

2. 胶凝材料的分类

胶凝材料按其化学成分可分为有机胶凝材料（如沥青、各类树脂等）和无机胶凝材料（如水泥、石灰等）两大类；其中无机胶凝材料按硬化条件又可分为水硬性胶凝材料和气硬性胶凝材料两类。

$$\text{胶凝材料}\begin{cases}\text{无机胶凝材料}\begin{cases}\text{气硬性胶凝材料：石膏、石灰、水玻璃}\\\text{水硬性胶凝材料：各种水泥}\end{cases}\\\text{有机胶凝材料：沥青、树脂、橡胶}\end{cases}$$

气硬性胶凝材料：只能在空气中凝结硬化，保持和继续发展其强度，在水中不能硬化，也就不具有强度。

水硬性胶凝材料：既能在空气中硬化，又能更好地在水中硬化，保持并继续发展其强度。

1.2 了解胶凝材料的技术标准

【参考图文】

1. 气硬性胶凝材料的技术标准

1）石灰的技术标准

根据 2013 年 4 月 25 日发布，2013 年 9 月 1 日正式实施的中华人民共和国行业标准《建筑生石灰》（JC/T 479—2013），建筑生石灰分为钙质石灰和镁质石灰，而钙质石灰又分为钙质石灰 90，钙质石灰 85 和钙质石灰 75，分别用代号 CL90、CL85 和 CL75 表示；镁质石灰分为镁质石灰 85 和镁质石灰 80，分别用代号 ML85 和 ML80 表示。具体指标见表 1-1。

表 1-1 建筑生石灰的分类（JC/T 479—2013）

类 别	名 称	代 号
钙质石灰	钙质石灰 90	CL 90
	钙质石灰 85	CL 85
	钙质石灰 75	CL 75
镁质石灰	镁质石灰 85	ML 85
	镁质石灰 80	ML 80

生石灰的识别标志由产品名称、加工情况和产品依据标准编号组成。生石灰块在代号后加 Q，生石灰粉在代号后加 QP。例如：符合 JC/T 479—2013 的钙质生石灰粉 90 标记为 CL 90-QP JC/T 479—2013，表明是钙质石灰，（CaO＋MgO）含量为 90%，是生石灰粉，符合 JC/T 479—2013 标准。具体指标见表 1-2。

表 1-2 建筑生石灰的化学成分（JC/T 479—2013）

名 称	（氧化钙＋氧化镁）（CaO＋MgO）（%）	氧化镁（MgO）（%）	二氧化碳（CO_2）（%）	三氧化硫（SO_3）（%）
CL 90-Q / CL 90-QP	≥90	≤5	≤4	≤2
CL 85-Q / CL 85-QP	≥85	≤5	≤7	≤2
CL 75-Q / CL 75-QP	≥75	≤5	≤12	≤2
ML 85-Q / ML 85-QP	≥85	>5	≤7	≤2
ML 80-Q / ML 80-QP	≥80	>5	≤7	≤2

建筑生石灰的物理性质应符合表 1-3 的要求。

表 1-3 建筑生石灰的物理性质（JC/T 479—2013）

名 称	产浆量 /(dm³/10kg)	细 度	
		0.2mm 筛余量(%)	90μm 筛余量(%)
CL 90-Q	≥26	—	—
CL 90-QP	—	≤2	≤7
CL 85-Q	≥26	—	—
CL 85-QP	—	≤2	≤7

（续）

名　称	产浆量 /(dm³/10kg)	细　度	
		0.2mm 筛余量（%）	90μm 筛余量（%）
CL 75 - Q	≥26	—	—
CL 75 - QP	—	≤2	≤7
ML 85 - Q	—	—	—
ML 85 - QP		≤2	≤7
ML 80 - Q	—	—	—
ML 80 - QP		≤7	≤2

注：其他物理特性，根据用户要求，可按照《建筑石灰试验方法　第1部分：物理试验方法》（JC/T 478.1—2013）进行测试。

根据 2013 年 4 月 25 日发布，2013 年 9 月 1 日正式实施的中华人民共和国行业标准《建筑消石灰》（JC/T 481—2013），建筑消石灰分类按扣除游离水和结合水后（CaO＋MgO）的百分含量加以分类，见表 1-4。

表 1-4　建筑消石灰的分类（JC/T 481—2013）

类　别	名　称	代　号
钙质消石灰	钙质消石灰 90	HCL 90
	钙质消石灰 85	HCL 85
	钙质消石灰 75	HCL 75
镁质消石灰	镁质消石灰 85	HML 85
	镁质消石灰 80	HML 80

消石灰的识别标志由产品名称和产品依据标准编号组成。例如：符合 JC/T 481—2013 的钙质消石灰 90 标记为 HCL 90 JC/T 481—2013，表明是钙质消石灰，（CaO＋MgO）含量为 90%，产品依据标准是 JC/T 481—2013。具体指标见表 1-5。

表 1-5　建筑消石灰的化学成分（JC/T 481—2013）

名　称	（氧化钙＋氧化镁）(CaO＋MgO)（%）	氧化镁（MgO）（%）	三氧化硫（SO₃）（%）
HCL 90	≥90		
HCL 85	≥85	≤5	≤2
HCL 75	≥75		
HML 85	≥85	>5	≤2
HML 80	≥80		

注：表中数值以试样扣除游离水和化学结合水后的干基为基准。

建筑消石灰的物理性质应符合表 1-6 的要求。

表 1-6　建筑消石灰的物理性质（JC/T481—2013）

名　　称	游离水（%）	细　度		安　定　性
		0.2mm 筛余量（%）	90μm 筛余量（%）	
HCL 90	≤2	≤2	≤7	合格
HCL 85				
HCL 75				
HML 85				
HML 80				

2）建筑石膏的技术标准

《建筑石膏》（GB/T 9776—2008）规定：建筑石膏按 2h 强度（抗折）分为 3.0、2.0、1.6 三个等级。具体指标见表 1-7。

表 1-7　建筑石膏的物理力学性能（GB/T 9776—2008）

等级	细度（0.2mm 方孔筛 筛余量）（%）	凝结时间/min		2h 强度/MPa	
		初凝	终凝	抗折	抗压
3.0	≤10	≥3	≤30	≥3.0	≥6.0
2.0				≥2.0	≥4.0
1.6				≥1.6	≥3.0

2. 硅酸盐水泥的技术性质

1）细度

水泥的细度即水泥颗粒的粗细程度。水泥的细度属于选择性指标。国家标准规定，硅酸盐水泥和普通硅酸盐水泥以比表面积表示，不小于 $300m^2/kg$；矿渣硅酸盐水泥、火山灰质硅酸盐水泥、粉煤灰硅酸盐水泥和复合硅酸盐水泥以筛余表示，$80\mu m$ 方孔筛筛余不大于 10% 或 $45\mu m$ 方孔筛筛余不大于 30%。

2）标准稠度需水量

指水泥加水调制到某一规定稠度的净浆时，所需拌和用水量占水泥质量的百分数。

3）凝结时间

凝结时间分为初凝和终凝。从水泥加水拌和起，至水泥浆开始失去可塑性所需的时间为初凝；水泥加水拌和起，至水泥浆完全失去可塑性，并产生强度所需的时间为终凝。国家标准规定，硅酸盐水泥的初凝时间不得小于 45min，终凝时间不得大于 390min。凝结时间不满足要求的水泥为不合格品。

普通硅酸盐水泥、矿渣硅酸盐水泥、火山灰质硅酸盐水泥、粉煤灰硅酸盐水泥和复合硅酸盐水泥初凝不小于 45min，终凝不大于 600min。

4）体积安定性

指水泥在硬化过程中，体积变化是否均匀的性能。如果体积变化不均匀，就称为体积安定性不良。体积安定性不良一般是由游离氧化钙、游离氧化镁或石膏过多造成的。游离氧化钙、游离氧化镁在高温下生成，水化很慢，在水泥已经凝结硬化后才进行水化，这时产生体积膨胀，水泥石出现龟裂、弯曲、松脆、崩溃等现象。当水泥熟料中石膏掺量过多时，在水泥硬化后，其 SO_4^{2-} 离子还会与固态的水化铝酸钙反应生成水化硫铝酸钙，体积膨胀引起水泥石开裂。

国家标准规定，用试饼法和雷氏法测定游离氧化钙引起的体积安定性不良。游离氧化镁引起的体积安定性不良需用压蒸法才能检验出来。由 SO_3 造成的不良，则需长期在常温水中才能发现。由于游离氧化镁及 SO_3 造成的不良不便于检验，所以国家标准规定 $MgO \leqslant 5.0\%$，$SO_3 \leqslant 3.5\%$。

体积安定性不符合要求的为不合格品。但某些体积安定性不合格的水泥存放一段时间后，由于水泥中的游离氧化钙吸收空气中的水而熟化，会变为合格。

5）强度

水泥的强度是指胶砂的强度，而不是净浆的强度，是评定水泥强度等级的依据。按《水泥胶砂强度检验方法》（GB/T 17671—1999）测定。水泥和标准砂按 1∶3 混合，加入规定数量的水（水灰比 0.5），制成 40mm×40mm×160mm 的试件，在（20±1）℃水中养护，经一定龄期（3d、28d），测得试件的抗折和抗压强度来划分强度等级。

硅酸盐水泥强度等级分为 42.5、42.5R、52.5、52.5R、62.5、62.5R 六个强度等级。不同品种不同强度等级的通用硅酸盐水泥，其不同各龄期的强度应符合表 1−8 的规定。

表 1−8　硅酸盐水泥各龄期的强度值（GB 175—2007）　　　　单位：MPa

品　　种	强度等级	抗压强度		抗折强度	
		3d	28d	3d	28d
硅酸盐水泥	42.5	≥17.0	≥42.5	≥3.5	≥6.5
	42.5R	≥22.0		≥4.0	
	52.5	≥23.0	≥52.5	≥4.0	≥7.0
	52.5R	≥27.0		≥5.0	
	62.5	≥28.0	≥62.5	≥5.0	≥8.0
	62.5R	≥32.0		≥5.5	
普通硅酸盐水泥	42.5	≥17.0	≥42.5	≥3.5	≥6.5
	42.5R	≥22.0		≥4.0	
	52.5	≥23.0	≥52.5	≥4.0	≥7.0
	52.5R	≥27.0		≥5.0	
矿渣硅酸盐水泥 火山灰硅酸盐水泥 粉煤灰硅酸盐水泥 复合硅酸盐水泥	32.5	≥10.0	≥32.5	≥2.5	≥5.5
	32.5R	≥15.0		≥3.5	
	42.5	≥15.0	≥42.5	≥3.5	≥6.5
	42.5R	≥19.0		≥4.0	
	52.5	≥21.0	≥52.5	≥4.0	≥7.0
	52.5R	≥23.0		≥4.5	

注：R 型为早强型，主要是 3d 强度较高，可达 28d 强度的 50%。

6）水化热

水泥在凝结硬化过程中因水化反应所放出的热量称为水化热，单位为 kJ/kg。水泥的水化热大部分在水化初期（7d）内放出，以后逐渐减少。水化热的高低与熟料矿物的相对含量有关。铝酸三钙、硅酸三钙的水化热高，而铁铝酸四钙、硅酸二钙的水化热较低。因此要降低水化热，可适当减少铝酸三钙和硅酸三钙的含量。水化热主要对大体积混凝土工程有影响。对于大体积混凝土工程，应选择水化热较低的水泥，或者采取特殊措施降低水化热的危害。

3. 硅酸盐水泥的化学指标

1）碱含量（选择性指标）

水泥中碱含量按 $Na_2O + 0.658K_2O$ 计算值表示。若使用活性骨料，用户要求提供低碱水泥时，水泥中的碱含量不应大于 0.60% 或由买卖双方协商确定。

2）氯离子含量

水泥混凝土是碱性的（新浇混凝土的 pH 为 12.5 或更高），钢筋在碱性环境下由于其表面氧化保护膜的作用，一般不致锈蚀。但如果水泥中氯离子含量较高，氯离子会强烈促进锈蚀反应，破坏保护膜，加速钢筋锈蚀。因此，国家标准规定：硅酸盐水泥中氯离子含量不应大于 0.06%。氯离子含量不满足要求的为不合格品。

3）其他化学指标

硅酸盐水泥除了上述技术要求外，国家标准对硅酸盐水泥还有不溶物、烧失量等要求。具体化学指标见表 1-9。

表 1-9　通用硅酸盐水泥的化学指标（GB 175 —2007）

品　　种	代号	不溶物（质量分数）（%）	烧失量（质量分数）（%）	三氧化硫（质量分数）（%）	氧化镁（质量分数）（%）	氯离子（质量分数）（%）
硅酸盐水泥	P·I	≤0.75	≤3.0	≤3.5	≤5.0ª	≤0.06ᶜ
	P·II	≤1.50	≤3.5			
普通硅酸盐水泥	P·O	—	≤5.0			
矿渣硅酸盐水泥	P·S·A	—	—	≤4.0	≤6.0ᵇ	
	P·S·B	—	—		—	
火山灰质硅酸盐水泥	P·P	—	—	≤3.5	≤6.0ᵇ	
粉煤灰硅酸盐水泥	P·F	—	—			
复合硅酸盐水泥	P·C	—	—			

注：1. 如果水泥压蒸试验合格，则水泥中氧化镁的含量（质量分数）允许放宽至 6.0%。

　　2. 如果水泥中氧化镁的含量（质量分数）大于 6.0% 时，需进行水泥压蒸安定性试验并合格。

　　3. 当有更低要求时，该指标由买卖双方协商确定。

1.3 气硬性胶凝材料的认识与应用

1. 石灰

石灰是建筑中使用较早的气硬性胶凝材料，其原料来源广泛、生产工艺简单、成本低廉、胶结性能好，在我国曾被广泛使用。由于生产过程中产生 CO_2 会造成空气污染，造成矿产资源浪费及生态环境破坏，再加上其特性及保管运输较困难，从可持续发展的战略考虑，应科学管理、适度开发、合理利用。

1）石灰的生产过程

（1）原料。

以碳酸钙（$CaCO_3$）为主要成分的矿物、岩石（如石灰岩、白云岩）等，主要原料是天然的石灰岩。石灰的生产原料如图 1.2 所示。

图 1.2 石灰的生产原料

（2）生产过程。

天然碳酸岩类岩石（石灰石、白云石）经高温煅烧（900℃以上），其主要成分 $CaCO_3$ 分解为以 CaO 为主要成分的生石灰，其化学反应可表示如下：

$$CaCO_3 \xrightarrow{900\sim1100℃} CaO+CO_2 \uparrow$$

生石灰一般为白色或黄灰色块灰，块灰碾碎磨细即为生石灰粉。由于原料中除了主要成分 $CaCO_3$ 以外，还有 $MgCO_3$，故生石灰的主要化学成分为氧化钙（CaO）和氧化镁（MgO）。当其中氧化镁含量不大于 5％时称为钙质石灰，氧化镁含量大于 5％时称为镁质石灰。

在适当温度下煅烧得到的生石灰称为正火石灰。生石灰呈块状，其内部孔隙率大。如果煅烧温度不够或时间不足，石灰中含有未烧透的内核（即未分解的 $CaCO_3$），则产生不熟化的欠火石灰；如果煅烧温度过高或时间过久，分解出的 CaO 与原料中的等杂质熔结，则产生熟化很慢的过火石灰。过火石灰如用于工程上，其细小颗粒会在已经硬化的砂浆中吸收水分，发生水化反应而体积膨胀，引起局部鼓包或脱落，影响工程质量。

2）石灰的熟化

工地上使用石灰时，通常将生石灰加水，使之消解为消（熟）石灰——氢氧化钙，这个过程称为石灰的"消化"，又称"熟化"。其化学反应式可表示如下：

$$CaO+H_2O \longrightarrow Ca(OH)_2+64.88KJ$$

生石灰在熟化过程有两个显著的特点：一是体积膨胀（增大 1～2.5 倍）；二是放出大量的热，放热速度快。

影响生石灰熟化速度的因素：①块小多孔的块灰易与水接触，熟化较快；②钙质石灰熟化速度快于镁质石灰；③杂质含量较多的石灰熟化速度慢；④过火石灰熟化更慢；⑤欠火石灰几乎不熟化；⑥熟化池中的温度，温度越高，熟化速度越快。

为了消除过火石灰的危害，生石灰熟化形成的石灰浆应在储灰坑中放置两周以上，这一过程称为石灰的"陈伏"。"陈伏"期间，石灰浆表面应保有一层水分，与空气隔绝，以免碳化。

石灰熟化的方法主要分为制取石灰膏和消石灰粉。

（1）制取石灰膏。

在化灰池或熟化机中加水，将生石灰拌制成石灰浆，熟化的 $Ca(OH)_2$ 经筛网过滤（除渣）流入储灰池，在储灰池中沉淀陈伏成膏状材料，即石灰膏。石灰膏可用来拌制砌筑砂浆、抹面砂浆，也可以掺入较多的水制成石灰乳液用于粉刷。

（2）制取消（熟）石灰粉。

将生石灰块淋水，使石灰充分熟化，再把氢氧化钙磨细、筛分而得干粉，此时得到的产品就是消（熟）石灰粉。消石灰粉需要放置一段时间，待进一步熟化后使用。消石灰粉可用于拌制灰土和三合土等。

3）石灰的硬化

石灰浆在空气中的硬化是物理变化和化学反应两个过程同步进行的。

（1）干燥结晶。

生石灰或熟石灰加水成为 $Ca(OH)_2$ 浆体；浆体中的游离水不断损失（一部分蒸发掉，一部分被砌体吸收），导致 $Ca(OH)_2$ 从过饱和溶液中结晶；晶粒长大、交错堆聚成晶粒结构网，强度进一步提高，逐渐硬化。

（2）碳化硬化。

$Ca(OH)_2$ 与空气中的 CO_2 气体反应生成 $CaCO_3$，不溶于水的 $CaCO_3$ 由于水分的蒸发而逐渐结晶，这一过程称为碳化。其化学反应式如下：

$$Ca(OH)_2 + CO_2 + nH_2O \longrightarrow CaCO_3 + (n+1)H_2O$$

碳化作用的实质是二氧化碳与水形成碳酸，然后与氢氧化钙反应生成碳酸钙。所以这个作用不能在没有水分的全干状态下进行。结晶和碳化两个过程同时进行，但极为缓慢。碳化过程长时间只限于表面，结晶过程主要在内部发生。

石灰硬化过程有两个主要特点：一是硬化速度慢；二是体积收缩大。

4）石灰的性质

石灰与其他胶凝材料相比，具有以下特性。

（1）保水性和可塑性好。在水泥砂浆中掺入石灰膏，配成混合砂浆，可显著提高砂浆的和易性。

（2）硬化较慢、强度低。1：3 的石灰砂浆 28d 抗压强度通常只有 $0.2 \sim 0.5$MPa。

（3）耐水性差。石灰不宜在潮湿的环境中使用，也不宜单独用于建筑物基础。

（4）硬化时体积收缩大。除调成石灰乳作粉刷外，不宜单独使用，工程上通常要掺入砂、纸筋、麻刀等材料以减小收缩，并节约石灰。

（5）生石灰吸湿性强。储存生石灰不仅要防止受潮，而且也不宜储存过久。

2. 石膏

石膏是一种主要化学成分为硫酸钙（CaSO₄）的气硬性胶凝材料，是一种用途广泛的工业材料和建筑材料，可用于水泥缓凝剂、石膏建筑制品、模型制作、医用食品添加剂、硫酸生产、纸张填料、油漆填料等。

石膏及其制品的微孔结构和加热脱水性，使之具优良的隔声、隔热和防火性能。

石膏在自然界中以两种稳定形态存在于石膏矿石中：生石膏和硬石膏。硬石膏又称为天然无水石膏，为无水硫酸钙（CaSO₄）；生石膏为二水硫酸钙（CaSO₄·2H₂O），又称二水石膏、水石膏或软石膏。两种石膏常伴生产出，在一定的地质作用下又可互相转化。天然无水石膏只可用于生产无水石膏水泥，而天然二水石膏可以制造各种性质的石膏。

1）建筑石膏的生产

生产石膏的原料除了天然石膏矿外，也可用含有的化工副产品及废渣。生产石膏的主要工序是加热与磨细。将二水石膏经过煅烧、磨细可得 β 型半水石膏（CaSO4·0.5H2O），即建筑石膏，又称熟石膏、灰泥。其化学反应式如下：

$$CaSO_4 \cdot 2H_2O \xrightarrow{107\sim170℃} CaSO_4 \cdot \frac{1}{2}H_2O + 1\frac{1}{2}H_2O$$

2）建筑石膏的水化、凝结和硬化

（1）建筑石膏的水化。

建筑石膏（CaSO4·0.5H2O）加水拌和后，与水发生水化反应，重新水化生成二水石膏。其化学反应式如下：

$$CaSO_4 \cdot \frac{1}{2}H_2O + 1\frac{1}{2}H_2O \longrightarrow CaSO_4 \cdot 2H_2O$$

半水石膏在空气中，也会吸收空气中的水分子水化成二水石膏晶体。

石膏的水化反应是由二水石膏制备半水石膏的逆反应。

（2）建筑石膏的凝结与硬化。

石膏的凝结硬化机理——"溶解、水化、胶化、结晶"。

半水石膏的溶解度远大于二水石膏。半水石膏在水中不断溶解，很快达到饱和而水化成溶解度低的二水石膏，随着二水石膏沉淀的不断增加，形成过饱和溶液，就会产生结晶沉淀，结晶体的不断生成和长大，晶体颗粒之间便产生了摩擦力和黏结力，造成浆体的塑性开始下降，这一现象称为石膏的初凝；而后随着晶体颗粒间摩擦力和黏结力的增大，浆体的塑性很快下降，直至消失，这种现象称为石膏的终凝，也就完成了建筑石膏的硬化。

3）建筑石膏的特性

（1）凝结硬化速度快。

石膏浆体的初凝和终凝时间都很短，一般初凝时间为几分钟至十几分钟，终凝时间在半小时以内，大约一星期左右完全硬化。为满足施工要求，需要加入缓凝剂，如硼砂、酒石酸钾钠、柠檬酸、聚乙烯醇、石灰活化骨胶或皮胶等。

（2）硬化时体积微膨胀。

石膏浆体凝结硬化时不像石灰、水泥那样出现收缩，反而略有膨胀（膨胀率约为1%），使石膏硬化体表面光滑饱满，可制作出纹理细致的浮雕花饰。

（3）硬化后孔隙率高。

石膏浆体硬化后内部孔隙率可达50％～60％，因而石膏制品具有表观密度较小、强度较低、导热系数小、吸声性强、吸湿性大、可调节室内温度和湿度的特点。

（4）防火性能好。

石膏制品在遇火灾时，二水石膏将脱出结晶水，吸热蒸发，并在制品表面形成蒸汽幕和脱水物隔热层，可有效减少火焰对内部结构的危害。建筑石膏制品在防火的同时自身也会遭到损坏，而且石膏制品也不宜长期用于靠近65℃以上高温的部位，以免二水石膏在此温度下失去结晶水，从而失去强度。

（5）耐水性和抗冻性差。

建筑石膏硬化体的吸湿性强，吸收的水分会减弱石膏晶粒间的结合力，使强度显著降低；若长期浸水，还会因二水石膏晶体逐渐溶解而导致破坏石膏制品吸水饱和后受冻，会因孔隙中水分结晶膨胀而破坏。所以，石膏制品的耐水性和抗冻性较差，不宜用于潮湿部位。为提高其耐水性，可加入适量的水泥、矿渣等水硬性材料，也可加入有机防水剂等，可改善石膏制品的孔隙状态或使孔壁具有憎水性。

3. 水玻璃

水玻璃俗称泡花碱，是一种水溶性硅酸盐，也是由碱金属氧化物和二氧化硅按不同比例组成的气硬性胶凝材料，其水溶液俗称水玻璃，是一种矿物黏合剂。其化学式为 $R_2O \cdot nSiO_2$，式中，R_2O 为碱金属氧化物，n 为二氧化硅与碱金属氧化物摩尔数的比值，称为水玻璃的模数。n 值越大，水玻璃的黏结能力越强，强度、耐酸性、耐热性也越高；同时，n 值越大，固态水玻璃在水中溶解的难度越大。建筑上常用的水玻璃是硅酸钠的水溶液（$Na_2O \cdot nSiO_2$）。

1）水玻璃的凝结硬化

液体水玻璃在空气中吸收二氧化碳，形成无定型硅酸凝胶，并逐渐干燥而硬化。液体水玻璃在空气中吸收二氧化碳气体的反应式为

$$Na_2O \cdot nSiO_2 + CO_2 + mH_2O \longrightarrow Na_2CO_3 + nSiO_2 \cdot mH_2O$$

$nSiO_2 \cdot mH_2O$ 是无定型的二氧化硅凝胶，其逐渐脱水而硬化。由于空气中二氧化碳的体积分数低，上述反应十分缓慢。为了加速硬化，常加入氟硅酸钠 Na_2SiF_6 作为促硬剂，促使硅酸凝胶加速析出。其化学反应式如下：

$$2(Na_2O \cdot nSiO_2) + Na_2SiF_6 + mH_2O \longrightarrow (2n+1)SiO_2 \cdot mH_2O + 6NaF$$

氟硅酸钠的适宜用量为水玻璃质量的12％～15％。用量太少，硬化速度慢、强度低，且未反应的水玻璃易溶于水，导致耐水性差；用量过多，则凝结过快，造成施工困难，且渗透性大，强度也低。

2）水玻璃的特性

（1）黏结力强。

水玻璃硬化后具有较高的黏结强度、抗拉强度和抗压强度。此外，水玻璃硬化析出的硅酸凝胶还有堵塞毛细孔隙而防止水分渗透的作用。

（2）耐酸性好。

硬化后的水玻璃，其主要成分是 SiO_2，具有高度的耐酸性能，能抵抗大多数无机酸和有机酸的作用。

(3)耐热性高。

水玻璃不燃烧,硬化后形成 SiO_2 空间网状骨架,在高温下硅酸凝胶干燥得更加强烈,强度并不降低,甚至有所增加。

(4)耐水性和耐碱性均较差。

1.4 水硬性胶凝材料的认识与应用

【参考图文】

水泥是一种粉状水硬性无机胶凝材料,加水搅拌后成浆体,能在空气中硬化或者在水中更好地硬化,并能把砂、石等材料牢固地胶结在一起,形成具有堆聚结构的人造石材。作为一种重要的胶凝材料,水泥广泛应用于土木建筑、水利、国防等工程。

1. 水泥的分类

水泥的种类很多,可以按用途与性能分类,也可以按主要水硬性物质分类。

根据《水泥的命名原则和术语》(GB/T 4131—2014)中的相关规定,水泥按主要水硬性物质可以分为以下五类,详见表 1-10。

表 1-10 按主要水硬性物质分类

水 泥 种 类	主要水硬性物质	主 要 品 种
硅酸盐水泥	硅酸钙	绝大多数通用水泥、专用水泥和特性水泥
铝酸盐水泥	铝酸钙	高铝水泥、自应力铝酸盐水泥、快硬高强铝酸盐水泥等
硫铝酸盐水泥	无水硫铝酸钙、硅酸二钙	自应力硫铝酸盐水泥、低碱度硫铝酸盐水泥、快硬硫铝酸盐水泥等
铁铝酸盐水泥	铁相、无水硫铝酸钙、硅酸二钙	自应力铁铝酸盐水泥、膨胀铁铝酸盐水泥、快硬铁铝酸盐水泥等
氟铝酸盐水泥	氟铝酸钙、硅酸二钙	氟铝酸盐水泥等

根据《水泥的命名原则和术语》中的相关规定,水泥按其用途与性能可以分为通用水泥和特种水泥(具有特殊性能或用途的水泥)。水泥的具体分类如图 1.3 所示。

通用水泥是一般土木建筑工程通常采用的水泥,本节主要介绍通用水泥。

2. 硅酸盐水泥

《通用硅酸盐水泥》(GB 175—2007)规定:以硅酸盐水泥熟料和适量的石膏及规定的混合材料制成的水硬性胶凝材料称为通用硅酸盐水泥。通用硅酸盐水泥按混合材料的品种和掺量分为硅酸盐水泥、普通硅酸盐水泥、矿渣硅酸盐水泥、火山灰质硅酸盐水泥、粉煤灰硅酸盐水泥和复合硅酸盐水泥。

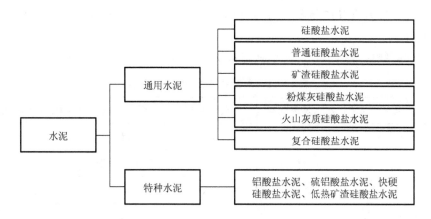

图 1.3   按用途与性能分类

凡由硅酸盐水泥熟料、0～5％石灰石或粒化高炉矿渣、适量石膏磨细制成的水硬性胶凝材料，称为硅酸盐水泥（即国外通称的波特兰水泥）。其中，硅酸盐水泥中不掺混合材料的称为Ⅰ型硅酸盐水泥，其代号为 P·Ⅰ；在硅酸盐水泥熟料粉磨时掺入不超过水泥质量 5％的石灰石或粒化高炉矿渣混合材料的称为Ⅱ型硅酸盐水泥，其代号为 P·Ⅱ。

1）硅酸盐水泥的生产

生产硅酸盐水泥的原料，主要是石灰质和黏土质两类原料。为了补充铁质及改善煅烧条件，还可加入适量铁粉、萤石等。

水泥的生产，一般可分生料制备、熟料煅烧和水泥粉磨等三个工序，整个生产过程可概括为"两磨一烧"。先将原材料破碎并按其化学成分配料后，在球磨机中研磨为生料。然后入窑煅烧至部分熔融，得到以硅酸钙为主要成分的水泥熟料，配以适量的石膏及混合材料在球磨机中研磨至一定细度，即得到硅酸盐水泥。硅酸盐水泥的生产过程如图 1.4 所示。

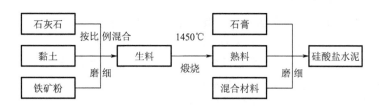

图 1.4   硅酸盐水泥生产示意图

2）硅酸盐水泥的矿物组成

以适当成分的生料煅烧至部分熔融所得到的以硅酸钙为主要成分的产物称为硅酸盐水泥熟料，其中硅酸钙矿物含量不小于 66％，氧化钙和氧化硅质量比不小于 2.0。

硅酸盐水泥熟料主要由硅酸三钙（$3CaO \cdot SiO_2$，其简写为 C_3S，含量 37％～60％）、硅酸二钙（$2CaO \cdot SiO_2$，其简写为 C_2S，含量 15％～37％）、铝酸三钙（$3CaO \cdot Al_2O_3$，其简写为 C_3A，含量 7％～15％）和铁铝酸四钙（$4CaO \cdot Al_2O_3 \cdot Fe_2O_3$，其简写为 C_4AF，含量 10％～18％）四种矿物组成。除此之外，还有少量的游离氧化钙（$f\text{-}CaO$，含量过高，将造成水泥体积安定性不良）、游离氧化镁（$f\text{-}MgO$，含量过高，将造成水泥体积安定性不良）以及含碱矿物及玻璃体（当含量高，且遇到活性集料时，易发生碱-集料膨胀反应）等。

熟料中的矿物磨细加水，均能单独与水发生化学反应，其特点见表1-11。

表1-11 水泥熟料矿物的主要特性

名　称	水化反应速率	水化放热量	强　度	耐化学侵蚀性	干缩
硅酸三钙（C_3S）	快	大	高	中	中
硅酸二钙（C_2S）	慢	小	早期低，后期高	良	小
铝酸三钙（C_3A）	最快	最大	低	差	大
铁铝酸四钙（C_4AF）	快	中	低	优	小

由表1-11可知，水泥中各种矿物熟料的含量决定着水泥某一方面的性能，当改变各种熟料矿物成分的含量时，水泥的性质即会发生相应的变化。例如，提高熟料中C_3S的含量，可制得强度高的水泥；减少C_3A和C_3S的含量，提高C_2S的含量，可制得水化热低的水泥（如大坝水泥）；降低C_3A的含量，适当提高C_4AF的含量，可制得耐硫酸盐水泥。

3）硅酸盐水泥的水化与凝结硬化

硅酸盐水泥加适量水拌和后，各矿物成分发生水化反应，随着水化反应的深入进行，水泥浆逐渐变稠失去可塑性（但尚无强度），这一过程称为初凝。由初凝到开始具有强度时的终凝过程称为水泥的凝结。此后，产生明显的强度并逐渐发展成为坚硬的石状物——水泥石，这一过程称为水泥的"硬化"。水泥的凝结过程和硬化过程是连续进行的。凝结过程较短暂，一般几个小时即可完成；硬化过程是一个长期的过程，在一定温度和湿度下可持续几十年。

（1）硅酸盐水泥的水化。

水泥加水后，水泥颗粒被水包围，其熟料矿物颗粒表面立即与水发生化学反应，生成一系列新的化合物，并放出一定的热量。其化学方程式如下：

$$2(3CaO \cdot SiO_2) + 6H_2O = 3CaO \cdot 2SiO_2 \cdot 3H_2O + 3Ca(OH)_2$$
　　　硅酸三钙　　　　水　　　水化硅酸钙凝胶　　氢氧化钙晶体

$$2(2CaO \cdot SiO_2) + 4H_2O = 3CaO \cdot 2SiO_2 \cdot 3H_2O + 3Ca(OH)_2$$
　　　硅酸二钙　　　　水　　　水化硅酸钙凝胶　　氢氧化钙晶体

$$3CaO \cdot Al_2O_3 + 6H_2O = 3CaO \cdot Al_2O_3 \cdot 6H_2O$$
　　铝酸三钙　　　　水　　　水化铝酸钙晶体

$$4CaO \cdot Al_2O_3 \cdot Fe_2O_3 + 7H_2O = 3CaO \cdot Al_2O_3 \cdot 6H_2O + CaO \cdot Fe_2O_3 \cdot H_2O$$
　　铁铝酸四钙　　　　水　　　水化铝酸钙晶体　　　　水化铁酸钙凝胶

由于铝酸三钙水化极快，会使水泥很快凝结，为使工程使用时有足够的操作时间，水泥中加入了适量（3%左右）的石膏。水泥加入石膏后，一旦铝酸三钙开始水化，石膏会与水化铝酸三钙反应生成针状的钙矾石并伴有明显的体积膨胀。钙矾石很难溶解于水，可以形成一层保护膜覆盖在水泥颗粒的表面，从而阻碍了铝酸三钙的水化，阻止了水泥颗粒表面水化产物的向外扩散，降低了水泥的水化速度，使水泥的凝结时间得以延缓。其化学方程式如下：

$$3(CaSO_4 \cdot 2H_2O) + 3CaO \cdot Al_2O_3 \cdot 6H_2O + 19H_2O = 3CaO \cdot Al_2O_3 \cdot 3CaSO_4 \cdot 31H_2O$$

水泥的水化反应实际上是复杂的化学反应，上述反应是几个典型的水化反应式。如果忽略一些次要的或少量的成分以及混合材料的作用，硅酸盐水泥与水作用后，生成的主要水化产物有水化硅酸钙凝胶、水化铁酸钙凝胶、氢氧化钙晶体、水化铝酸钙晶体和钙矾石晶体。在完全水化的水泥中，水化硅酸钙的质量含量约为 70%，氢氧化钙的质量含量约为20%，钙矾石的质量含量约为 7%。

（2）硅酸盐水泥的凝结硬化。

硅酸盐水泥的凝结硬化过程是很复杂的物理化学过程，历史上有过多种关于水泥凝结硬化的理论，至今仍在继续研究。基于反应速度和物理化学的主要变化，可将水泥的凝结硬化分为以下几个阶段。

第一阶段：初始反应期。水化初期，由于水化物尚不多，包有水化物膜层的水泥颗粒之间是分离着的，相互间引力较小，此时水泥浆具有良好的塑性。一般的放热反应速度为168J/(g · h)，持续时间为 5～10min。

第二阶段：潜伏期。凝胶体膜层围绕水泥颗粒成长，相互间形成点接触，构成疏松网状结构，使水泥浆体开始失去流动性和部分可塑性，这时为初凝，但此时还不具有强度。放热反应速度为 4.2J/(g · h)，持续时间为 1h。

第三阶段：凝结期。凝胶体膜层破裂（由于水分渗入膜层内部的速度大于水化物通过膜层向外扩散的速度而产生的渗透压），水泥颗粒进一步水化，而使反应速度加快，直至新的凝胶体重新修补好破裂的膜层为止。放热反应速度在 6h 内逐渐增加到 211J/(g · h)，持续时间为 6h。

第四阶段：硬化期。形成的凝胶体进一步填充颗粒之间空隙，毛细孔越来越少，使结构更加紧密，水泥浆体逐渐产生强度而进入硬化阶段。放热反应速度在 24h 内逐渐降低到 4.2J/(g· h)，持续时间为 6h 至若干年。

实际上，水泥的水化过程很慢，较粗水泥颗粒的内部很难完全水化。因此，硬化后的水泥是由晶体、胶体、未完全水化颗粒、游离水及气孔等组成的不均质体。

水泥的凝结硬化过程如图 1.5 所示。

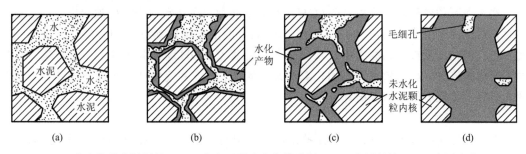

（a）未水化的水泥颗粒；（b）在表面形成水化物膜层；（c）水泥凝结；（d）水泥硬化

图 1.5　水泥凝结硬化过程示意

（3）影响硅酸盐水泥凝结硬化的主要因素。

① 水泥的矿物成分。硅酸盐水泥熟料矿物组成各成分的比例是影响水泥的水化速度、凝结硬化过程及强度等的主要因素。四种主要熟料矿物中，C_3A 是决定性因素，是强度的主要来源。改变熟料中矿物组成的相对含量，即可配制成具有不同特性的硅酸盐水泥。例如提高 C_3S 的含量，可制得快硬高强水泥。

② 水泥细度的影响。水泥越细，与水的接触面积越大，水化反应越迅速，凝结速度越快，早期强度越高。但过细时，易与空气中的水分及二氧化碳反应而降低活性，并且硬化时收缩也较大，且成本高。因此，水泥的细度应适当。

③ 石膏的掺量。水泥中掺入石膏，可调节水泥凝结硬化的速度。掺入少量石膏，可延缓水泥浆体的凝结硬化速度，但石膏掺量不能过多，过多的石膏不仅缓凝作用不大，还会引起水泥安定性不良。一般掺量约占水泥质量的 3%～5%，具体掺量需通过试验确定。

④ 拌和用水量。拌和水泥浆时，水与水泥的质量比称为水灰比（W/C）。在水泥用量不变的情况下，增加拌和用水量，会增加硬化水泥石中的毛细孔，降低水泥石的强度，同时延长水泥的凝结时间。

⑤ 养护湿度和温度的影响。提高温度可以加速水化反应，如采用蒸汽养护和蒸压养护。冬季施工时，需采取保温措施。水泥水化过程中应保持潮湿状态，保证水泥水化所需的化学用水。

⑥ 养护龄期的影响。水泥水化硬化是一个较长时期不断进行的过程，随着龄期的增长，水泥石的强度逐渐提高。水泥强度在 3～14d 内增长较快，28d 后增长缓慢。水泥强度的增长可延续几年甚至几十年。

4）硅酸盐水泥石的腐蚀与防治

水泥石硬化后，在正常的使用条件下，即在潮湿环境中或水中，仍可以逐渐硬化并不断增长其强度。然而在一些腐蚀性介质中，却能引起水泥石的结构遭到破坏，强度和耐久性降低，甚至完全破坏的现象，这种现象称为水泥石的腐蚀。

（1）水泥石的几种主要腐蚀类型。

导致水泥石腐蚀的因素很多，作用过程也很复杂，主要有软水腐蚀、盐类腐蚀、酸类腐蚀、强碱腐蚀等。

① 软水腐蚀（溶出性侵蚀）。

软水是指只含少量可溶性钙盐和镁盐的天然水，或是经过软化处理的硬水。雨水、雪水、蒸馏水、工业冷凝水及含碳酸盐甚少的河水与湖水等都属于软水。

在水泥石的各种水化物中，$Ca(OH)_2$ 溶解度最大，在淡水中会首先被溶出。当水量不多时，或在静水、无压的情况下，水中 $Ca(OH)_2$ 的浓度很快达到饱和程度，溶出作用也就中止。但在大量或流动的水中，水流会不断地将 $Ca(OH)_2$ 溶出并带走。随着氢氧化钙的不断溶解流失，会导致水泥石的孔隙增大，碱度下降，并促使硬化水泥石的其他产物分解，最终使水泥石结构遭受破坏。

② 盐类腐蚀。

在水中通常溶有大量的盐类，某些溶解于水中的盐类会与水泥石相互作用产生置换反应，生成一些易溶或无胶结能力或产生膨胀的物质，从而使水泥石结构破坏。最常见的盐类侵蚀是硫酸盐侵蚀与镁盐侵蚀。

当海水、沼泽水、工业污水等水中含有硫酸盐（如 Na_2SO_4、K_2SO_4 等）时，它们与水泥石中的氢氧化钙反应生成硫酸钙，硫酸钙再与水泥石中的固态水化铝酸钙反应生成钙矾石，体积急剧膨胀（约 1.5 倍），使水泥石结构破坏。其化学反应式和方程式是：

$$Ca(OH)_2 + 硫酸盐 \longrightarrow CaSO_4$$

$$4CaO \cdot Al_2O_3 \cdot 12H_2O + 3CaSO_4 + 20H_2O = 3CaO \cdot Al_2O_3 \cdot 3CaSO_4 \cdot 31H_2O + Ca(OH)_2$$

在海水、地下水或矿泉水中，常含有较多的镁盐，一般以氯化镁、硫酸镁形态存在。镁盐与水泥石中的氢氧化钙起置换作用，生成松软且无胶结能力的氢氧化镁及易溶于水的氯化镁，或者生成石膏，导致水泥石结构破坏。其化学方程式为：

$$MgSO_4+Ca(OH)_2+2H_2O=CaSO_4 \cdot 2H_2O+Mg(OH)_2$$
$$(3CaO \cdot Al_2O_3 \cdot 6H_2O+3(CaSO_4 \cdot 2H_2O)+19H_2O=3CaO \cdot Al_2O_3 \cdot 3CaSO_4 \cdot 31H_2O)$$
$$MgCl_2+Ca(OH)_2=CaCl_2+Mg(OH)_2$$

可见，硫酸镁对水泥石起镁盐与硫酸盐双重侵蚀作用。

③ 酸类腐蚀。

碳酸的腐蚀：雨水及地下水中常溶有较多的二氧化碳，形成了碳酸。碳酸先与水泥石中的氢氧化钙反应，中和后使水泥石碳化，形成了碳酸钙，碳酸钙再与碳酸反应生成可溶性的碳酸氢钙，并随水流失，从而破坏了水泥石的结构。其腐蚀反应过程可表示为：

$$Ca(OH)_2+CO_2+H_2O=CaCO_3+2H_2O$$
$$CO_2+H_2O+CaCO_3 \Leftrightarrow Ca(HCO_3)_2$$

当水中含有较多的碳酸，上述反应向右进行，从而导致水泥石中的 $Ca(OH)_2$ 不断地转变为易溶的 $Ca(HCO_3)_2$ 而流失，进一步导致其他水化产物的分解，使水泥石结构遭到破坏。

一般酸的腐蚀：水泥的水化产物呈碱性，因此酸类对水泥石一般都会有不同程度的腐蚀作用，其中腐蚀作用最强的是无机酸中的盐酸、氢氟酸、硝酸、硫酸及有机酸中的乙酸、蚁酸和乳酸等，它们与水泥石中的 $Ca(OH)_2$ 反应后的生成物，或者易溶于水，或者体积膨胀，都对水泥石结构产生破坏作用。例如盐酸和硫酸分别与水泥石中的 $Ca(OH)_2$ 作用：

$$2HCl+Ca(OH)_2=CaCl_2+2H_2O$$
$$H_2SO_4+Ca(OH)_2=CaSO_4 \cdot 2H_2O$$

反应生成的氯化钙易溶于水，生成的石膏继而又产生硫酸盐侵蚀作用。

④ 强碱的腐蚀。

水泥石本身具有相当高的碱度，因此弱碱溶液一般不会侵蚀水泥石，但是，当铝酸盐含量较高的水泥石遇到强碱（如氢氧化钠）作用后出会被腐蚀破坏。氢氧化钠与水泥熟料中未水化的铝酸三钙作用，生成易溶的铝酸钠：

$$3CaO \cdot Al_2O_3+6NaOH=3Na_2O \cdot Al_2O_3+3Ca(OH)_2$$

当水泥石被氢氧化钠浸润后又在空气中干燥，与空气中的二氧化碳作用生成碳酸钠，碳酸钠在水泥石毛细孔中结晶沉积，会使水泥石胀裂。

$$2NaOH+CO_2=Na_2CO_3+H_2O$$
$$NaOH+CO_2+H_2O \longrightarrow Na_2CO_3 \cdot 10H_2O$$

（2）水泥石腐蚀的原因。

第一，水泥石中存在有引起腐蚀的组分氢氧化钙和水化铝酸钙。

第二，水泥石本身不密实，有很多毛细孔通道，侵蚀介质易于进入其内部。

第三，外界因素的影响，如腐蚀介质的存在，环境温度、湿度、介质浓度的影响等。

（3）水泥石腐蚀的防治措施。

根据以上分析可知，引起水泥石腐蚀的主要内因是水泥石中含有相当数量的氢氧化钙，以及一定数量的水化铝酸钙（C_3A 的水化产物）。水泥石中的各种孔隙及孔隙通道使得外界侵蚀性介质易于侵入。所以为防止或减轻水泥石的腐蚀，通常可采用下列措施。

① 根据侵蚀环境特点，合理选用水泥品种。在有压力水的环境中，选择水化产物中 $Ca(OH)_2$ 含量较少的水泥，可提高其抗软水侵蚀的能力；选用 C_3A 的含量低的水泥，降低硫酸盐类的腐蚀作用。

② 提高水泥石的密实度。水泥石的孔隙率越小，抗渗能力越强，腐蚀介质也越难进入，腐蚀作用越轻。

③ 表面加保护层（设隔离层）。当侵蚀作用较强或上述措施不能满足要求时，可在水泥制品（混凝土、砂浆等）表面设置耐腐蚀性高且不透水的隔离层或保护层。

5）硅酸盐水泥的特性及应用

（1）凝结硬化快、强度高。

硅酸盐水泥凝结硬化快，强度高，尤其是早期强度增长率大，特别适合早期强度要求高的工程、高强混凝土结构和预应力混凝土工程。

（2）水化热高。

硅酸盐水泥熟料中 C_3S 和 C_3A 含量高，使早期放热量大，放热速度快，早期强度高，用于冬季施工常可避免冻害。但高放热量对大体积混凝土工程不利，如无可靠的降温措施，不宜用于大体积混凝土工程。

（3）抗冻性好。

硅酸盐水泥拌合物不易发生泌水，硬化后的水泥石密度较大，所以抗冻性优于其他通用水泥，适用于严寒地区受反复冻融作用的混凝土工程。

（4）碱度高、抗碳化能力强。

硅酸水泥硬化后的水泥石显示强碱性，埋于其中的钢筋在碱性环境中表面生成一层灰色钝化膜，可保持钢筋几十年不生锈。硅酸盐水泥碱性强且密实度高，抗碳化能力强所以特别适用于重要的钢筋混凝土结构及预应力混凝土工程。

（5）干缩小。

硅酸盐水泥在硬化过程中，形成大量的水化硅酸钙凝胶体，使水泥石密实，游离水分少，不易产生干缩裂纹，可用于干燥环境的混凝土工程。

（6）耐磨性好。

硅酸盐水泥强度高，耐磨性好，且干缩量小，可用于路面与地面工程。

（7）耐腐蚀性差。

硅酸盐水泥石中有大量氢氧化钙和水化铝酸钙，容易引起软水、酸类和盐类的侵蚀。所以不宜用于受流动水、压力水、酸类和硫酸盐侵蚀的工程。

（8）耐热性差。

硅酸盐水泥石在温度为 250℃ 时水化物开始脱水，水泥石强度下降，当受热 700℃ 以上时水泥石开始破坏。所以硅酸盐水泥不宜单独用于耐热混凝土工程。

（9）湿热养护效果差。

硅酸盐水泥在常规养护条件下硬化快、强度高。但经过蒸汽养护后，再经自然养护至 28d 测得的抗压强度，往往低于未经蒸汽养护的 28d 的抗压强度。

3. 掺有混合材料的硅酸盐水泥及其应用

1）掺有混合材料的硅酸盐水泥

为了改善水泥性能、提高水泥的产量，在生产时掺入的天然或人工矿物质材料称为混合材料。水泥用混合材料可按其活性的不同，分为活性混合材料和非活性混合材料。

具有一定的化学活性，能和水泥的水化产物产生化学反应，生成新的水硬性胶凝材料，凝结硬化产生强度，从而改变水泥的某些特性的混合材料称为活性混合材料。常用的活性混合材料有粒化高炉矿渣、火山灰质混合材料和粉煤灰等。其主要化学成分为活性氧化硅和活性氧化铝。这些活性材料本身不会发生水化反应，不产生胶凝性。但在氢氧化钙或石膏等溶液中，它们却能产生明显的水化反应，形成水化硅酸钙和水化铝酸钙。其化学反应式如下：

$$x\mathrm{Ca(OH)_2 + SiO_2 + }m\mathrm{H_2O \longrightarrow }x\mathrm{CaO \cdot SiO_2 \cdot }n\mathrm{H_2O}$$

$$x\mathrm{Ca(OH)_2 + Al_2O_3 + }m\mathrm{H_2O \longrightarrow }x\mathrm{CaO \cdot Al_2O_3 \cdot }n\mathrm{H_2O}$$

非活性混合材料有磨细石英砂、石灰石、黏土、缓冷矿渣等。它们掺入水泥，不与水泥成分起化学反应或化学反应很弱，主要起填充作用，可调节水泥强度、降低水化热及增加水泥产量等。

通用硅酸盐水泥按混合材料的品种和掺量分为硅酸盐水泥、普通硅酸盐水泥、矿渣硅酸盐水泥、火山灰质硅酸盐水泥、粉煤灰硅酸盐水泥和复合硅酸盐水泥。各品种的组分和代号应符合表 1-12 的规定。

表 1-12　通用硅酸盐水泥的组分

品　　种	代号	组分(%)				
		熟料＋石膏	粒化高炉矿渣	火山灰质混合材料	粉煤灰	石灰石
硅酸盐水泥	P·I	100	—	—	—	—
	P·II	≥95	≤5	—	—	—
		≥95	—	—	—	≤5
普通硅酸盐水泥	P·O	≥80 且＜95	>5 且≤20①			
矿渣硅酸盐水泥	P·S·A	≥50 且＜80	>20 且≤50②	—	—	—
	P·S·B	≥30 且＜50	>50 且≤70②	—	—	—
火山灰质硅酸盐水泥	P·P	≥60 且＜80	—	>20 且≤40③	—	—
粉煤灰硅酸盐水泥	P·F	≥60 且＜80	—	—	>20 且≤40④	—
复合硅酸盐水泥	P·C	≥50 且＜80	>20 且≤50⑤			

① 本组分材料为符合 GB/T 175—2007 的活性混合材料，其中允许用不超过水泥质量 8% 且符合 GB/T 175—2007 的非活性混合材料或不超过水泥质量 5% 且符合 GB/T 175—2007 的窑灰代替。

② 本组分材料为符合 GB/T 203—2008 或 GB/T 18046—2008 的活性混合材料，其中允许用不超过水泥质量 8% 且符合 GB/T 175—2007 的活性混合材料或符合 GB/T 175—2007 的非活性混合材料或符合 GB/T 175—2007 的窑灰中的任一种材料代替。

③ 本组分材料为符合 GB/T 2847—2005 的活性混合材料。

④ 本组分材料为符合 GB/T 1596—2005 的活性混合材料。

⑤ 本组分材料为由两种（含）以上符合 GB/T 175—2007 的活性混合材料或（和）符合 GB/T 175—2007 非活性混合材料组成，其中允许用不超过水泥质量 8% 且符合 GB/T 175—2007 的窑灰代替。掺矿渣时混合材料掺量不得与矿渣硅酸盐水泥重复。

2）通用硅酸盐水泥的特性及应用

（1）通用硅酸盐水泥的特性。

通用硅酸盐水泥简称通用水泥，普通硅酸盐水泥简称普通水泥，矿渣硅酸盐水泥简称矿渣水泥，火山灰质硅酸盐水泥简称火山灰质水泥，粉煤灰硅酸盐水泥简称粉煤灰水泥，复合硅酸盐水泥简称复合水泥。

掺有混合材料的各种常用硅酸盐水泥的特性与硅酸盐水泥不同，具体见表 1-13。

表 1-13　通用水泥的特性

水 泥 品 种	特　　　　性
硅酸盐水泥	①凝结硬化快、早期强度高；②水化热大；③抗冻性好；④耐热性差；⑤耐蚀性差；⑥干缩性较小；⑦抗碳化性好
普通水泥	①凝结硬化较快、早期强度较高；②水化热较大；③抗冻性较好；④耐热性较差；⑤耐蚀性较差；⑥干缩性较小；⑦抗碳化性较好
矿渣水泥	①凝结硬化慢、早期强度低，后期强度增长较快；②水化热较小；③抗冻性差；④耐热性好；⑤耐蚀性较好；⑥干缩性较大；⑦泌水性大、抗渗性差
火山灰水泥	①凝结硬化慢、早期强度低，后期强度增长较快；②水化热较小；③抗冻性差；④耐热性较差；⑤耐蚀性较好；⑥干缩性较大；⑦抗渗性较好
粉煤灰水泥	①凝结硬化慢、早期强度低，后期强度增长较快；②水化热较小；③抗冻性差；④耐热性较差；⑤耐蚀性较好；⑥干缩性较小；⑦抗裂性较高
复合水泥	①凝结硬化慢、早期强度低，后期强度增长较快；②水化热较小；③抗冻性差；④耐蚀性较好；⑤其他性能与所掺入的两种或两种以上混合材料的种类、掺量有关

（2）通用硅酸盐水泥的应用。

在混凝土工程中，根据使用场合、条件的不同，可以选择不同种类的水泥。具体的选用方法可以参考表 1-14。

表 1-14　通用水泥的选用

水泥品种	混凝土工程特点及所处环境条件	优 先 选 用	可 以 选 用	不 宜 选 用
普通混凝土	在一般气候环境中	普通水泥	矿渣水泥、火山灰水泥粉煤灰水泥、复合水泥	—
	在干燥环境中	普通水泥	矿渣水泥	火山灰水泥、粉煤灰水泥
	在高湿度环境中或长期处于水中	矿渣水泥、火山灰水泥、粉煤灰水泥、复合水泥	普通水泥	—
	厚大体积的混凝土	矿渣水泥、火山灰水泥、粉煤灰水泥、复合水泥	普通水泥	硅酸盐水泥

（续）

水泥品种	混凝土工程特点及所处环境条件	优 先 选 用	可 以 选 用	不 宜 选 用
有特殊要求的混凝土	要求快硬、高强（强度等级＞C40）	硅酸盐水泥	普通水泥	矿渣、火山灰、粉煤灰、复合
	严寒地区的露天、寒冷地区处于水位升降范围内	普通水泥	矿渣水泥（强度等级＞32.5）	火山灰水泥、粉煤灰水泥
	严寒地区处于水位升降范围内	普通水泥（强度等级＞42.5）	—	火山灰水泥、矿渣水泥、粉煤灰水泥、复合水泥
	有抗渗要求的混凝土	普通水泥火山灰水泥	—	矿渣水泥、粉煤灰水泥
	有耐磨性要求	硅酸盐水泥普通水泥	矿渣水泥（强度等级＞32.5）	火山灰水泥、粉煤灰水泥
	受侵蚀性介质作用	矿渣、火山灰、粉煤灰、复合水泥	—	硅酸盐水泥、普通水泥

4. 特种水泥

1）专用水泥

专用水泥是指有专门用途的水泥，包括砌筑水泥、道路水泥、大坝水泥、油井水泥等，这里简单介绍道路水泥和砌筑水泥。

（1）道路硅酸盐水泥。

以适当成分的生料烧至部分熔融，所得以硅酸钙为主要成分并含有较多量的铁铝酸钙的硅酸盐水泥熟料称为道路硅酸盐水泥熟料。由道路硅酸盐水泥熟料，0～10％活性混合材料和适量石膏磨细制成的水硬性胶凝材料，称为道路硅酸盐水泥（简称道路水泥），代号 P. R.。

《道路硅酸盐水泥》（GB 13693—2005）规定，道路水泥熟料中铝酸三钙的含量不得大于 5.0％；铁铝酸四钙的含量不得小于 16.0％；游离氧化钙的含量，旋窑生产不得大于 1.0％，立窑生产不得大于 1.8％。

道路硅酸盐水泥的技术要求如下。

比表面积：300～450m²/kg。

凝结时间：初凝不早于 1.5h，终凝不迟于 10h。

安定性：沸煮法检验必须合格。

干缩率：28d 干缩率不得大于 0.10％。

耐磨性：28d 磨耗量不大于 3.00kg/m²。

强度：按 3d、28d 的抗压强度和抗折强度分为 32.5、42.5 和 52.5 三个强度等级。

道路硅酸盐水泥强度较高（特别是抗折强度高），耐磨性好，干缩率低，抗冲击性、抗冻性和抗硫酸盐侵蚀能力比较好，适合于水泥混凝土路面、机场跑道、车站及公共广场等工程的面层混凝土中应用。

（2）砌筑水泥。

砌筑水泥是由一种或一种以上活性混合材料或具有水硬性的工业废料为主要原料，加入适量硅酸盐水泥熟料和石膏，经磨细制成的水硬性胶凝材料，代号 M。水泥中混合材料掺加量按质量百分比计应大于 50%，允许掺入适量的石灰石（石灰石中的三氧化二铝不得超过 2.5%）或窑灰。

国家标准《砌筑水泥》（GB/T 3183—2003）规定，砌筑水泥满足下列技术要求。

三氧化硫：水泥中三氧化硫含量不应大于 4.0%。

细度：80μm 方孔筛筛余不大于 10.0%。

凝结时间：初凝不早于 60 min，终凝不迟于 12 h。

安定性：用沸煮法检验，应合格。

保水率：保水率不应低于 80%。

强度：分为 12.5 及 22.5 两个强度等级（详细指标见表 1-15）。

表 1-15　砌筑水泥的强度等级和各龄期强度

水 泥 等 级	抗压强度/MPa		抗折强度/MPa	
	7d	28d	7d	28d
12.5	7.0	12.5	1.5	3.0
22.5	10.0	22.5	2.0	4.0

砌筑水泥的强度较低，不能用于钢筋混凝土或结构混凝土，主要用于工业与民用建筑的砌筑和抹面砂浆、垫层混凝土等。

2）特性水泥

特性水泥是指某种性能比较突出的水泥，包括抗硫酸盐硅酸盐水泥、膨胀水泥、自应力水泥、白色硅酸盐水泥、铝酸盐水泥等。这里简单介绍几种。

（1）抗硫酸盐硅酸盐水泥。

抗硫酸盐硅酸盐水泥按其抗硫酸盐侵蚀程度分为中抗硫酸盐硅酸盐水泥和高抗硫酸盐硅酸盐水泥两类。以特定矿物组成的硅酸盐水泥熟料，加入适量石膏，磨细制成的具有抵抗中等浓度硫酸根离子侵蚀的水硬性胶凝材料，称为中抗硫酸盐硅酸盐水泥，简称中抗硫水泥，代号 P·MSR。以特定矿物组成的硅酸盐水泥熟料，加入适量石膏，磨细制成的具有抵抗较高浓度硫酸根离子侵蚀的水硬性胶凝材料，称为高抗硫酸盐硅酸盐水泥，简称高抗硫水泥，代号 P·HSR。

国家标准《抗硫酸盐硅酸盐水泥》（GB 748—2005）规定，抗硫酸盐硅酸盐水泥满足下列技术要求。

三氧化硫：水泥中三氧化硫含量不应大于 2.5%。

比表面积：比表面积不得小于 280m²/kg。

氧化镁：抗硫酸盐水泥中氧化镁含量不得超过 5.0%。如果水泥经过压蒸安定性试验合格，则水泥中氧化镁含量允许放宽到 6.0%。

凝结时间：初凝不得早于 45min，终凝不得迟于 10h。

安定性：用沸煮法检验，必须合格。

不溶物：不溶物的含量不得超过 1.50%

强度：分为 32.5 及 42.5 两个强度等级。具体要求见表 1-16。

表 1-16　抗硫酸盐水泥的强度等级和各龄期强度

分　类	强度等级	抗压强度/MPa		抗折强度/MPa	
		3d	28d	3d	28d
中抗硫酸盐硅酸盐水泥	32.5	10.0	32.5	2.5	6.0
高抗硫酸盐硅酸盐水泥	42.5	15.0	42.5	3.0	6.5

抗硫酸盐硅酸盐水泥一般用于受硫酸盐侵蚀的海港、水利、地下、隧道、涵洞、道路和桥梁基础等工程。

（2）铝酸盐水泥。

以石灰岩和矾土为主要原料，配制成适当成分的生料，烧至全部或部分熔融所得以铝酸钙为主要矿物的熟料，经磨细而成的水硬性胶凝材料，称为铝酸盐水泥，代号 CA。铝酸盐水泥按照 Al_2O_3 的含量分为 CA-50、CA-60、CA-70 和 CA-80 四类。

国家标准《铝酸盐水泥》（GB/T 201—2015）规定，铝酸盐水泥应满足下列技术要求。

细度：比表面积不小于 $300m^2/kg$ 或 0.045mm 筛余不大于 20%，由供需双方商定，在无约定的情况下发生争议时以比表面积为准。

凝结时间：CA-50、CA-70、CA-80 铝酸盐水泥的初凝时间不早于 30min，终凝时间不迟于 6h；CA-60 铝酸盐水泥的初凝时间不早于 60min，终凝时间不迟于 18h。

强度：各类型铝酸盐水泥的不同龄期强度值需满足表 1-17 的要求。

表 1-17　铝酸盐水泥的强度要求

类　型	抗压强度/MPa				抗折强度/MPa			
	6h	1d	3d	28d	6h	1d	3d	28d
CA-50	20①	40	50	—	3.0①	5.5	6.5	—
CA-60	—	20	45	85	—	2.5	5.0	10.0
CA-70	—	30	40	—	—	5.0	6.0	—
CA-80	—	25	30	—	—	4.0	5.0	—

① 当用户需要时，生产厂应提供结果。

铝酸盐水泥的特性和应用包括以下几个方面。

第一，铝酸盐水泥凝结硬化速度快。1d 强度可达最高强度的 80% 以上，主要用于工期紧急的工程，如国防、道路和特殊抢修工程等。

第二，铝酸盐水泥水化热大，且放热量集中。1d 内放出的水化热为总量的 70%～80%，使混凝土内部温度上升较高，即使在 -10℃ 条件下施工，铝酸盐水泥也能很快凝结硬化，可用于冬季施工的工程。

第三，铝酸盐水泥在普通硬化条件下，由于水泥石中不含铝酸三钙和氢氧化钙，且密实度较大，因此具有很强的抗硫酸盐腐蚀作用。

第四，铝酸盐水泥具有较高的耐热性。如采用耐火粗细骨料（如铬铁矿等）可制成使用温度达 1300～1400℃ 的耐热混凝土。

第五，铝酸盐水泥的长期强度及其他性能有降低的趋势，长期强度降低 40％～50％，因此铝酸盐水泥不宜用于长期承重的结构及处在高温高湿环境的工程中，它只适用于紧急军事工程（筑路、桥等）、抢修工程（堵漏等）、临时性工程，以及配制耐热混凝土等。

第六，铝酸盐水泥与硅酸盐水泥或石灰相混不但产生闪凝，而且由于生成高碱性的水化铝酸钙，使混凝土开裂，甚至破坏。因此，施工时除不得与石灰或硅酸盐水泥混合外，也不得与未硬化的硅酸盐水泥接触使用。

（3）膨胀水泥和自应力水泥。

膨胀水泥是指在水化和硬化过程中产生体积膨胀的水泥，一般硅酸盐水泥在空气中硬化时，体积会发生收缩。收缩会使水泥石结构产生微裂缝，降低水泥石结构的密实性，影响结构的抗渗、抗冻、抗腐蚀等。膨胀水泥在硬化过程中体积不会发生收缩，还略有膨胀，可以解决由于收缩带来的不利后果。

膨胀水泥适用于工民建、地下室工程、铁路、公路隧道衬砌、做后浇缝混凝土、做二灌浆材料、屋面、楼面、厨卫间的防水混凝土、市政工程、桥梁工程。

膨胀水泥中膨胀组分含量较多，膨胀值较大，在膨胀过程中又受到限制时（如钢筋限制），则水泥本身会受到压应力。该压力是依靠水泥自身水化而产生的，称为自应力，用自应力值（MPa）表示应力大小。其中自应力值大于 2MPa 的称为自应力水泥。

膨胀水泥和自应力水泥主要用途如下。

第一种，硅酸盐膨胀水泥。主要用于制造防水砂浆和防水混凝土。适用于加固结构、浇筑机器底座或固结地脚螺栓，并可用于接缝及修补工程；但禁止在有硫酸盐侵蚀的水下工程中使用。

第二种，低热微膨胀水泥。主要用于较低水化热和要求补偿收缩的混凝土、大体积混凝土，也适用于要求抗渗和抗硫酸盐侵蚀的工程。

第三种，硫铝酸盐膨胀水泥。主要用于浇筑构件节点，以及应用于抗渗和补偿收缩的混凝土工程中。

第四种，自应力水泥。主要用于自应力钢筋混凝土压力管及其配件。

1.5 了解胶凝材料的应用、运输、保管、鉴定

1. 石灰的应用及包装运输

1）石灰的应用

（1）粉刷墙壁和配制石灰砂浆或水泥混合砂浆。用熟化并陈伏好的石灰膏，稀释成石灰乳，可用做内外墙及天棚的涂料，一般多用于内墙涂刷。以石灰膏为胶凝材料，掺入砂

和水拌和后，可制成石灰砂浆；在水泥砂浆中掺入石灰膏后，可制成水泥混合砂浆。这两种砂浆在建筑工程中用量都很大。

（2）配制灰土和三合土。熟石灰粉可用来配制灰土（熟石灰＋黏土）和三合土（熟石灰＋黏土＋砂、石或炉渣等填料）。常用的三七灰土和四六灰土，分别表示熟石灰和砂土体积比例为 3：7 和 4：6。由于黏土中含有的活性氧化硅和活性氧化铝与氢氧化钙反应可生成水硬性产物，使黏土的密实程度、强度和耐水性得到改善。因此灰土和三合土广泛用于建筑的基础和道路的垫层。

（3）生产无熟料水泥、硅酸盐制品和碳化石灰板。

2）石灰的包装、储运及保管

生石灰产品和消石灰产品可以散装或袋装，具体包装形式由供需双方协商确定。袋装时，每个包装袋上应标明产品名称、标记、净重、批号、厂名、地址和生产日期；散装产品应提供相应的标签。每批产品出厂时应向用户提供质量证明书，证明书上应注明厂名、产品名称、标记、检验结果、批号、生产日期。

建筑生石灰是自热材料，不应与易燃、易爆和液体物品混装。建筑生石灰和消石灰在运输和储存时不应受潮和混入杂物，不宜长期储存。不同类生石灰和消石灰应分别储存或运输，不得混杂。

2. 建筑石膏的应用及储存

建筑石膏的应用很广，除加水、砂及缓凝剂拌和成石膏砂浆用于室内抹面粉刷外，更主要的用途是制成各种石膏制品，如石膏板、石膏砌块及装饰件等。

建筑石膏在运输及储存时应注意防潮，一般储存 3 个月后，强度将降低 30％左右。储存期超过 3 个月或受潮的石膏，需经检验后才能使用。

3. 水玻璃的应用

1）涂刷建筑材料表面，提高密实度和抗风化能力

用水将水玻璃稀释，多次涂刷或浸渍材料表面，可提高材料的抗风化能力或使其密实度和强度提高。此方法对黏土砖、硅酸盐制品、水泥混凝土等含 $Ca(OH)_2$ 的材料效果良好。但不能用于涂刷或浸渍石膏制品，因为 $Na_2O \cdot nSiO_2$ 会与 $CaSO_4$ 反应生成 Na_2SO_4，Na_2SO_4 在制品孔隙中结晶，结晶时体积膨胀，引起制品开裂破坏。

2）配制成耐热砂浆、耐热混凝土、耐酸砂浆和耐酸混凝土

以水玻璃为胶凝材料，Na_2SiF_6 为促凝剂，与耐热或耐酸粗细骨料按一定比例配制而成。水玻璃耐热混凝土的极限使用温度在 1200℃以下。水玻璃耐酸混凝土一般用于储酸槽、酸洗槽、耐碱地坪和耐酸器材等。

3）加固地基

将水玻璃溶液与氯化钙溶液交替注入地基土壤内，两者反应析出硅酸胶体，能起胶结和填充孔隙的作用，并可阻止水分的渗透，提高土壤的密度和强度。

4）配制快凝防水剂

因凝结迅速，不宜配制水泥防水砂浆，但可以用作屋面或地面刚性防水层。

5）配制水玻璃矿渣砂浆，修补砖墙裂缝

将水玻璃、粒化高炉矿渣粉、砂及氟硅酸钠按适当比例拌和后，直接压入砖墙裂缝，

可起到粘接和补强作用。粒化高炉矿渣粉的加入不仅起填充及减少砂浆收缩的作用，还能与水玻璃起化学反应，成为增进砂浆强度的一个因素。

4. 通用硅酸盐水泥的包装、储存、运输与鉴别

1) 通用硅酸盐水泥的包装

水泥可以散装或袋装，袋装水泥每袋净含量为50kg，且应不少于标志质量的99％；随机抽取20袋总质量（含包装袋）应不少于1000kg。其他包装形式由供需双方协商确定，但有关袋装质量要求，应符合上述规定。

水泥包装袋上应清楚标明：执行标准、水泥品种、代号、强度等级、生产者名称、生产许可证标志（QS）及编号、出厂编号、包装日期、净含量。包装袋两侧应根据水泥的品种采用不同的颜色印刷水泥名称和强度等级，硅酸盐水泥和普通硅酸盐水泥采用红色，矿渣硅酸盐水泥采用绿色；火山灰质硅酸盐水泥、粉煤灰硅酸盐水泥和复合硅酸盐水泥采用黑色或蓝色。

散装发运时应提交与袋装标志相同内容的卡片。

2) 通用硅酸盐水泥的储存与运输

水泥在运输与储存时不得受潮和混入杂物，不同品种和强度等级的水泥在储运中避免混杂。具体应做到以下几点。

（1）不同品种和不同强度等级的水泥要分别存放，不得混杂。

（2）防水防潮，做到"上盖下垫"。

（3）堆垛不宜过高，一般不超过10袋；储存时间短或场地狭窄时，最多不超过15袋。

（4）散装水泥应分库进行标志存放。

（5）储存期不能过长，通用水泥不超过3个月。水泥储存期超过3个月，水泥会受潮结块，强度大幅度降低，影响水泥的使用。

3) 水泥质量的鉴别

（1）看。

看水泥的纸袋包装是否完好，标识是否完全。纸袋上的标识有：工厂名称、生产许可证编号、水泥名称、注册商标、品种（包括品种代号）、标号、包装年月日和编号。不同品种水泥采用不同的颜色标识。而劣质水泥则往往对此语焉不详。仔细观察水泥的颜色，一般来讲，水泥的正常颜色应呈灰白色，颜色过深或有变化有可能是由于其他杂质过多。

（2）捻。

水泥也有保质期，一般而言，超过出厂日期30天的水泥强度将有所下降。储存3个月后的水泥，其强度下降10％～20％，一年后降低25％～40％。能正常使用的水泥应无受潮结块现象，优质水泥用手指捻水泥粉末，感到有颗粒细腻的感觉；包装劣质的水泥，开口检查会有受潮和结块现象；劣质水泥用手指捻水泥粉末，有粗糙感，说明该水泥细度较粗、不正常，使用的时候强度低，黏性很差。

（3）听。

听商家介绍水泥的配料，从而推断水泥的品质。国内一些小水泥厂为了进行低价销售，违反水泥标准规定，过多使用水泥混合材料，没有严格按照国家标准进行原料配比，其产品性能可想而知。而正规厂家在水泥的原料选择上则十分严谨，生产出的水泥具有凝结时间适中、黏结强度高、耐久性好的特点。

（4）问。

询问水泥的生产厂家和生产工艺，看其"出身"是否正规，生产工艺是否先进。当前，非法建材装修市场上的水泥产品以小立窑工艺生产的居多，不但产品质量十分不稳定，也是环保的大敌；而一些专业大厂采用新型干法旋窑生产，采用先进的计算机技术控制管理，能够确保水泥产品质量稳定。

【学中做】

知识链接

石灰是较早使用的气硬性胶凝材料。生石灰是由石灰石等原料经高温煅烧而成。生石灰再经消化（或熟化）可得消石灰或石灰膏，这一过程需要经"过滤"及"陈伏"处理，以消除欠火石灰及过火石灰的危害。

建筑石膏具有良好的隔热、吸声、防火性能，装饰加工性能良好。水玻璃具有良好的耐酸、耐热性及一定的防水性，可用于加固地基、配制防水剂及耐酸、耐热混凝土。

水泥是工程中应用最多的气硬性胶凝材料，不同类别的水泥有不停的性能，要根据不同的环境进行选择。

学习小结

本章主要介绍了胶凝材料。胶凝材料分有机胶凝材料和无机胶凝材料两大类。其中，无机胶凝材料分为水硬性和气硬性两类。气硬性胶凝材料中，石灰和石膏是应用得比较多的。生石灰在使用前都要加水熟化成熟石灰。石灰在空气中的硬化过程是结晶和碳化同时进行的。常用的建筑石膏又称半水石膏，它的凝结硬化是一个连续的溶解、水化、胶化、结晶的过程。建筑石膏孔隙率大，强度较低，硬化后体积微膨胀，防火性好，凝结硬化快，在装饰装修中常用。水泥是在土木工程中用得最多的一种水硬性胶凝材料。水泥按用途和性能可分为通用水泥、专用水泥和特性水泥，用得最多的是通用硅酸盐水泥。以硅酸盐水泥熟料和适量的石膏，以及规定的混合材料制成的水硬性胶凝材料称为通用硅酸盐水泥。通用水泥中由于所含有的混合材料不同，导致他们的性质也不相同，在不同的工程环境中应合理选用。专用水泥和特性水泥根据他们各自的性质，适用于不同的环境。

课后思考与讨论

一、填空题

1. 胶凝材料按照化学成分分为＿＿＿＿＿和＿＿＿＿＿两类。无机胶凝材料按照硬化条件不同分为＿＿＿＿＿和＿＿＿＿＿两类。

2. 建筑石膏的化学成分是＿＿＿＿＿，硬石膏的化学成分为＿＿＿＿＿，生石膏的化学成分为＿＿＿＿＿。

3. 生石灰按照煅烧程度不同可分为_____、_____和_____；按照 MgO 含量不同分为_____和_____。

4. 水玻璃的凝结硬化较慢，为了加速硬化，需要加入_____作为促硬剂。

5. 国家标准规定：硅酸盐水泥的初凝时间不得早于_____，终凝时间不得迟于_____。

6. 常用的活性混合材料有_____、_____、_____。

二、选择题

1. （　　）浆体在凝结硬化过程中，其体积发生微小膨胀。

A．石灰　　　　　B．石膏　　　　　C．菱苦土　　　　　D．水玻璃

2. 石灰硬化过程实际上是（　　）过程。

A．结晶　　　　　B．碳化　　　　　C．结晶与碳化　　　D．化学反应

3. 石灰在消解（熟化）过程中（　　）。

A．体积明显缩小　　　　　　　　B．放出大量热量

C．体积膨胀　　　　　　　　　　D．与 $Ca(OH)_2$ 作用形成 $CaCO_3$

4. 石灰熟化过程中的"陈伏"是为了（　　）。

A．有利于结晶　　　　　　　　　B．蒸发多余水分

C．消除过火石灰的危害　　　　　D．降低发热量

5. 水泥熟料中水化速度最快、28d 水化热最大的是（　　）。

A．C_3S　　　　　B．C_2S　　　　　C．C_3A　　　　　D．C_4AF

三、简答题

1. 某办公楼室内抹灰采用的是石灰砂浆，交付使用后墙面逐渐出现普通鼓包开裂，试分析其原因。欲避免这种事故发生，应采取什么措施？

2. 建筑石膏及其制品为什么适用于室内，而不适用于室外？

3. 造成水泥石腐蚀的基本原因有哪些？可以采取什么措施防止水泥石的腐蚀？

4. 硅酸盐水泥熟料是由哪几种矿物组成的？它们在水泥水化中各表现出什么特性？

5. 铝酸盐水泥的特性有哪些？在使用中应注意哪些问题？

第**2**章　混凝土及砂浆

引　言

　　混凝土是土木工程中用途最广、用量最大的一种建筑材料。大家在生活中可以看到，我们居住的房屋、公路路面、桥梁、大坝等建筑物和构筑物中，都含有大量的混凝土。

　　砂浆的应用也很广泛。最显著的用途表现在房屋的框架结构（柱、梁、板）完成后，砌墙时砖与砖之间、砌体与砌体之间是靠砂浆来粘接的。其次，清水房在接房时，墙面上用来覆盖砖或砌块的大部分是水泥砂浆。

学习目标

　　掌握普通混凝土的组成及其原材料的质量控制；了解混凝土外加剂的工作原理和应用；掌握普通混凝土的主要技术性质，包括和易性、强度和耐久性；掌握普通混凝土的配合比设计及质量控制；了解其他混凝土的特性及应用。了解砂浆的分类及各种抹面砂浆的功能和技术要求；熟悉砌筑砂浆的种类及配合比计算；掌握砌筑砂浆的基本性质及其测定方法。

本章导读

　　在我们的生活中随处可见混凝土结构，由于混凝土特有的某些性能，有时我们也会发现如图 2.1 所示的现象：混凝土路面出现裂纹或者混凝土路面石子外露和脱落。那么，是

图 2.1　混凝土路面问题

什么原因导致了这种现象的出现？在我们拌和混凝土的过程中，应该注意哪些事项来防止类似现象出现呢？带着这样的问题，我们进入本章的学习。

2.1 认识混凝土和砂浆

【参考图文】

1. 混凝土和砂浆的基本概念

1）混凝土

（1）混凝土的概念。

混凝土，简称为"砼"，是由胶凝材料、骨料（粗、细骨料）、水及其他材料（外加剂和掺合料），按适当比例配合并经拌制、浇筑、成型、养护、硬化而成的具有所需的形体、强度和耐久性的人造石材。目前工程中使用最多的是以水泥为胶凝材料的水泥混凝土，也称为普通混凝土。

（2）混凝土的分类。

混凝土按照表观密度的大小可分为：重混凝土、普通混凝土、轻质混凝土。这三种混凝土不同之处就是骨料的不同。重混凝土是指干表观密度大于 2800kg/m³ 的混凝土，采用重晶石、重的集料制成，具有防御 X 等射线的性能。普通混凝土即是我们在建筑中常用的混凝土，干表观密度为 2000～2800kg/m³，主要以砂、石子为主要集料配制而成，是土木工程中最常用的混凝土品种，主要用于各种承重结构。轻质混凝土的干表观密度小于 2000kg/m³，可用做结构材料和保温绝热材料。

混凝土按胶凝材料分为水泥混凝土、沥青混凝土、石膏混凝土、水玻璃混凝土和聚合物混凝土等。

混凝土按强度可分为高强混凝土（$f \geqslant 60\mathrm{MPa}$，$f$ 为抗压强度）、超高强混凝土（$f \geqslant 100\mathrm{MPa}$）、一般强度混凝土（$f < 60\mathrm{MPa}$）。

混凝土按生产方式可以分为商品混凝土和现场拌制混凝土，按施工方法可以分为泵送混凝土、喷射混凝土、碾压混凝土、离心混凝土等。

混凝土按其用途分为结构混凝土、防水混凝土、耐酸混凝土、耐热混凝土、道路混凝土等。

（3）混凝土的特点。

混凝土作为建筑材料，与其他材料相比具有以下优点。

① 材料来源广泛。混凝土中占整个体积 80% 以上的砂、石料均就地取材，其资源丰富，有效降低了制作成本。

② 性能可调整范围大。根据使用功能要求，改变混凝土的材料配合比例及施工工艺可在相当大的范围内对混凝土的强度、保温耐热性、耐久性及工艺性能进行调整。

③ 在硬化前有良好的塑性。拌和混凝土优良的可塑成型性，使混凝土可适应各种形状复杂的结构构件的施工要求。

④ 施工工艺简易、多变。混凝土既可简单进行人工浇筑，亦可根据不同的工程环境

特点灵活采用泵送、喷射、水下等施工方法。

⑤ 可用钢筋增强。钢筋与混凝土虽为性能迥异的两种材料，但两者却有近乎相等的线胀系数，从而使它们可共同工作。这一特点弥补了混凝土抗拉强度低的缺点，扩大了其应用范围。

⑥ 有较高的强度和耐久性。近代高强混凝土的抗压强度可达 100MPa 以上，同时具备较高的抗渗、抗冻、抗腐蚀、抗碳化性，其耐久年限可达数百年以上。

除此之外，混凝土也存在一些缺点：自重大、养护周期长、导热系数较大、不耐高温、变形能力差、易开裂、拆除废弃物再生利用性较差等。随着混凝土新功能、新品种的不断开发，这些缺点正不断克服和改进。

2）砂浆

（1）砂浆的概念。

砂浆是由胶凝材料（水泥、石灰、黏土等）和细骨料（砂）加水拌和而成。常用的有水泥砂浆、混合砂浆（或叫水泥石灰砂浆）、石灰砂浆和黏土砂浆。与混凝土的主要区别是组成材料中有没有粗骨料。

（2）砂浆的分类。

按其所用的胶凝材料不同可分为：水泥砂浆、石灰砂浆及混合砂浆。石灰砂浆由石灰膏、砂和水按一定配比制成，一般用于强度要求不高、不受潮湿的砌体和抹灰层；水泥砂浆由水泥、砂和水按一定配比制成，一般用于潮湿环境或水中的砌体、墙面或地面等；混合砂浆是在水泥或石灰砂浆中掺加适当掺合料（如粉煤灰、硅藻土等）制成，以节约水泥或石灰用量，并改善砂浆的和易性；常用的混合砂浆有水泥石灰砂浆、水泥黏土砂浆和石灰黏土砂浆等。

按用途不同分为：砌筑砂浆、抹面砂浆（包括装饰砂浆、防水砂浆）、黏结砂浆等。

2. 普通混凝土的主要组成材料及要求

普通混凝土（以下简称为混凝土）是指以水泥为主要胶凝材料，与水、砂、石子，必要时掺入化学外加剂和矿物掺合料，按适当比例配合，经过均匀搅拌、密实成型及养护硬化而成的人造石材。

在混凝土中，砂、石起骨架作用，称为骨料或集料；水泥与水形成水泥浆，水泥浆包裹在骨料表面并填充其空隙。硬化前，水泥浆起润滑作用，赋予混凝土拌合物一定流动性，便于施工操作。水泥浆硬化后，则将砂、石骨料胶结成一个坚实的整体。砂、石一般不参与水泥与水的化学反应，主要作用是节约水泥、承担荷载，限制硬化水泥的收缩。外加剂、掺合料起节约水泥和改善混凝土性能的作用。

混凝土中，骨料一般占总体积的 70%～80%，水泥浆（硬化后为水泥石）占 20%～30%，此外还含有少量的空气。混凝土的结构如图 2.2 所示。

混凝土的技术性质在很大程度上是由原材料的性质及其相对含量决定的。同时也与施工工艺（搅

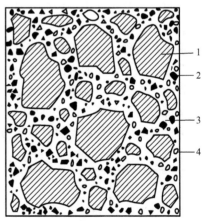

图 2.2　混凝土的结构

1—石子；2—砂；

3—水泥浆；4—气孔

拌、成型、养护）有关。因此，我们必须了解其原材料的性质、作用及其质量要求，合理选择原材料，这样才能保证混凝土的质量。

1）水泥

水泥是混凝土中价格最贵、最重要的原材料，它直接影响混凝土的强度、耐久性和经济性。在混凝土中，要合理选择水泥的品种和强度等级。

（1）水泥品种的选择。

根据工程性质特点、所处环境及施工条件合理选用。具体要求见第1章内容。

（2）水泥强度等级的选择。

原则上是配制高强度等级的混凝土，选用高强度等级水泥；配制低强度等级的混凝土，选用低强度等级水泥。用高强度等级水泥配制低强度等级混凝土时，会使水泥用量偏少，影响和易性及密实度，所以应掺入一定数量的混合材料。用低强度等级水泥配制高强度等级混凝土时，使水泥用量过多，不经济，而且会影响混凝土其他技术性质。

2）细骨料（砂）

粒径在4.75mm以下的骨料称为细骨料，在普通混凝土中指的是砂。混凝土中的砂应符合《建设用砂》（GB/T 1684—2011）标准中的要求。

砂按产源分为天然砂和机制砂。天然砂是指自然生成的，经人工开采和筛分的粒径小于4.75mm的岩石颗粒。天然砂的种类包括：河砂、湖砂、山砂、淡化海砂，但不包括软质、风化的颗粒。机制砂是指经除土处理，由机械破碎、筛分制成的，粒径小于4.75mm的岩石、矿山尾矿或工业废渣颗粒，但不包括软质、风化的颗粒，俗称人工砂。

砂还可以按细度模数分为粗、中、细三种规格，其细度模数分别为：粗砂3.7～3.1；中砂3.0～2.3；细砂2.2～1.6。

砂按技术要求可以分为Ⅰ类、Ⅱ类和Ⅲ类。砂的技术要求包括以下几个方面。

（1）砂的含泥量、石粉含量和泥块含量。

含泥量是指天然砂中粒径小于$75\mu m$的颗粒含量。石粉含量是指机制砂中粒径小于$75\mu m$的颗粒含量。

泥块含量是指砂中原粒径大于1.18mm，经水浸洗、手捏后粒径小于$600\mu m$的颗粒含量。

泥颗粒极细，会黏附在砂颗粒的表面，影响水泥浆与砂之间的胶结能力，使混凝土的强度降低。此外，泥的表面积较大，含量多会降低混凝土拌合物的流动性，或在保持相同流动性的条件下，增加水和水泥用量，从而导致混凝土干缩增大。而泥块会在混凝土中形成薄弱部分，对混凝土的质量影响更大。

天然砂的含泥量和泥块含量应符合表2-1的规定。

表2-1　天然砂的含泥量和泥块含量

类　　别	Ⅰ	Ⅱ	Ⅲ
含泥量（按质量计）（%）	≤1.0	≤3.0	≤5.0
泥块含量（按质量计）（%）	0	≤1.0	≤2.0

机制砂 MB 值≤1.4 或快速法试验合格时,石粉含量和泥块含量应符合表 2-2 的规定。机制砂 MB 值>1.4 或快速法试验不合格时,石粉含量和泥块含量应符合表 2-3 的规定。

MB 值称为亚甲蓝值,是用于判定机制砂中粒径小于 $75\mu m$ 颗粒的吸附性能的指标。

表 2-2 机制砂的石粉含量和泥块含量 (MB 值≤1.4 或快速法试验合格)

类　别	Ⅰ	Ⅱ	Ⅲ
MB 值	≤0.5	≤1.0	≤1.4 或合格
石粉含量 (按质量计)①(%)		≤10.0	
泥块含量 (按质量计)(%)	O	≤1.0	≤2.0

① 此指标根据使用地区和用途,经试验验证,可由供需双方协商确定。

表 2-3 机制砂的石粉含量和泥块含量 (MB 值>1.4 或快速法试验不合格)

类　别	Ⅰ	Ⅱ	Ⅲ
石粉含量 (按质量计)(%)	≤1.0	≤3.0	≤5.0
泥块含量 (按质量计)(%)	0	≤1.0	≤2.0

（2）有害物质的含量。

普通混凝土粗细骨料中不应混有草根、树叶、树枝、塑料、煤块和炉渣等杂物。云母、轻物质妨碍水泥与砂的粘接,降低混凝土的强度、耐久性;硫化物、硫酸盐对水泥石有腐蚀作用;氯盐会使钢筋混凝土中的钢筋锈蚀。

砂中如含有云母、轻物质、有机物、硫化物及硫酸盐、氯化物、贝壳,其限量应符合表 2-4 的规定。

表 2-4 有害物质限量

类　别	Ⅰ	Ⅱ	Ⅲ
云母 (按质量计)(%)	≤1.0	≤2.0	
轻物质 (按质量计)(%)		≤1.0	
有机物		合格	
硫化物及硫酸盐 (按 SO_3 质量计)(%)		≤0.5	
氯化物 (以氯离子质量计)(%)	≤0.01	≤0.02	≤0.06
贝壳 (按质量计)①(%)	≤3.0	≤5.0	≤8.0

① 该指标仅适用于海砂,其他砂种不做要求。

（3）坚固性。

砂的坚固性是指砂在自然风化和其他外界物理、化学因素作用下,抵抗破坏的能力。天然砂采用坚固性用硫酸钠饱和溶液法检验,即将骨料试样在硫酸钠饱和溶液中浸泡至饱和,然后取出试样烘干,经 5 次循环后,测定因硫酸钠结晶膨胀引起的质量损失。

砂的坚固性指标应满足表 2-5 的要求。

表 2-5　砂的坚固性指标

类　别	Ⅰ	Ⅱ	Ⅲ
质量损失(%)	≤8	≤10	

采用硫酸钠溶液法和压碎指标法两种试验方法共同评定机制砂的坚固性。机制砂除了要满足表 2-5 中的规定外，压碎指标还应满足表 2-6 的规定。

表 2-6　机制砂的压碎指标

类　别	Ⅰ	Ⅱ	Ⅲ
单级最大压碎指标(%)	≤20	≤25	≤30

（4）表观密度、松散堆积密度、空隙率。

砂的表观密度不小于 $2500kg/m^3$；松散堆积密度不小于 $1400kg/m^3$；空隙率不大于 44%。

（5）碱含量要求。

水泥、外加剂等混凝土组成物及环境中的碱与集料中碱活性矿物在潮湿环境下缓慢发生并导致混凝土开裂破坏的膨胀反应，称为碱集料反应。

砂中碱含量的要求应满足经碱集料反应试验后，试件应无裂缝、酥裂、胶体外溢等现象，在规定的试验龄期膨胀率应小于 0.10%。

（6）砂的粗细程度和颗粒级配。

砂的粗细程度是指不同粒径的砂粒混合后平均粒径大小。相同质量的砂，粒径小，总表面积大，包裹砂表面的水泥浆就多。一般粗砂的比表面积小，其外包裹水泥浆少，用水泥量最省。

砂的粗细程度通常用细度模数（M_x）表示，其值并不等于平均粒径，但能较准确反映砂的粗细程度。细度模数 M_x 越大，表示砂越粗，单位质量总表面积（或比表面积）越小；M_x 越小，则砂比表面积越大。

砂的粗细程度和颗粒级配是由砂的筛分试验来进行测定的。用级配区表示砂的颗粒级配，用细度模数表示砂的粗细。筛分析的方法，是用一套孔径（净尺寸）为 4.75mm、2.36mm、1.18mm、0.60mm、0.30mm 及 0.15mm 的标准筛，将 500g 的干砂试样由粗到细依次过筛，然后称得余留在各个筛上的砂的质量，并计算出各筛上的分计筛余百分率 a_1、a_2、a_3、a_4、a_5 和 a_6（各筛上的筛余量占砂样总量的百分率）及累计筛余百分率 A_1、A_2、A_3、A_4、A_5、A_6（各个筛和比该筛粗的所有分计筛余百分率相加在一起）。

砂的细度模数 M_x 的计算公式为

$$M_x=\frac{(A_2+A_3+A_4+A_5+A_6)-5A_1}{100-A_1}$$

细度模数 M_x 越大，表示砂越粗。普通混凝土用砂的粗细程度按细度模数分为粗、中、细三级。

细度模数在一定程度上反映砂颗粒的平均粗细程度，但不能反映砂粒径的分布情况，不同粒径分布的砂，可能有相同的细度模数。所以普通混凝土用砂除了考虑砂的粗细程度外，还要考虑砂的颗粒级配。

　　砂的颗粒级配是指不同粒径的砂粒的搭配比例。良好的级配指粗颗粒的空隙恰好由中颗粒填充，中颗粒的空隙恰好由细颗粒填充，如此逐级填充使砂形成最密致的堆积状态，空隙率达到最小值，堆积密度达最大值。这样可达到节约水泥，提高混凝土综合性能的目标。因此，砂颗粒级配反映空隙率大小。因为混凝土中砂粒之间的空隙是由水泥浆所填充。为达到节约水泥和提高强度的目的，就应尽量减小砂粒之间的空隙。砂子的颗粒级配示意如图 2.3 所示。

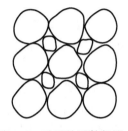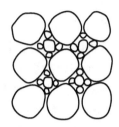

图 2.3　砂子的颗粒级配

　　由图 2.3 我们可以发现，同粒径的砂空隙最大，两种不同粒径的砂空隙就减小，三种或多种不同粒径的砂空隙就更小。级配良好的砂，空隙率小，水泥用量少，可以提高混凝土的密实度和强度。

　　普通混凝土用砂的颗粒级配应满足表 2-7 的要求，普通混凝土用砂的级配类别应符合表 2-8 的规定。对于砂浆用砂，4.75mm 筛孔的累计筛余量应为 0。砂的实际颗粒级配除 4.75mm 和 $600\mu m$ 筛档外，可以略有超出，但各级累计筛余超出值总和不应大于 5%。

表 2-7　砂的颗粒级配

砂的分类	天　然　砂			机　制　砂		
级配区	1 区	2 区	3 区	1 区	2 区	3 区
方筛孔	累计筛余(%)					
4.75 mm	10～0	10～0	10～0	10～0	10～0	10～0
2.36mm	35～5	25～0	15～0	35～5	25～0	15～0
1.18mm	65～35	50～10	25～0	65～35	50～10	25～0
$600\mu m$	85～71	70～41	40～16	85～71	70～41	40～16
$300\mu m$	95～80	92～70	85～55	95～80	92～70	85～55
$150\mu m$	100～90	100～90	100～90	97～85	94～80	94～75

表 2-8　级配类别

类　　别	Ⅰ	Ⅱ	Ⅲ
级配区	2 区	1、2、3 区	

　　砂的细度模数不能反映其级配的优劣，细度模数相同的砂，级配可以相差很大。配制混凝土时，必须同时考虑砂的颗粒级配和细度模数。

3）粗骨料（石子）

粒径大于 4.75mm 的骨料为粗骨料，包括卵石和碎石。卵石指的是由自然风化、水流搬运和分选、堆积形成的，粒径大于 4.75mm 的岩石颗粒。碎石指的是天然岩石、卵石或矿山废石经机械破碎、筛分制成的，粒径大于 4.75mm 的岩石颗粒。碎石与卵石相比，表面比较粗糙、多棱角，与水泥的黏结强度较高。在水灰比相同条件下，用碎石拌制的混凝土，流动性较小，但强度较高；而卵石正好相反，流动性大，但强度较低。因此，在配制高强度混凝土时，宜采用碎石。

混凝土中的粗骨料应符合《建设用卵石、碎石》（GB/T 14685—2011）的要求。碎石、卵石按技术要求可以分为Ⅰ类、Ⅱ类和Ⅲ类。碎石、卵石的技术要求包括以下几个方面。

（1）最大粒径和颗粒级配。

粗骨料公称粒径的上限称为该粒级的最大粒径。如公称粒级 5～20（mm）的石子，其最大粒径即 20mm。最大粒径在一定程度上反映了粗骨料的平均粗细程度。拌和混凝土中粗骨料的最大粒径加大，总表面积减小，单位用水量有效减少。在用水量和水灰比固定不变的情况下，最大粒径加大，骨料表面包裹的水泥浆层加厚，混凝土拌合物可获较高的流动性。若在工作性一定的前提下，可减小水灰比，使强度和耐久性提高。通常加大粒径可获得节约水泥的效果。但最大粒径过大，不但节约水泥的效率不再明显，而且会降低混凝土的抗拉强度，会对施工质量，甚至对搅拌机械造成一定的损害。

根据《混凝土结构工程施工质量验收规范》（GB 50204—2015）的规定：混凝土用的粗骨料，其最大粒径不得超过构件截面最小尺寸的 1/4，且不得超过钢筋最小净间距的 3/4。混凝土的实心板，骨料的最大粒径不宜超过板厚的 1/3，且不得超过 40mm。若采用泵送混凝土，还需根据泵管直径加以选择。

粗骨料与细骨料一样，也要求有良好的颗粒级配，以减少孔隙率，增强密实性，达到节约水泥，保证混凝土的和易性和强度的目的。粗骨料的级配原理和要求与细骨料基本相同。级配试验采用筛分法测定，即用 2.36mm、4.75mm、9.5mm、16.0mm、19.0mm、26.5mm、31.5mm、37.5mm、53.0mm、63.0mm、75.0mm 和 90mm 十二种孔径的方孔筛进行筛分。

石子的颗粒级配可分为连续级配和间断级配。各级配的累计筛余百分率需满足表 2 - 9 的要求。

表 2 - 9　碎石或卵石的颗粒级配范围

级配情况	公称粒级 /mm	累计筛余(%)											
		筛孔尺寸（方孔筛）/mm											
		2.36	4.75	9.50	16.0	19.0	26.5	31.5	37.5	53.0	63.0	75.0	90.0
连续粒级	5～16	95～100	85～100	30～60	0～10	0	—	—	—	—	—	—	—
	5～20	95～100	90～100	40～80	—	0～10	0	—	—	—	—	—	—
	5～25	95～100	90～100	—	30～70	—	0～5	0	—	—	—	—	—
	5～31.5	95～100	90～100	70～90	—	15～45	—	0～5	0	—	—	—	—
	5～40	—	95～100	70～90	—	30～65	—	—	0～5	0	—	—	—

（续）

级配情况	公称粒级/mm	累计筛余(%)											
		筛孔尺寸（方孔筛）/mm											
		2.36	4.75	9.50	16.0	19.0	26.5	31.5	37.5	53.0	63.0	75.0	90.0
单粒粒级	5~10	95~100	80~100	0~15	0	—	—	—	—	—	—	—	—
	10~16	—	95~100	80~100	0~15	—	—	—	—	—	—	—	—
	10~20	—	95~100	85~100	—	0~15	0	—	—	—	—	—	—
	16~25	—	—	95~100	55~70	25~40	0~10	—	—	—	—	—	—
	16~31.5	—	95~100	—	85~100	—	—	0~10	0	—	—	—	—
	20~40	—	—	95~100	—	80~100	—	—	0~10	0	—	—	—
	40~80	—	—	—	—	95~100	—	—	70~100	—	30~60	0~10	0

连续级配是石子粒级呈连续性，即颗粒由小到大，每级石子占一定比例。用连续级配的骨料配制的混凝土混合料，和易性较好，不易发生离析现象。连续级配是工程上最常用的级配。

间断级配也称单粒粒级，是指粒径不连续，即中间缺少1~2级的颗粒，且相邻两级粒径相差较大。间断级配是人为地剔除骨料中某些粒级颗粒，从而使骨料级配不连续，大骨料空隙由小几倍的小粒径颗粒填充，以降低石子的空隙率。由间断级配制成的混凝土，可以节约水泥。由于其颗粒粒径相差较大，混凝土混合物容易产生离析现象，导致施工困难。

（2）有害物质含量。

粗骨料中常含有一些有害杂质，如泥块、硫化物、硫酸盐和有机物，这些有害物质对混凝土的危害作用与细骨料中的相同。另外，粗骨料中还可能含有针状颗粒和片状颗粒，这些有害物质会影响混凝土拌合物的流动性和硬化后混凝土的强度。

含泥量是指卵石、碎石中粒径小于 $75\mu m$ 的颗粒含量。泥块含量是指卵石、碎石中原粒径大于4.75mm，经水浸洗、手捏后小于2.36mm的颗粒含量。

卵石、碎石颗粒的长度大于该颗粒所属相应粒级的平均粒径2.4倍者为针状颗粒；厚度小于平均粒径0.4倍者为片状颗粒。

卵石、碎石中有害物质的含量应满足表2-10的要求。

表 2-10 有害物质含量

类 别	Ⅰ	Ⅱ	Ⅲ
含泥量（按质量计）(%)	≤0.5	≤1.0	≤1.5
泥块含量（按质量计）(%)	0	≤0.2	≤0.5
针、片状颗粒总含量（按质量计）(%)	≤5	≤10	≤15
有机物	合格	合格	合格
硫化物及硫酸盐（按 SO_3 质量计）(%)	≤0.5	≤1.0	≤1.0

（3）坚固性和强度。

粗骨料的坚固性是指卵石、碎石在自然风化和其他外界物理化学因素作用下抵抗破裂的能力。坚固性试验是用硫酸钠溶液浸泡法试验，试样经 5 次干湿循环后，其质量损失应满足表 2-11 的要求。

粗骨料的强度采用岩石抗压强度和压碎指标来表示。岩石的抗压强度试验，是将岩石制成边长为 50mm 的立方体，或直径与高度均为 50mm 的圆柱体试样，浸泡水中 48h，待吸水饱和后进行抗压试验。岩石抗压强度应满足在水饱和状态下，其抗压强度火成岩不应小于 80MPa，变质岩不应小于 60MPa，水成岩不应小于 30MPa。

压碎值指标是将 3000g（精确至 1g）气干状态下粒径在 9.5～19.0mm 的石子装入一定规格的金属圆模内，当圆模装不下 3000g 试样时，以装至距圆模上口 10mm 为准。把装有试样的圆模置于压力试验机上，开动压力试验机，按 1kN/s 速度均匀加荷载至 200kN 并稳荷 5s，然后卸荷。取下加压头，倒出试样，用孔径 2.36mm 的筛筛除被压碎的细粒，称出留在筛上的试样质量，精确至 1g。用式（2-1）计算压碎指标：

$$Q_e = \frac{m_0 - m_1}{m_0} \times 100\% \qquad (2-1)$$

式中　Q_e——压碎指标，%；

　　　m_0——试样的质量，g；

　　　m_1——压碎试验后筛余的试样质量，g。

表 2-11　碎石及卵石压碎指标和坚固性指标

类　别	Ⅰ	Ⅱ	Ⅲ
硫酸钠溶液干湿 5 次循环后的质量损失（%）	≤5	≤8	≤12
碎石压碎指标（%）	≤10	≤20	≤30
卵石压碎指标（%）	≤12	≤14	≤16

压碎值指标是测定碎石或卵石抵抗压碎的能力，压碎指标值越小，骨料的强度越高。

（4）碱含量要求。

粗骨料的碱集料与细骨料一样，是指反映水泥、外加剂等混凝土组成物及环境中的碱与集料中碱活性矿物在潮湿环境下缓慢发生并导致混凝土开裂破坏的膨胀反应。

粗骨料要求经碱集料反应试验后，试件应无裂缝、酥裂、胶体外溢等现象，在规定的试验龄期，膨胀率应小于 0.10。

（5）表观密度、连续级配松散堆积空隙率、吸水率。

卵石、碎石的表观密度不应小于 2600kg/m³。连续级配松散堆积空隙率以及粗骨料的吸收率应符合表 2-12 的规定。

表 2-12　空隙率和吸水率

类　别	Ⅰ	Ⅱ	Ⅲ
连续级配松散堆积空隙率（%）	≤43	≤45	≤47
吸水率（%）	≤1.0	≤2.0	≤2.0

4）混凝土拌和及养护用水

在拌制和养护混凝土用的水中，不得含有影响水泥正常凝结与硬化的有害杂质，如油脂、糖类等。《混凝土用水标准》（JGJ 63—2006）对混凝土用水提出了具体的质量要求。《混凝土结构工程施工质量验收规范》（GB 50204—2015）对混凝土用水也做了规定。凡是能饮用的自来水和清洁的天然水，都能用来拌制和养护混凝土。

污水、pH 小于 4 的酸性水、含硫酸盐量（按 SO_3 计）超过水重 1％的水均不得使用。在对水质有疑问时，可将该水与洁净水分别制成混凝土试块，然后进行强度对比试验，如果用该水制成的试块强度不低于洁净水制成的试块强度，就可用此水来拌制混凝土。海水中含有硫酸盐、镁盐和氯化物，对水泥石有侵蚀作用，对钢筋也会造成锈蚀，因此一般不得用海水拌制混凝土。

3. 混凝土外加剂及掺和料

混凝土外加剂是一种在混凝土搅拌之前或拌制过程中加入、用以改善新拌混凝土和（或）硬化混凝土性能的材料；被称为混凝土的第五组分。混凝土外加剂的掺量不超过水泥质量的 5％。根据《混凝土外加剂定义、分类、命名与术语》（GB/T 8075—2005）规定，混凝土外加剂按其主要功能分为四类。

【参考图文】

第一类，改善混凝土拌合物流变性能的外加剂，包括各种减水剂和泵送剂等。

第二类，调节混凝土凝结时间、硬化性能的外加剂，包括缓凝剂、促凝剂和速凝剂等。

第三类，改善混凝土耐久性的外加剂，包括引气剂、防水剂、阻锈剂和矿物外加剂等。

第四类，改善混凝土其他性能的外加剂，包括膨胀剂、防冻剂和着色剂等。

由于有了高效减水剂，大流动度混凝土、自密实混凝土、高强混凝土得到应用；由于有了增稠剂，水下混凝土的性能得以改善；由于有了缓凝剂，水泥的凝结时间得以延长，才有可能减少坍落度损失，延长施工操作时间；由于有了防冻剂，溶液冰点得以降低，或者冰晶结构变形不致造成冻害，才可能在负温下进行施工等。下面，我们介绍几种常用的外加剂。

1）减水剂

减水剂是指在混凝土坍落度基本相同的条件下，能显著减少混凝土拌合用水量的外加剂。根据减水剂的作用效果及功能情况，可分为普通减水剂、高效减水剂、早强减水剂、缓凝减水剂和引气减水剂等。

普通减水剂是指在混凝土坍落度基本相同的条件下，能减少拌和用水量的外加剂。高效减水剂是指在混凝土坍落度基本相同的条件下，能大幅度减少拌和用水量的外加剂。缓凝减水剂是兼有缓凝和减水功能的外加剂。早强减水剂是兼有早强和减水功能的外加剂。引气减水剂是兼有引气和减水功能的外加剂。

（1）减水剂的作用机理。

减水剂通常是一种表面活性剂，属阴离子型表面活性剂。它吸附于水泥颗粒表面使颗粒显示电性能，颗粒间由于带相同电荷而相互排斥，使水泥颗粒被分散、释放颗粒间多余的水分而产生减水作用。另外，由于加入减水剂后，水泥颗粒表面形成吸咐膜，影响水泥的水化速度，使水泥石晶体的生长更为完善，减少水分蒸发的毛细空隙，网络结构更为致密，提高了水泥砂浆的硬度和结构致密性。减水剂作用原理如图 2.4 所示。

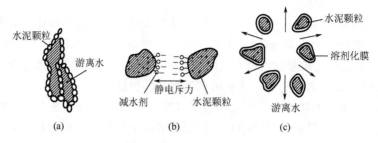

图 2.4　减水剂作用原理简图

（2）减水剂的作用效果。

在混凝土中加入减水剂，根据使用目的不同，一般可取得以下几种效果。

① 减少用水量。保持流动性不变的情况下，可减少用水量 10%～20%。

② 提高流动性。在不改变混凝土拌和用水量时，可大幅度提高新拌混凝土的流动性。

③ 节约水泥。在保持混凝土和易性、强度不变的情况下，可节约水泥量 5%～20%。

④ 提高混凝土强度。在保持流动性及水泥用量不变的情况下，可减少用水量，从而降低了水灰比，使混凝土强度提高。

⑤ 改善混凝土的耐久性。掺入减水剂，能显著改善混凝土的孔结构，使混凝土密实度提高，从而提高混凝土抗渗、抗冻、抗蚀等性能，使耐久性提高。

（3）减水剂的应用。

普通减水剂宜用于日最低气温 5℃ 以上环境条件下，强度等级为 C40 以下的混凝土，不宜单独用于蒸养混凝土。

早强型普通减水剂宜用于在常温、低温和最低温度不低于 −5℃ 环境中施工的有早强要求的混凝土工程。炎热环境条件下不宜使用早强型普通减水剂。

缓凝型普通减水剂可用于大体积混凝土、碾压混凝土、炎热气候条件下施工的混凝土、大面积浇筑的混凝土、避免冷缝产生的混凝土、需长时间停放或长距离运输的混凝土、滑模施工或拉模施工的混凝土及其他需要延缓凝结时间的混凝土，不宜用于有早强要求的混凝土。

高效减水剂可用于素混凝土、钢筋混凝土、预应力混凝土，并可用于制备高强混凝土。

2）早强剂

早强剂是指加速混凝土早期强度发展的外加剂。这类外加剂能加速水泥的水化过程，提高混凝土的早期强度，缩短养护周期，并对后期强度无显著影响。早强剂按化学成分不同，分为无机盐类、有机物类和复合型三大类。

早强剂宜用于蒸养、常温、低温和最低温不低于 −5℃ 环境中有早强要求的混凝土工程；炎热条件以及温度低于 −5℃ 环境下不宜使用早强剂，不宜用于大体积混凝土结构，三乙醇胺等有机胺类早强剂不宜用于蒸养混凝土。

无机盐类早强剂不宜用于下列情况：①处于水位变化的结构；②露天结构及经常受水淋、受水流冲刷的结构；③相对湿度大于 80% 环境中使用的结构；④直接接触酸、碱或其他侵蚀性介质结构；⑤有装饰要求的混凝土，特别是要求色彩一致或表面有金属装饰的混凝土。

3）缓凝剂

缓凝剂是指延长混凝土凝结时间的外加剂。缓凝剂还具有减水、增强、降低水化热等功能，对钢筋无腐蚀作用。

缓凝剂宜用于延缓凝结时间的混凝土，宜用于对坍落度保持能力有要求的混凝土、静停时间较长或长距离运输的混凝土、自密实混凝土，可用于大体积混凝土，宜用于日最低气温 5℃ 以上施工的混凝土。柠檬酸（钠）及酒石酸（钾钠）等缓凝剂不宜单独用于贫混凝土。含有糖类组分的缓凝剂与减水剂复合使用时，可进行相容性试验。

4）引气剂

引气剂是指在搅拌混凝土过程中能引入大量均匀分布、稳定而封闭的微小气泡的外加剂。引气剂能改善混凝土的和易性；提高混凝土的抗冻性、抗渗性等耐久性；降低混凝土的强度。

引气剂及引气减水剂宜用于有抗冻融要求的混凝土、泵送混凝土和易产生泌水的混凝土；可用于抗渗混凝土、抗硫酸盐混凝土、贫混凝土、轻骨料混凝土、人工砂混凝土和有饰面要求的混凝土；不宜用于蒸养混凝土及预应力混凝土。必要时，应经试验确定。

5）泵送剂

随着商品混凝土的推广，采用泵送混凝土施工越来越普遍。泵送混凝土必须具有良好的可泵性。泵送剂是指能改善混凝土拌合物泵送性能的外加剂。

混凝土工程可采用一种减水剂与混凝组分、引气组分、保水组分和黏度调节组分复合而成的泵送剂；可采用两种或两种以上减水剂与缓凝组分、引气组分、保水组分和黏度调节组分复合而成的泵送剂；也可以采用一种减水剂作为泵送剂；还可以采用两种或两种以上减水剂复合而成的泵送剂。

泵送剂宜用于泵送施工的混凝土；可用于工业与民用建筑结构工程混凝土、桥梁混凝土、水下灌注桩混凝土、大坝混凝土、清水混凝土、防辐射混凝土和纤维增强混凝土等。泵送剂宜用于日平均气温 5℃ 以上的施工环境；不宜用于蒸汽养护混凝土和蒸压养护的预制混凝土。使用含糖类组分或木质素磺酸盐的泵送剂时，可进行相容性试验，并应满足施工要求后再使用。

6）外加剂的选择

混凝土外加剂的种类还有很多。在对外加剂进行选择时，应根据设计和施工要求及外加剂的主要作用选择。当不同供方、不同品种的外加剂同时使用时，应经试验验证，并应确保混凝土性能满足设计和施工要求后再使用。使用时要注意以下事项。

（1）含有六价铬盐、亚硝酸盐和硫氰酸盐成分的混凝土外加剂，严禁用于饮水工程中建成后与饮用水直接接触的混凝土。

（2）含有强电解质无机盐的早强型普通减水剂、早强剂、防冻剂和防水剂，严禁用于与镀锌钢材或铝铁相接触部位的混凝土结构，严禁用于有外露钢筋预埋铁件而无防护措施的混凝土结构，严禁用于使用直流电源的混凝土结构，严禁用于距高压直流电源 100m 以内的混凝土结构。

（3）含有氯盐的早强型普通减水剂、早强剂、防水剂和氯盐类防冻剂，严禁用于预应力混凝土、钢筋混凝土和钢纤维混凝土结构。

（4）含有硝酸铵、碳酸铵的早强型普通减水剂、早强剂和含有硝酸铵、碳酸铵、尿素

的防冻剂，严禁用于办公、居住等有人员活动的建筑工程。

（5）含有亚硝酸盐、碳酸盐的早强型普通减水剂、早强剂、防冻剂和含亚硝酸盐的阻锈剂，严禁用于预应力混凝土结构。

外加剂的掺量宜按供方的推荐掺量确定，应采用工程实际使用的原材料和配合比，经试验确定。当混凝土其他原材料或使用环境发生变化时，混凝土配合比、外加剂掺量可进行调整。

7）掺和料

在拌制混凝土过程中掺入的、具有一定细度和水硬性的、用以改善混凝土拌合物和硬化混凝土性能（特别是耐久性）的某些矿物类产品，称为矿物掺合料或矿物外加剂。它被誉为混凝土的第六组分。

矿物掺合料能显著改善混凝土的和易性，提高混凝土的密实度、抗渗性、耐腐蚀性和强度等，应用十分普遍。土木工程中常用的矿物掺合料有粉煤灰或磨细粉煤灰、磨细矿渣、硅灰、磨细天然沸石等。

4. 建筑砂浆的主要组成材料及要求

1）胶凝材料

建筑砂浆常用的胶凝材料有水泥、石灰、石膏等，在砂浆中起胶结作用。胶凝材料的选用应根据砂浆的用途及使用环境来决定，对于干燥环境中使用的砂浆，可选用气硬性胶凝材料，对于潮湿环境或水中使用的砂浆，则必须选用水硬性胶凝材料。

（1）水泥。

水泥品种的选择与混凝土相同。水泥标号应为砂浆强度等级的4～5倍，水泥标号过高，将使水泥用量不足而导致保水性不良。水泥宜采用通用硅酸盐水泥或砌筑水泥，且应符合现行国家标准《通用硅酸盐水泥》（GB 175—2007）和《砌筑水泥》（GB/T 3183—2003）的规定。水泥强度等级应根据砂浆品种及强度等级的要求进行选择。M15及以下强度等级的砌筑砂浆宜选用32.5级的通用硅酸盐水泥或砌筑水泥；M15以上强度等级的砌筑砂浆宜选用42.5级通用硅酸盐水泥。

（2）石灰。

石灰膏和熟石灰不仅是用作胶凝材料，更主要的作用是使砂浆具有良好的保水性。

生石灰熟化成石灰膏时，应用孔径不大于3mm×3mm的网过滤，熟化时间不得少于7d；磨细生石灰粉的熟化时间不得少于2d。沉淀池中储存的石灰膏，应采取防止干燥、冻结和污染的措施。严禁使用脱水硬化的石灰膏。为了保证石灰膏的质量，要求石灰膏需防止干燥、冻结、污染。脱水硬化的石灰膏不但起不到塑化作用，还会影响砂浆强度，故规定严禁使用。

消石灰粉不得直接用于砌筑砂浆中。消石灰粉是未充分熟化的石灰，颗粒太粗，起不到改善和易性的作用，还会大幅度降低砂浆强度，因此规定不得使用。磨细生石灰粉必须熟化成石灰膏才可使用。严寒地区，磨细生石灰直接加入砌筑砂浆中属冬季施工措施。

（3）电石膏。

制作电石膏的电石渣应用孔径不大于3mm×3mm的网过滤，检验时应加热至70℃并至少保持20min，没有乙炔气味后，方可使用。为了保证电石膏的质量，要求按规定过滤后方可使用。电石膏中乙炔含量过大会对人体造成伤害，因此规定检验后才可使用。

2）细骨料

细骨料主要是天然砂，所配制的砂浆称为普通砂浆。

砌筑砂浆用砂应符合混凝土用砂的技术性质要求。砂宜选用中砂，并应符合现行行业标准《普通混凝土用砂、石质量及检验方法标准》（JGJ 52—2006）的规定，且应全部通过4.75mm的筛孔。砂的粗细程度对水泥用量、和易性、强度和收缩性影响很大。对用于砖砌体的砂浆，砂的最大粒径不宜大于2.5mm；用于毛石砌体，砂的最大粒径应小于砂浆层厚度的1/5～1/4；用于光滑抹面及勾缝，采用细砂较为适宜，最大粒径不超过1.25mm。

3）水

砂浆拌和用水的技术要求与混凝土拌和用水的技术要求一样。应选用无有害物质的洁净水来拌制砂浆，未经检验的污水不得使用。

4）外加剂及掺和料

为改善砂浆的和易性和节约水泥，还常在砂浆中掺入适量的石灰或勃土膏，加入皂化松香、微沫剂、纸浆废液，以及粉煤灰、火山灰质混合材、高炉矿渣等。外加剂应符合国家现行有关标准的规定，引气型外加剂还应有完整的型式检验报告。

2.2　掌握混凝土和砂浆的技术性能

1. 普通混凝土的主要技术性质

混凝土的各组成材料按一定的比例配合搅拌而成的尚未凝固的材料，称为混凝土拌合物（新拌混凝土），硬化后的人造石材称为硬化混凝土。普通混凝土的主要技术性质包括混凝土拌合物的和易性，硬化混凝土的强度、变形及耐久性。

1）混凝土拌合物的和易性

（1）和易性的含义。

和易性是指混凝土拌合物能保持其组成成分均匀，不发生分层离析、泌水等现象，易于各工序施工操作（搅拌、运输、浇注、捣实）并能获得得质量均匀、成型密实的混凝土的性能。和易性是一项综合技术性能，包括流动性、黏聚性和保水性三个方面。

① 流动性。

流动性是指混凝土拌合物在自重或机械振捣力的作用下，能产生流动并均匀密实地充满模型的性能。流动性反映出拌合物的稀稠程度。若混凝土拌合物太干稠，则流动性差，难以振捣密实；若拌合物过稀，则流动性好，但容易出现分层离析现象。主要影响因素是混凝土用水量。

② 黏聚性。

黏聚性是指混凝土拌合物内部组分间具有一定的黏聚力，在运输和浇筑过程中不致发生离析分层现象，而使混凝土能保持整体均匀的性能。黏聚性反映混凝土拌合物的均匀性。若混凝土拌合物黏聚性不好，则混凝土中集料与水泥浆容易分离，造成混凝土不均匀，振捣后会出现蜂窝和空洞等现象。主要影响因素是胶砂比。

③ 保水性。

保水性是指混凝土拌合物具有一定的保持内部水分的能力，在施工过程中不致产生严重的泌水现象。保水性反映混凝土拌合物的稳定性。保水性差的混凝土内部易形成透水通道，影响混凝土的密实性，并降低混凝土的强度和耐久性。主要影响因素是水泥品种、用量和细度。

流动性、黏聚性和保水性互相关联，又互相矛盾。通常情况下，混凝土拌合物的流动性越大，则保水性和黏聚性越差，反之亦然，相互之间存在一定矛盾。黏聚性好，一般保水性较好。和易性良好的混凝土是指既具有满足施工要求的流动性，又具有良好的黏聚性和保水性。因此，不能简单地将流动性大的混凝土称之为和易性好，或者将流动性减小说成和易性变差。所谓的拌合物和易性良好，就是使这三方面的性能，在某种具体条件下得到统一，达到均为良好的状况。良好的和易性既是施工的要求，也是获得质量均匀密实混凝土的基本保证。

【参考图文】

（2）混凝土和易性的测试方法。

混凝土拌合物的和易性是一个综合概念，难以用一种简单的评定方法来全面、恰当地表达。目前，还没有能够全面反映混凝土拌和物和易性的简单测定方法。根据我国现行标准《普通混凝土拌合物性能试验方法标准》（GB/T 50080—2002）的规定，通过实验测定流动性，以目测和经验评定黏聚性和保水性。混凝土的流动性用稠度表示，其测定方法有坍落度与坍落扩展度法和维勃稠度法两种。

【参考视频】

① 坍落度与坍落扩展度法。

此方法适用于骨料最大粒径不大于 40mm、坍落度不小于 10mm 的混凝土拌合物稠度测定。

坍落度的测试方法：准备一个上口直径 100mm、下口直径 200mm、高300mm 喇叭状的坍落度筒，湿润坍落度筒及底板，在坍落度筒内壁和底板上应无明水。把按要求取得的混凝土试样用小铲分三层均匀地装入筒内，使捣实后每层高度为筒高的 1/3 左右。每层用捣棒插捣 25 次。顶层插捣完后，刮去多余的混凝土，并用抹刀抹平。清除筒边底板上的混凝土后，垂直平稳地提起坍落度筒。坍落度筒的提离过程应在 5～10s 内完成；从开始装料到提坍落度筒的整个过程应不间断地进行，并应在 150s 内完成。提起坍落度筒后，测量筒高与坍落后混凝土试体最高点之间的高度差，即为该混凝土拌合物的坍落度值；坍落度筒提离后，如混凝土发生崩坍或一边剪坏现象，则应重新取样另行测定；如第二次试验仍出现上述现象，则表示该混凝土和易性不好，应予记录备查。坍落度值越大，表示混凝土拌合物流动性越好。坍落度与坍落扩展度法实验如图 2.5 所示。

观察坍落后的混凝土试体的黏聚性及保水性。黏聚性的检查方法是用捣棒在已坍落的混凝土锥体侧面轻轻敲打，此时如果锥体逐渐下沉，则表示黏聚性良好，如果锥体倒塌、部分崩裂或出现离析现象，则表示黏聚性不好。保水性以混凝土拌合物稀浆析出的程度来评定，坍落度筒提起后如有较多的稀浆从底部析出，锥体部分的混凝土也因失浆而骨料外露，则表明此混凝土拌合物的保水性能不好；如坍落度筒提起后无稀浆或仅有少量稀浆自底部析出，则表示此混凝土拌合物保水性良好。黏聚性的观察如图 2.6 所示。

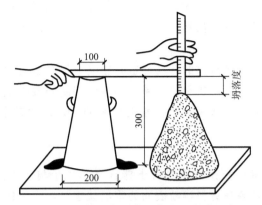

图 2.5　坍落度与坍落扩展度法实验示意

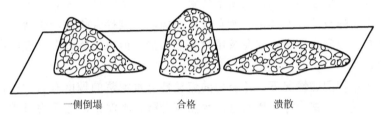

一侧倒塌　　　　　合格　　　　　溃散

图 2.6　黏聚性示意

坍落扩展度法：当混凝土拌合物的坍落度大于 220mm 时，用钢尺测量混凝土扩展后最终的最大直径和最小直径，在这两个直径之差小于 50mm 的条件下，用其算术平均值作为坍落扩展度值；否则，此次试验无效。如果发现粗骨料在中央集堆或边缘有水泥浆析出，表示此混凝土拌合物抗离析性不好，应予记录。

② 维勃稠度法。

此方法适用于骨料最大粒径不大于 40mm，维勃稠度在 5～30s 的混凝土拌合物稠度测定。

将坍落度筒置于维勃稠度仪（图 2.7）上的容器内，并固定在规定的振动台上。把拌制好的混凝土拌合物装满坍落度筒内，抽出坍落度筒，把透明圆盘转到混凝土圆台体顶面，放松测杆螺钉，降下圆盘，使其轻轻接触到混凝土顶面；在开启振动台的同时用秒表计时，当振动到透明圆盘的底面被水泥浆布满的瞬间停止计时，并关闭振动台。由秒表读出时间即为该混凝土拌合物的维勃稠度值，精确至1s。维勃稠度值越大，表示混凝土拌合物的流动性越小。

（3）影响混凝土拌合物和易性的因素。

① 水泥品种和水泥细度。

水泥的品种、矿物组成以及混合材料的掺加量等因素

图 2.7　维勃稠度仪

会影响到需水量，不同的水泥品种达到标准稠度的需水量不同，所以不同品种的水泥制成

的拌合物的和易性不同。普通水泥的混凝土拌合物比矿渣水泥和火山灰水泥拌合物的和易性好。矿渣水泥拌合物的流动性虽然大，但黏聚性差，容易泌水离析；火山灰水泥流动性小，但黏聚性好。

水泥细度对水泥混凝土拌合物的和易性也有影响，提高水泥的细度可以改善拌合物的黏聚性和保水性，减少泌水、离析现象。越细的水泥拌制的混凝土，黏聚性和保水性会越好，但流动度小，并且后期的收缩会大。水泥越粗的话，自然越会影响黏聚和保水效果，但流动性会大些。

② 水泥浆量。

混凝土拌合物在保持水灰比（指混凝土拌合水的质量与水泥质量之比）不变的情况下，水泥浆用量越多，包裹在骨料颗粒表面的浆层就越厚，润滑作用越好，使骨料间摩擦力减小，混凝土拌合物易于流动，于是流动性就大。反之则小。但若水泥浆量过多，这时骨料用量必然减少。就会出现流浆及泌水现象，而且好多消耗水泥。若水泥浆量过少，致使不能填满骨料间的空隙或不够包裹所有骨料表面时，则拌合物会产生崩塌现象，黏聚性变差，由此可知，混凝土拌合物水泥浆用量不能太少，但也不能过多，应以满足拌合物流动性要求为度。

在水泥浆数量相同的情况下，拌合物的流动性与水泥浆的稠度有关。在保持混凝土水泥用量不变得情况下，减少拌合用水量，水泥浆变稠，水泥浆的黏聚力增大，使黏聚性和保水性良好，而流动性变小。增加用水量则情况相反。当混凝土加水过少时，即水灰比过低，不仅流动性太小，黏聚性也因混凝土发涩而变差，在一定施工条件下难以成型密实。但若加水过多，水灰比过大，水泥浆过稀，这时拌合物虽流动性大，但将产生严重的分层离析和泌水现象，并且严重影响混凝土的强度和耐久性。因此，绝不可以单纯以加水的方法来增加流动性。而应采取在保持水灰比不变的条件下，以增加水泥浆量的办法来调整拌合物的流动性。

③ 水灰比。

水灰比较小，则水泥浆干稠，水泥混凝土的拌合物流动性过低。当水灰比小于某一极限以下时，在一定施工方法下就难以保证密实成型；反之，水灰比较大，水泥浆就稀。拌合物的流动性虽然较大，但保水性和黏聚性就变差，当水灰比大于某一极限时将产生泌水、离析现象，会严重影响混凝土的强度。故水灰比的大小应根据混凝土强度和耐久性要求进行合理选用。

④ 骨料的品种、粒径、级配、含泥量等。

在混凝土骨料用量一定的情况下，骨料表面越粗糙，和易性越差，采用卵石和河砂拌制的混凝土拌合物，其流动性比碎石和山砂拌制的好。用级配好的骨料拌制的混凝土拌合物和易性好，用细砂拌制的混凝土拌合物的流动性较差，但黏聚性和保水性好。

⑤ 砂率。

砂率是指混凝土拌合物中砂子的质量占砂、石总质量的百分率。砂率过大，水泥浆包裹砂子的总面积增大，使拌合物显得干稠，流动性变差；砂率过小，砂子的体积又不足以填满石子之间的空隙，结果必然有一部分水泥浆充当填空的作用而使骨料间的水泥浆变少，使拌合物的流动性变差，变得粗涩、离析，黏聚性、保水性随之降低，甚至出现溃散现象。因此，在配置混凝土时，砂率不能过大，也不能太小，因该选用合理的砂率值。所谓合理的砂率值是指在用水量及水泥用量一定的情况下，能使混凝土拌合物获得最大的流动性，且能保持黏聚性及保水性能良好的砂率值。

⑥ 掺合料和外加剂。

在拌合物中加入少量的引气剂，可使拌合物内部产生很多均匀分布的微小的气泡，减小骨料间的摩擦力，增加水泥浆的流动性，从而改善拌合物的流动性。若在拌合物中加入适量的减水剂，可将水泥凝胶体所包裹的凝聚水释放为自由水，从而在不增加拌合水的情况下，使拌合物获得较好的和易性。

⑦ 施工工艺。

同样的配合比设计，机械拌和的坍落度大于人工拌和的坍落度，且搅拌时间相对越长，则坍落度越大。

⑧ 温度和时间。

存放时间延长，会使水分蒸发，坍落度下降；环境温度升高，水分蒸发及水化反应加快，相应坍落度下降；同样，风速和湿度因素也会影响拌合物水分的蒸发，因而影响坍落度。

（4）改善和易性的措施。

① 当混凝土拌合物坍落度太小时，可保持水灰比不变，适当增加水泥浆的用量；当坍落度太大时，保持砂率不变，调整砂石用量。

② 通过实验，采用合理砂率。

③ 改善砂石的级配，一般情况下尽可能采用连续级配。

④ 掺加外加剂，采用减水剂、引气剂、缓凝剂，都可有效地改善混凝土拌合物的和易性。

⑤ 根据具体环境条件，尽可能缩短新拌混凝土的运输时间，若不允许，可掺缓凝剂，减少坍落度损失。

2）硬化混凝土的强度

（1）混凝土强度的概念。

强度是混凝土的重要力学性质。混凝土的强度有立方体抗压强度、轴心抗压强度、抗拉强度及抗折强度等。混凝土的抗压强度较高，因此在建筑工程中主要是利用混凝土来承受压力作用。混凝土的抗压强度是混凝土结构设计的主要参数，也是混凝土质量评定的重要指标。工程中提到的混凝土强度一般指的是混凝土的抗压强度。

① 混凝土的抗压强度与强度等级。

按照《普通混凝土力学性能试验方法标准》（GB/T 50081—2002），制作边长为 150mm 的立方体在标准养护（温度 20℃±2℃、相对湿度在 95％以上）条件下，养护至 28d 龄期，用标准试验方法测得的极限抗压强度，称为混凝土标准立方体抗压强度，以 f_{cu} 表示，单位为 N/mm^2 或 MPa。

【参考图文】

测定混凝土立方体试件抗压强度，也可以按粗骨料最大粒径的尺寸而选用不同的试件尺寸。但在计算其抗压强度时，应乘以换算系数，以得到相当于标准试件的试验结果。这是由于试块尺寸、形状不同，会影响试件的抗压强度值。试件尺寸越小，测得的抗压强度值越大。强度换算系数见表 2-13。

表 2 - 13　强度换算系数 (GB/T 50081—2002)

试件尺寸/mm	骨料最大粒径/mm	强度换算系数
100×100×100	31.5	0.95
150×150×150	40	1
200×200×200	63	1.05

按照《混凝土结构设计规范》(GB 50010—2010) 的规定，混凝土强度等级是根据立方体抗压强度标准值来确定的。在立方体极限抗压强度总体分布中，具有 95% 强度保证率的立方体试件抗压强度，称为混凝土立方体抗压强度标准值 (以 MPa 计)，以 f_{cuk} 表示。

《混凝土质量控制标准》(GB 50164—2011) 规定，混凝土强度等级应按立方体抗压强度标准值 (MPa) 划分为 C10、C15、C20、C25、C30、C35、C40、C45、C50、C55、C60、C65、C70、C75、C80、C85、C90、C95 和 C100。

按照《混凝土结构设计规范》(GB50010—2010) 的规定，普通混凝土划分为 14 个等级，即 C15、C20、C25、C30、C35、C40、C45、C50、C55、C60、C65、C70、C75 和 C80。C30 即表示混凝土立方体抗压强度标准值为 $30MPa \leqslant f_{cuk} < 35MPa$。

② 混凝土的轴心抗压强度。

混凝土的强度等级是采用立方体试件来确定的，但在实际工程中，混凝土结构构件的形状极少是立方体，大部分是棱柱体或圆柱体。为了更好地反映混凝土的实际抗压性能，在计算钢筋混凝土构件承载力时，常采用混凝土的轴心抗压强度作为设计依据。

测轴心抗压强度，采用 150mm×150mm×300mm 的棱柱体作为标准试件。如有必要，也可采用非标准尺寸的棱柱体试件。

轴心抗压强度 f_{cp} 与立方抗压强度 f_{cu} 间存在一定的关系，通过许多组棱柱体和立方体试件的强度试验表明：在立方抗压强度 $f_{cu} = (10 \sim 55)MPa$ 的范围内，轴心抗压强度 f_{cp} 与 f_{cu} 之比为 0.70~0.80。

③ 混凝土的抗拉强度。

混凝土的抗拉强度只有抗压强度的 1/20~1/10，且随着混凝土强度等级的提高，比值有所降低，也就是当混凝土强度等级提高时，抗拉强度的增加不及抗压强度提高得快。因此，混凝土在工作时一般不依靠其抗拉强度。但抗拉强度对于开裂现象有重要意义，在结构设计中抗拉强度是确定混凝土抗裂度的重要指标。有时也用它来间接衡量混凝土与钢筋的黏结强度等。我国采用立方体的劈裂抗拉试验来测定混凝土的抗拉强度。

④ 混凝土的抗折强度。

在道路和机场工程中，混凝土的抗折强度是结构设计和质量控制的重要指标，而抗压强度作为参考强度指标。混凝土小梁在弯曲压力下，单位面积上所能承受的最大荷载称为混凝土抗折强度。一般情况下，混凝土抗折强度约为其立方体抗压强度的 1/10~1/5，为劈裂抗拉强度的 1.5~3.0 倍。抗折强度试验采用 150mm×150mm×600mm (或 550mm) 的小梁作为标准试件，在标准条件下养护 28d 后，按三分点加荷，测定其抗折强度。

(2) 影响混凝土强度的因素。

影响混凝土强度的因素主要有原材料及生产工艺方面的因素。原材料方面的因素包括水泥强度与水灰比，骨料的种类、质量和数量，外加剂和掺合料；生产工艺方面的因素包括搅拌与振捣，养护的温度和湿度，龄期。

① 水泥强度等级和水灰比。

水泥强度等级和水灰比是决定混凝土强度的主要因素。水泥是混凝土中的活性组分，其强度的大小直接影响着混凝土强度的高低。在配合比相同的条件下，所用的水泥强度等级越高，制成的混凝土强度也越高。当用同一种水泥（品种及强度等级相同）时，混凝土的强度主要决定于水灰比。因为水泥水化时所需的结合水，一般只占水泥质量的 23% 左右，但在拌制混凝土拌合物时，为了获得必要的流动性，常需用较多的水（占水泥质量的40%～70%），也即水灰比较大。当混凝土硬化后，多余的水分就残留在混凝土中形成水泡或蒸发后形成气孔，大大地减少了混凝土抵抗荷载的实际有效断面，而且可能在孔隙周围产生应力集中。因此，在水泥强度等级相同的情况下，水灰比越小，水泥石的强度越高，与骨料黏结力也越大，混凝土的强度就越高。但如果加水太少（水灰比太小），拌合物过于干硬，在一定的捣实成型条件下，无法保证浇灌质量，混凝土中将出现较多的蜂窝、孔洞，强度也将下降。

试验证明，混凝土的强度随水灰比的增大而降低，呈双曲线关系，而混凝土强度与灰水比则呈直线关系，如图 2.8 所示。

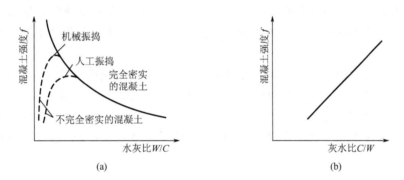

图 2.8 混凝土强度与水灰比及灰水比的关系

根据工程实践经验，得出关于混凝土强度与水灰比、水泥强度等级等因素之间关系的经验公式：

$$f_{cu} = \alpha_a f_{ce}\left(\frac{C}{W} - \alpha_b\right) \qquad (2-2)$$

式中 $\dfrac{C}{W}$——灰水比；

f_{cu}——混凝土 28d 抗压强度；

f_{ce}——水泥 28d 抗压强度实测值；

α_a、α_b——回归系数。根据《普通混凝土配合比设计规程》（JGJ 55—2011）的规定，当采用碎石时，$\alpha_a = 0.53$，$\alpha_b = 0.20$；采用卵石时，$\alpha_a = 0.49$，$\alpha_b = 0.13$。

公式适用范围：流动性混凝土和低流动性混凝土。

② 骨料的种类、质量和数量。

骨料对混凝土的强度有明显的影响，特别是粗骨料的形状与表面性质对强度有着直接的影响。碎石表面粗糙，黏结力比较大，卵石表面光滑，黏结力比较小。因而在水泥强度等级和水灰比相同的条件下，碎石混凝土的强度往往高于卵石混凝土的强度。

当骨料级配良好、砂率适当时，由于组成了坚强密实的骨架，有利于混凝土强度的提高。如果混凝土骨料中有害杂质较多，品质低，级配不好时，会降低混凝土的强度。

骨料的强度影响混凝土的强度。一般骨料强度越高，所配制的混凝土强度越高，这在低水灰比和配制高强度混凝土时特别明显。骨料粒形以三维长度相等或相近的球形或立方体形为好，若含有较多扁平或细长的颗粒，会增加混凝土的孔隙率，扩大混凝土中骨料的表面积，增加混凝土的薄弱环节，导致混凝土强度下降。

③ 养护的温度和湿度。

【参考图文】

所谓混凝土养护，就是使混凝土在一定的温度、湿度条件下，保证凝结硬化的正常进行。周围环境的温度对水化作用进行的速度有显著的影响。养护温度高可以增大初期水化速度，混凝土初期强度也高。但急速的初期水化会导致水化物分布不均匀，从而降低整体的强度。而在养护温度较低的情况下，由于水化缓慢，具有充分的扩散时间，从而使水化物在水泥石中均匀分布，有利于后期强度的发展。当温度降至冰点以下时，则由于混凝土中大部分的水分结冰，水泥颗粒不能和冰发生化学反应，混凝土的强度停止发展。周围环境的湿度对水泥的水化作用能否正常进行有显著影响：湿度适当，水泥水化便能顺利进行，使混凝土强度得到充分发展。如果湿度不够，混凝土会失水干燥而影响水泥水化作用的正常进行，甚至停止水化。

为了使混凝土正常硬化，必须在成型后一定时间内维持周围环境有一定温度和湿度。混凝土在自然条件下养护，称为自然养护。在混凝土凝结以后（一般在 12h 以内），表面应覆盖草袋等物并不断浇水；对于硅酸盐水泥、普通水泥和矿渣水泥，浇水保湿应不少于 7d；使用火山灰水泥和粉煤灰水泥或在施工中掺用缓凝型外加剂或有抗渗要求时，应不少于 14d。

④ 龄期。

龄期是指混凝土在正常养护条件下所经历的时间。在正常养护的条件下，混凝土的强度将随龄期的增长而不断发展，最初 7～14d 强度发展较快，以后逐渐缓慢，28d 时达到设计强度。28d 后强度仍在发展，其增长过程可延续数十年之久。

对于普通水泥混凝土，强度与龄期的常用对数成正比。其经验公式如下：

$$f_n = f_{28} \frac{\lg n}{\lg 28} \tag{2-3}$$

式中　f_n——nd 龄期的抗压强度；

　　　f_{28}——28d 龄期的抗压强度；

　　　n——养护龄期（天数），$n \geqslant 3$。

⑤ 搅拌和振捣。

【参考图文】

采用机械搅拌和振捣比人工搅拌和振捣均匀，密实性好，强度高。混凝土拌合物搅拌是否均匀，对硬化混凝土的强度有很大的影响。振捣是配制混凝土的一个重要的工艺过程。振捣的目的是施加某种外力，抵消混凝土混合物的内聚力，强制各种材料互相贴近渗透，排除空气，使之形成均匀密实的混凝土构件或构筑物，以期达到最高的强度。如果振捣不密实，那么硬化混凝土中很容易出现蜂窝、孔洞，从而影响混凝土的强度。

⑥ 外加剂和掺合料。

外加剂是混凝土的第五组分，掺入外加剂可改善混凝土的工作性，提高混凝土强度和耐久性。混凝土外加剂的特点是品种多、掺量小，对混凝土性能影响较大。例如，在混凝土拌合时加入减水剂，可使用水量大大降低，毛细管道减少，从而增强混凝土的密实性，提高强度。

在混凝土中加入掺合料，可提高水泥石的密实度，改善水泥石与骨料的界面黏结强度，提高混凝土的长期强度。

（3）提高混凝土强度的主要措施。

① 采用高强度等级水泥和快硬早强类水泥。

硅酸盐水泥和普通硅酸盐水泥的早期强度比其他水泥的早期强度高。如采用高强度等级硅酸盐水泥或普通硅酸盐水泥，则可提高混凝土的早期强度。也可用快硬水泥，它养护3d 的强度即可达到同强度等级普通硅酸盐水泥混凝土养护 28d 的强度，但这种水泥价格较高，会使工程造价提高。

② 降低水灰比。

这是提高混凝土强度的有效措施。降低混凝土拌合物的水灰比，可降低硬化混凝土的孔隙率，明显增加水泥与骨料间的黏结力，使强度提高。但降低水灰比，会使混凝土拌合物的工作性下降。因此必须有相应的技术措施配合，如采用机械强力振捣、掺加提高工作性的外加剂等。

③ 采用湿热处理：蒸气养护和蒸压养护。

蒸汽养护：是将混凝土放在温度低于 100℃ 的常压蒸汽中进行养护。一般混凝土经过16～20h 蒸汽养护后，其强度即可达到正常条件下养护 28d 强度的 70％～80％。蒸汽养护的最适宜温度随水泥品种而不同。用普通水泥时，最适宜的养护温度为 80℃ 左右；而用矿渣水泥及火山灰水泥时，则为 90℃ 左右。

蒸压养护：是将混凝土构件放在 175℃ 的温度及 8 个大气压的压蒸锅内进行养护。在高温的条件下，水泥水化时析出的氢氧化钙，不仅能与活性的氧化硅结合，而且亦能与结晶状态的氧化硅相化合，生成含水硅酸盐结晶，使水泥的水化加速，硬化加快，而且混凝土的强度也大大提高。对掺有活性混合材料的水泥更为有效。

④ 采用机械搅拌和振捣。

机械搅拌比人工拌和能使混凝土拌合物更均匀，特别在拌和低流动性混凝土拌合物时效果更显著。如采用机械搅拌和强力振捣，可使混凝土拌合物在低水灰比的情况下更加均匀、密实地浇筑，从而获得更高的强度。

⑤ 掺入混凝土外加剂、掺合料。

掺加外加剂是提高混凝土强度的有效方法之一，减水剂和早强剂都对混凝土的强度发展起到明显的作用。在混凝土中掺入高效减水剂、复合外加剂、磨细的矿物掺合料（如硅粉、粉煤灰、磨细矿渣等），可配制出强度等级为 C60～C100 的高强度混凝土。

3）混凝土的变形性能

混凝土的变形主要分为两大类：非荷载型变形和荷载型变形。非荷载型变形指物理化学因素引起的变形，包括化学收缩、碳化收缩、干湿变形、温度变形等。荷载作用下的变形又可分为在短期荷载作用下的变形，以及长期荷载作用下的变形——徐变。

（1）非荷载型变形。

① 化学收缩。

在混凝土硬化过程中，由于水泥水化物的固体体积比反应前物质的总体积小，从而引起混凝土的收缩，称为化学收缩。化学收缩是一种自生体积变形。

化学收缩不能恢复，收缩值较小，对混凝土结构没有破坏作用，但在混凝土内部可能产生微细裂缝而影响承载状态和耐久性。

② 碳化收缩。

混凝土在长期的使用过程中，由于大气中的 CO_2 在有水分的条件下（实际上真正的媒介是碳酸），与水泥的水化产物发生化学反应产生 $CaCO_3$ 和游离水等，伴随体积收缩，称为碳化收缩。

碳化速度随 CO_2 浓度的增加而加快，尤其是水灰比大的混凝土更是如此。如果混凝土有足够的密实度，碳化就只限于表面层。而表面层的干燥速率也是最大的，干燥与碳化收缩的叠加受到内部混凝土的约束，会引起混凝土开裂。

③ 干湿变形。

干湿变形是指由于混凝土周围环境湿度的变化，会引起混凝土的干湿变形，表现为干缩湿胀。干湿变形属于物理收缩。

干湿变形产生的原因是混凝土在干燥过程中，由于毛细孔水的蒸发，使毛细孔中形成负压，随着空气湿度的降低，负压逐渐增大，产生收缩力，导致混凝土收缩。同时，水泥凝胶体颗粒的吸附水也发生部分蒸发，凝胶体因失水而产生紧缩。当混凝土在水中硬化时，体积产生轻微膨胀，这是由于凝胶体中胶体粒子的吸附水膜增厚，胶体粒子间的距离增大所致。

混凝土的干湿变形量很小，对结构一般无破坏作用。但干缩变形对混凝土危害较大，干缩能使混凝土表面产生较大的拉应力而导致开裂，降低混凝土的抗渗、抗冻、抗侵蚀等耐久性能。引起混凝土干湿变形的因素主要包括以下几个方面，因此，采取措施减少混凝土干湿变形也主要从以下几个方面考虑。

第一，水泥的用量、细度及品种。保持水灰比不变，水泥用量越多，混凝土干缩率越大；水泥颗粒越细，混凝土干缩率越大。

第二，水灰比的影响。水泥用量不变，水灰比越大，硬化后水泥的孔隙越多，干缩率越大。

第三，施工质量的影响。延长养护时间能推迟干缩变形的发生和发展，但影响甚微；采用湿热法处理养护混凝土，可有效减小混凝土的干缩率。加强振捣，混凝土内部越密实，内部孔隙越少，收缩量就越小。

第四，骨料的影响。级配良好，水泥浆量少，干缩变形小。

④ 温度变形。

温度变形是指混凝土随着温度的变化而产生热胀冷缩变形。混凝土的温度变形系数 α 为 $(1\sim1.5)\times10^{-5}$ mm/(m·℃)，即温度每升高 1℃，每 1m 胀缩 $0.01\sim0.015$mm。温度变形对大体积混凝土、纵长的混凝土结构、大面积混凝土工程极为不利，易使这些混凝土产生温度裂缝。可采取的措施为：采用低热水泥，减少水泥用量，掺加缓凝剂，采用人工降温，设温度伸缩缝，以及在结构内配置温度钢筋等，以减少因温度变形而引起的混凝土质量问题。

（2）荷载型变形。

① 短期荷载作用下的变形。

混凝土是一种由水泥石、砂、石、游离水、气泡等组成的不匀质的多组分三相复合材料，为弹塑性体。受力时既产生弹性变形，又产生塑性变形，其应力-应变关系呈曲线。卸荷后能恢复的应变 $\varepsilon_{弹}$ 是由混凝土的弹性应变引起的，称为弹性应变；剩余的不能恢复的应变 $\varepsilon_{塑}$，则是由混凝土的塑性应变引起的，称为塑性应变。混凝土受压应力-应变如图 2.9 所示。

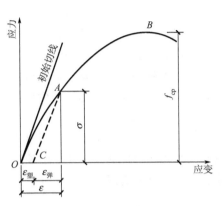

图 2.9　混凝土受压应力-应变图

混凝土的弹性模量：在应力-应变曲线上任一点的应力 σ 与其应变 ε 的比值，称为混凝土在该应力下的变形模量。根据《普通混凝土力学性能试验方法标准》（GB/T 50081—2002）的规定，采用 $150\text{mm} \times 150\text{mm} \times 300\text{mm}$ 的棱柱体作为标准试件，使混凝土的应力在 0.5MPa 和 $1/3 f_{cp}$ 之间经过至少两次反复预压，在最后一次预压完成后，应力与应变关系基本上呈直线关系，此时测得的变形模量值即为该混凝土的弹性模量。

影响混凝土弹性模量的主要因素有混凝土的强度、骨料的含量及其弹性模量以及养护条件等。混凝土的强度越高，弹性模量越大；骨料的含量越多，弹性模量越大，混凝土的弹性模量越高；混凝土的水灰比较小，养护较好及龄期较长时，混凝土的弹性模量就越大。

② 长期荷载作用下的变形——徐变。

混凝土在持续荷载作用下，除产生瞬间的弹性变形和塑性变形外，还会产生随时间增长的变形，称为徐变，如图 2.10 所示。

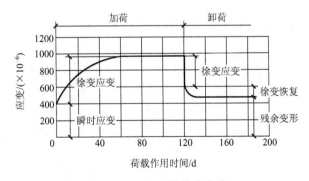

图 2.10　混凝土的徐变曲线

在加荷瞬间，混凝土产生瞬时变形，随着时间的延长，逐渐产生徐变变形。荷载初期，徐变变形增长较快，以后逐渐变慢并稳定下来。卸荷后，一部分变形瞬时恢复，其值小于在加荷瞬间产生的瞬时变形。在卸荷后的一段时间内变形还会继续恢复，称为徐变恢复。最后残存的不能恢复的变形，称为残余变形。

徐变对结构物的影响有利有弊。有利影响表现在可消除钢筋混凝土内的应力集中，使应力较均匀地重新分配，从而使混凝土构件中局部应力得到缓和；对大体积混凝土则能消除一部分由于温度变形所产生的破坏应力。不利影响表现在徐变会使钢筋的预加应力受到损失（预应力减小），使构件强度减小。

混凝土的徐变是由于在长期荷载作用下，水泥石中的凝胶体产生黏性流动，向毛细孔内迁移所致。影响混凝土徐变的因素有水灰比、水泥用量、骨料种类、应力等。混凝土内毛细孔数量越多，徐变越大；加荷龄期越长，徐变越小；水泥用量和水灰比越小，徐变越小；所用骨料弹性模量越大，徐变越小；所受应力越大，徐变越大。

4）混凝土的耐久性

在建筑工程中，除了要求混凝土具有足够的强度来安全地承受荷载，还要求混凝土要具有与环境相适应的耐久性来延长工程的使用寿命。如图 2.11 和图 2.12 所示就是由于混凝土耐久性不良造成的。

图 2.11　混凝土桥梁耐久性退化

图 2.12　保护层过薄，钢筋锈蚀

混凝土抵抗环境介质作用并长期保持其良好的使用性能和外观完整性，从而维持混凝土结构的安全、正常使用的能力称为耐久性。混凝土的耐久性是一个综合性概念，包括抗渗、抗冻、抗侵蚀、碳化、碱骨料反应及混凝土中的钢筋锈蚀等性能，这些性能均决定着混凝土经久耐用的程度，故称为耐久性。

（1）抗渗性。

抗渗性是指混凝土抵抗水、油等液体在压力作用下渗透的性能。混凝土的抗渗性直接影响到混凝土的抗冻性和抗侵蚀性。混凝土本质上是一种多孔性材料，混凝土的抗渗性主要与其密度及内部孔隙的大小和构造有关。混凝土内部互相连通的孔隙和毛细管通路，以及在混凝土施工成型时振捣不实产生的蜂窝、孔洞，都会造成混凝土渗水。

混凝土的抗渗性我国一般采用抗渗等级 P 表示，抗渗等级是按标准试验方法进行试验，用每组 6 个试件中 4 个试件未出现渗水时的最大水压力来表示的。《混凝土质量控制标准》（GB 50164—2011）中，混凝土的抗渗性分为 P4、P6、P8、P10、P12 及以上等级，即相应表示能抵抗 0.4MPa、0.6MPa、0.8MPa、1.0MPa 及 1.2MPa 的水压力而不渗水。

影响混凝土抗渗性的主要因素是渗水通道，而渗水通道的形成及多少，主要与水灰比的大小、集料品质等因素有关。为了提高混凝土的抗渗性，可采用掺加引气剂、减少水灰比、选用良好的颗粒级配及合理砂率、加强振捣和养护等措施。

（2）抗冻性。

混凝土的抗冻性是指混凝土在水饱和状态下，经受多次冻融循环作用，能保持强度和外观完整性的能力。

混凝土的冻融破坏原因是混凝土中水结冰后发生体积膨胀，当膨胀力超过其抗拉强度时，便使混凝土产生微细裂缝，反复冻融裂缝不断扩展，导致混凝土强度降低直至破坏。在寒冷地区，特别是在接触水又受冻的环境下的混凝土，要求具有较高的抗冻性能。

混凝土抗冻性一般以抗冻等级表示。抗冻等级是采用龄期 28d 的试块在吸水饱和后，承受反复冻融循环，以抗压强度下降不超过 25％且质量损失不超过 5％时所能承受的最大冻融循环次数来确定的。《混凝土质量控制标准》（GB 50164—2011）中，混凝土的抗冻等级（快冻法）分为 F50、F100、F150、F200、F250、F300、F350、F400 及以上。抗冻等级 F50 表示混凝土能承受最大冻融循环次数为 50 次，以此类推。

混凝土的密实度、孔隙构造和数量、孔隙的充水程度是决定抗冻性的重要因素。因此，混凝土采用的原材料质量好、水灰比小、具有封闭细小孔隙（如掺入引气剂的混凝土）及掺入减水剂、防冻剂等，其抗冻性都较高。

（3）抗侵蚀性。

混凝土的侵蚀机理详见第 1 章水泥石的腐蚀及防治。当混凝土所处环境中含有侵蚀性介质时，要求混凝土具有抗侵蚀能力。侵蚀性介质包括软水、硫酸盐、镁盐、碳酸盐、一般酸、强碱、海水等。

混凝土的抗侵蚀性与所用水泥的品种、混凝土的密实程度和孔隙特征有关。密实和孔隙封闭的混凝土，环境水不易侵入，故其抗侵蚀性较强。所以，提高混凝土抗侵蚀性的措施，主要是合理选择水泥品种、降低水灰比、提高混凝土的密实度和改善孔结构。

（4）混凝土的碳化（中性化）。

混凝土的碳化作用是二氧化碳与水泥石中的氢氧化钙作用，生成碳酸钙和水。碳化过程是二氧化碳由表及里向混凝土内部逐渐扩散的过程。因此，气体扩散规律决定了碳化速度的快慢。碳化引起水泥石化学组成及组织结构的变化，从而对混凝土的化学性能和物理力学性能有明显的影响，主要是对碱度、强度和收缩的影响。

由于各种水化物的碱度、结晶水及含有的水分子数各不相同，所以它们碳化后的收缩值也不相同。碳化速度取决于混凝土结构的密实度、孔洞溶液 pH 和混凝土的含水量，以及周围介质的相对湿度与二氧化碳的浓度。

碳化作用只在适中的湿度（约为 50%）下才会较快地进行。这是因为过高的湿度（100%）使混凝土孔隙中充满了水，CO_2 不易扩散到水泥石中去，或是水泥石中的钙离子通过水扩散到混凝土表面，碳化生成的 $CaCO_3$ 把表面孔隙堵塞，碳化作用不易进行，故碳化收缩更小；相反，过低的湿度（如 25%）下，孔隙中没有足够的水使 CO_2 形成碳酸，碳化作用也不易进行，碳化收缩相应也很小。

碳化对混凝土性能既有有利的影响，也有不利的影响。碳化使混凝土的抗压强度增大，其原因是碳化放出的水分有助于水泥的水化作用，而且碳酸钙减少了水泥石内部的孔隙。由于混凝土的碳化层产生碳化收缩，对其核心形成压力，而表面碳化层产生拉应力，可能产生微细裂缝，而使混凝土抗拉、抗折强度降低；当碳化达到钢筋表面时，使混凝土的碱度降低，削弱混凝土对钢筋的保护作用，可能导致钢筋锈蚀。总的来说，碳化对混凝土是弊多利少，因此，应设法提高混凝土的抗碳化能力。

在实际工程中，为减少碳化作用对钢筋混凝土结构的不利影响，可以采取以下措施。

第一，根据工程所处环境及使用条件，合理选择水泥品种。

第二，使用减水剂，改善混凝土的和易性，提高混凝土的密实度。

第三，采用水灰比小，单位水泥用量较大的混凝土配合比。

第四，在钢筋混凝土结构中采用适当的保护层，使碳化深度在建筑物设计年限内达不到钢筋表面。

第五，加强施工质量控制，加强养护，保证振捣质量，减少或避免混凝土出现蜂窝等质量事故。

第六，在混凝土表面涂刷保护层，防止二氧化碳侵入。

（5）碱骨料反应。

碱骨料反应是指硬化混凝土中所含的碱（Na_2O 和 K_2O）与骨料中的活性成分发生反应，生成具有吸水膨胀性的产物，在有水的条件下吸水膨胀，导致混凝土开裂的现象。

混凝土只有在含活性二氧化硅的骨料、有较多的碱（Na_2O 和 K_2O）和有充分的水三个条件同时具备时才发生碱骨料反应。因此，可以采取以下措施抑制碱骨料反应。

第一，选择无碱活性的骨料。

第二，在不得不采用具有碱活性的骨料时，应严格控制混凝土中总的碱量。

第三，掺用活性掺合料，如硅灰、矿渣、粉煤灰（高钙高碱粉煤灰除外）等，对碱骨料反应有明显的抑制效果。活性掺合料与混凝土中的碱起反应，反应产物均匀分散在混凝土中，而不是集中在骨料表面，不会发生有害的膨胀，从而降低了混凝土的含碱量，起到抑制碱骨料反应的作用。

第四，控制进入混凝土的水分。碱骨料反应要有水分，如果没有水分，反应就会大为减少乃至完全停止。因此，要防止外界水分渗入混凝土，以减轻碱骨料反应的危害。

（6）提高混凝土耐久性的措施。

第一，严格控制水灰比。水灰比的大小是影响混凝土密实性的主要因素，为保证混凝土耐久性，必须严格控制水灰比。

第二，混凝土所用材料的品质，应符合规范的要求。

第三，合理选择骨料级配。可使混凝土在保证和易性要求的条件下，减少水泥用量，并有较好的密实性。这样不仅有利于提高混凝土的耐久性而且也较经济。

第四，掺用减水剂及引气剂。可减少混凝土用水量及水泥用量，改善混凝土孔隙构造。这是提高混凝土抗冻性及抗渗性的有力措施。

第五，保证混凝土施工质量。在混凝土施工中，应做到搅拌透彻、浇筑均匀、振捣密实、加强养护，以保证混凝土的耐久性。

2. 砂浆的主要技术性质

砂浆的性质包括新拌砂浆的和易性和硬化后砂浆的强度、黏结力、变形性和抗冻性。

1）新拌砂浆的和易性

砂浆拌合物与混凝土拌合物相似，应具有良好的和易性。新拌砂浆的和易性是指砂浆是否容易在砖石等表面铺成均匀、连续的薄层，且与基层紧密黏结的性质，包括流动性和保水性两方面含义。

（1）流动性。

砂浆的流动性也称稠度，是指砂浆在自重或外力作用下流动的性质。砂浆的流动性用砂浆稠度仪测定，以沉入度（单位为 mm）表示。沉入度大的砂浆，流动性好。若流动性过大，砂浆易分层、析水；若流动性过小，则不便施工操作，灰缝不易填充，所以新拌砂浆应具有适宜的稠度。砂浆的流动性和许多因素有关，主要有胶凝材料的种类和用量，用水量，以及细骨料的种类、颗粒形状、粗细程度与级配；除此之外，也与掺入的混合材料及外加剂的品种、用量有关。

砂浆的流动性应根据砂浆和砌体种类、施工方法和气候条件来选择。通常情况下，基底为多孔吸水性材料，或在干热条件下施工时，应选择流动性大的砂浆。相反，基底吸水少，或湿冷条件下施工，应选流动性小的砂浆。一般而言，抹面砂浆、多孔吸水的砌体材料、干燥气候和手工操作的砂浆，流动性应大些；而砌筑砂浆、密实的砌体材料、寒冷气候和机械施工的砂浆，流动性应小些。根据《砌筑砂浆配合比设计规程》（JGJ/T 98—2010）的规定，砌筑砂浆的施工稠度可按表 2-14 选取。

表 2-14 砌筑砂浆的施工稠度

砌 体 种 类	施工稠度/mm
烧结普通砖砌体、粉煤灰砖砌体	70～90
混凝土砖砌体、普通混凝土小型空心砌块砌体、灰砂砖砌体	50～70
烧结多孔砖砌体、烧结空心砖砌体、轻集料混凝土小型空心砌块砌体、蒸压加气混凝土砌块砌体	60～80
石砌体	30～50

（2）保水性。

新拌砂浆能够保持水分的能力叫做保水性。保水性也指砂浆中各项组成材料不易分离的性质。新拌砂浆在存放、运输和使用的过程中，都必须保持其中水分不致很快流失，才能形成均匀密实的砂浆缝，而最后保证砌体具有良好的质量。保水性良好的砂浆，水分不易流失，容易摊铺成均匀的砂浆层，且与基底的黏结好、强度较高。

用保水率来衡量砂浆的保水性。砌筑砂浆的保水率见表 2-15。保水率太小，说明砂浆的保水性不良，容易产生离析，不便于施工和水泥的硬化；保水率太大，说明保水性虽好，无分层现象，但是往往是由于胶凝材料用量过多，或者砂过细，而太黏稠不利于施工，且砂浆硬化后易干裂，影响黏结力。

砂浆的保水性主要取决于其中的细集料粒径和微细颗粒含量，必须有一定数量的细微颗粒才能保证所需的保水性。掺用可塑性混合材料（石灰、音浆或勃土膏浆）的砂浆，其保水性都很好。为了改善砂浆的保水性，常在砂浆中掺入石膏粉、粉煤灰或微沫剂等。

2）砌筑砂浆拌合物的表观密度

砌筑砂浆拌合物的表观密度宜符合表 2-16 的规定。

表 2-15　砌筑砂浆的保水率

砂 浆 种 类	保水率（%）
水泥砂浆	≥80
水泥混合砂浆	≥84
预拌砂浆	≥88

表 2-16　砌筑砂浆拌合物的表观密度

砂 浆 种 类	表观密度/(kg/m³)
水泥砂浆	≥1900
水泥混合砂浆	≥1800
预拌砂浆	≥1800

3）硬化砂浆的强度

（1）砂浆强度和强度等级。

砂浆强度是以边长为 70.7mm 的立方体试块，在标准养护条件 ［温度为（20±2）℃、相对湿度为 90% 以上］ 下，用标准试验方法测得 28d 龄期的抗压强度平均值（单位为 MPa）。砂浆以抗压强度值划分等级。根据《砌筑砂浆配合比设计规程》（JGJ/T 98—2010）的规定，水泥砂浆及预拌砌筑砂浆的强度等级可分为 M5、M7.5、M10、M15、M20、M25、M30；水泥混合砂浆的强度等级可分为 M5、M7.5、M10、M15。

（2）影响砂浆抗压强度的因素。

影响砂浆抗压强度的因素较多，其组成材料的种类也较多，因此很难用简单的公式准确地计算出其抗压强度。在实际工作中，多根据具体的组成材料，采用试配的办法，经过试验来确定其抗压强度。

用于不吸水底面（如密实的石材）的砂浆的强度，与混凝土相似，主要取决于水泥强度和水灰比。用于吸水底面（如砖或其他多孔材料）时，砂浆的强度主要取决于水泥强度等级及水泥用量，而与砌筑前砂浆中的水灰比没有关系。

4）砂浆黏结力

砖石砌体是靠砂浆把许多块状的砖石材料黏结成为一个坚固整体的，因此要求砂浆对于砖石必须有一定的黏结力。一般情况下，砂浆的抗压强度越高其黏结力也越大。砌筑前，保持基层材料有一定的润湿程度（如红砖含水率在 10%～15% 为宜），也有利于黏结力的提高。此外，砂浆的黏结力与砖石表面状态、清洁程度、湿润情况以及施工养护条件等都有相当的关系。

5）砂浆的变形性能

砂浆在承受荷载、温度变化或湿度变化时，均会产生变形。如果变形过大或不均匀，则会降低砌体的质量，引起沉陷或裂缝。轻骨料配制的砂浆，其收缩变形要比普通砂浆大。为了减小收缩，可以在砂浆中加入适量的膨胀剂。

6）砂浆的抗渗性与抗冻性

有抗冻性要求的砌体工程，砌筑砂浆应进行冻融试验。砌筑砂浆的抗冻性应符合表 2 - 17 的规定，且当设计对抗冻性有明确要求时，尚应符合设计规定。

表 2 - 17　砌筑砂浆的抗冻性

使 用 条 件	抗 冻 指 标	质量损失率（%）	强度损失率（%）
夏热冬暖地区	F15		
夏热冬冷地区	F25	≤5	≤25
寒冷地区	F35		
严寒地区	F50		

2.3　掌握混凝土配合比及评定

【参考图文】

1. 混凝土配合比设计的基本要求

混凝土配合比是指单位体积的混凝土中各组成材料的质量比例。确定这种数量比例关系的工作，称为混凝土配合比设计。

混凝土配合比的表示方法有两种：一种是以每 $1m^3$ 混凝土中各项材料的质量表示，如 $m_{c0} : m_{s0} : m_{g0} : m_{w0} = 330kg : 620kg : 1240kg : 180kg$（一般情况下多采用此法）；另一种是以混凝土各项材料的质量比来表示（以水泥的质量为1），将上述数据换算成质量比，可写成水泥：砂：石子：水 $= 1 : \dfrac{m_{s0}}{m_{c0}} : \dfrac{m_{g0}}{m_{c0}} : \dfrac{m_{w0}}{m_{c0}} = 1 : 1.3 : 2.1 : 0.52$。

水泥混凝土配合比设计应满足以下四项基本原则。

（1）满足结构设计的强度等级要求。

（2）满足混凝土施工所要求的坍落度（工作度）、和易性要求。

（3）满足工程所处环境对混凝土耐久性的要求。

（4）符合经济原则，即节约水泥，以降低混凝土成本。

2. 混凝土配合比设计的基本步骤

混凝土的配合比设计是一个计算、试配、调整的复杂过程，大致可分为初步计算配合比、基准配合比、实验室配合比、施工配合比四个设计阶段。

初步配合比主要是依据设计的基本条件，参照理论和大量试验提供的参数进行计算，得到基本满足强度和耐久性要求的配合比；基准配合比是在初步计算配合比的基础上，通过实配、检测，进行工作性的调整，对配合比进行修正；实验室配合比是通过对水灰比的微量调整，在满足设计强度的前提下，确定一个水泥用量最少的方案，从而进一步调整配合比；而施工配合比是考虑实际砂、石的含水对配合比的影响，对配合比最后的修正，是实际应用的配合比。总之，配合比设计的过程是一个逐步满足混凝土的强度、工作性、耐久性、节约水泥等设计目标的过程。

3. 混凝土配合比设计的基本规定

【参考图文】

混凝土配合比设计应采用工程实际使用的原材料；配合比设计所采用的细骨料含水率应小于0.5%，粗骨料含水率应小于0.2%。

混凝土的最大水胶比应符合现行国家标准《混凝土结构设计规范》（GB 50010—2010）的规定，具体要求可以参考表2-18和表2-19。

表2-18 混凝土结构的环境类别及所对应的条件

环境类别	条件
一	室内干燥环境；无侵蚀性静水浸没环境
二a	室内潮湿环境；非严寒和非寒冷地区的露天环境；非严寒和非寒冷地区与无侵蚀性的水或土壤直接接触的环境；严寒和寒冷地区的冰冻线以下与无侵蚀性的水或土壤直接接触的环境
二b	干湿交替环境；水位频繁变动环境；严寒和寒冷地区的露天环境；严寒和寒冷地区冰冻线以上与无侵蚀性的水或土壤直接接触的环境
三a	严寒和寒冷地区冬季水位变动区环境；受除冰盐影响环境；海风环境
三b	盐渍土环境；受除冰盐作用环境；海岸环境
四	海水环境
五	受人为或自然的侵蚀性物质影响的环境

表2-19 设计年限为50年的结构混凝土材料的耐久性基本要求

环境等级	最大水胶比	最低强度等级	最大氯离子含量（%）	最大碱含量/(kg/m³)
一	0.60	C20	0.30	无限制
二a	0.55	C25	0.20	0.30
二b	0.50（0.55）	C30（C25）	0.15	
三a	0.45（0.50）	C35（C30）	0.15	
三b	0.40	C40	0.10	

注：1. 氯离子含量系指其占胶凝材料总量的百分比。

2. 预应力构件混凝土中的最大氯离子含量为0.06%，最低混凝土强度较上表提高两个等级。

3. 素混凝土构件水胶比及最低强度等级可适当放宽。

4. 有可靠工程经验时，二类环境中的最低混凝土强度等级可降低一个等级。

5. 处于严寒和寒冷地区二b、三a类环境中的混凝土应使用引气剂，并可采用括号中的有关参数。

6. 当使用非碱活性骨料时，对混凝土中的碱含量不做限制。

除配制 C15 及其以下强度等级的混凝土外，混凝土的最小胶凝材料用量应符合表 2-20 的规定。

表 2-20　混凝土的最小胶凝材料用量

最大水胶比	最小胶凝材料用量/(kg/m³)		
	素混凝土	钢筋混凝土	预应力混凝土
0.60	250	280	300
0.55	280	300	300
0.50	320		
≤0.45	330		

长期处于潮湿或水位变动的寒冷和严寒环境以及盐冻环境的混凝土应掺用引气剂，引气剂掺量应根据混凝土含气量要求经试验确定，混凝土最小含气量应符合表 2-21 的规定，最大不宜超过 7.0%。

表 2-21　混凝土最小含气量

粗骨料最大公称粒径 /mm	混凝土最小含气量（%）	
	潮湿或水位变动的寒冷和严寒环境	盐冻环境
40.0	4.5	5.0
25.0	5.0	5.5
20.0	5.5	6.0

注：含气量为气体占混凝土体积的百分比。

对于有预防混凝土碱骨料反应设计要求的工程，宜掺用适量粉煤灰或其他矿物掺合料，混凝土中最大碱含量不应大于 3.0kg/m³；对于矿物掺合料碱含量，粉煤灰碱含量可取实测值的 1/6，粒化高炉矿渣粉碱含量可取实测值的 1/2。

4. 混凝土计算配合比的确定

1）确定配制强度（$f_{cu,0}$）

根据《普通混凝土配合比设计规程》（JGJ 55—2011）的规定，当混凝土的设计强度等级小于 C60 时，配制强度应按下式计算：

$$f_{cu,0} \geqslant f_{cu,k} + 1.645\sigma \tag{2-4}$$

当混凝土的设计强度等级不小于 C60 时，配制强度应按下式确定：

$$f_{cu,0} \geqslant 1.15 f_{cu,k} \tag{2-5}$$

式中　$f_{cu,0}$——混凝土配制强度，MPa；

$f_{cu,k}$——混凝土立方体抗压强度标准值，这里取混凝土的设计强度等级值，MPa；

σ——混凝土强度标准差，MPa。

混凝土强度标准差应按下列规定确定。

（1）当具有近 1~3 个月的同一品种、同一强度等级混凝土的强度资料，且试件组数不小于 30 时，其混凝土强度标准差应按下式计算：

$$\sigma = \sqrt{\frac{\sum_{i=1}^{n} f_{cu,i}^2 - n m_{f_{cu}}^2}{n-1}} \qquad (2-6)$$

式中 σ——混凝土强度标准差；

$f_{cu,i}$——第 i 组的混凝土试件强度，MPa；

$m_{f_{cu}}$——n 组试件的强度平均值，MPa；

n——试件组数，n 值应大于或等于 30。

对于强度等级不大于 C30 的混凝土：当 σ 计算值不小于 3.0MPa 时，应按照计算结果取值；当 σ 计算值小于 3.0MPa 时，σ 应取 3.0MPa。

对于强度等级大于 C30 且不大于 C60 的混凝土：当 σ 计算值不小于 4.0MPa 时，应按照计算结果取值；当 σ 计算值小于 4.0MPa 时，σ 应取 4.0MPa。

（2）当没有近期的同一品种、同一强度等级混凝土强度资料时，其强度标准差可按表 2-22 取值。

表 2-22　标准差 σ 值

混凝土强度标准值	≤C20	C25~C45	C50~C55
σ/MPa	4.0	5.0	6.0

2）确定水胶比（W/B）

水胶比是指混凝土中用水量与胶凝材料用量的质量比。胶凝材料是指混凝土中水泥和矿物掺合料的总称。胶凝材料用量是指每立方米混凝土中水泥用量和矿物掺合料用量之和。

当混凝土强度等级小于 C60 时，混凝土水胶比宜按下式计算：

$$W/B = \frac{a_a f_b}{f_{cu,0} + a_a a_b f_b} \qquad (2-7)$$

式中 W/B——混凝土水胶比；

a_a、a_b——回归系数；

f_b——胶凝材料 28d 龄期胶砂抗压强度，MPa，可实测，也可按以下方法确定。

（1）回归系数的确定。

第一，根据工程所使用的原材料，通过试验建立的水胶比与混凝土强度关系来确定。

第二，当不具备上述试验统计资料时，可按表 2-23 选用。

表 2-23　回归系数取值表

系数　＼　粗骨料品种	碎　石	卵　石
a_a	0.53	0.49
a_b	0.20	0.13

（2）f_b 的确定。

当胶凝材料 28d 龄期胶砂抗压强度（f_b）无实测值时，可按下式计算：

$$f_b = \gamma_f \gamma_s f_{ce} \qquad (2-8)$$

式中 γ_f、γ_s——粉煤灰影响系数和粒化高炉矿渣粉影响系数，可按表 2-24 选用。

f_{ce}——水泥 28d 胶砂抗压强度，MPa，可实测，无实测值时，可按下式计算：

$$f_{ce} = \gamma_c f_{ce,g}$$

γ_c——水泥强度等级富余系数，可按实际统计资料确定；当缺乏实际统计资料时，可按表 2-25 选用；

$f_{ce,g}$——水泥强度等级值，MPa。

表 2-24 粉煤灰影响系数（γ_f）和粒化高炉矿渣粉影响系数（γ_s）

掺量（%） 种类	粉煤灰影响系数 γ_f	粒化高炉矿渣粉影响系数 γ_s
0	1.00	1.00
10	0.85～0.95	1.00
20	0.75～0.85	0.95～1.00
30	0.65～0.75	0.90～1.00
40	0.55～0.65	0.80～0.90
50	—	0.70～0.85

注：1. 采用 I、II 级粉煤灰宜取上限值。

2. 采用 s75 级粒化高炉矿渣粉宜取下限值，采用 s95 级粒化高炉矿渣粉宜取上限值，采用 s105 级粒化高炉矿渣粉可取上限值加 0.05。

3. 当超出表中的掺量时，粉煤灰和粒化高炉矿渣粉影响系数应经试验确定。

表 2-25 水泥强度等级值的富余系数

水泥强度等级	32.5	42.5	52.5
富余系数	1.12	1.16	1.10

3）确定用水量和外加剂用量

（1）干硬性或塑性混凝土用水量的确定。

每立方米干硬性或塑性混凝土的用水量（m_{w0}）应符合下列规定：混凝土水胶比在 0.40～0.80 范围时，可按表 2-26 和表 2-27 选取；混凝土水胶比小于 0.40 时，可通过试验确定。

表 2-26 干硬性混凝土的用水量 单位：kg/m³

拌合物稠度		卵石最大公称粒径/mm			碎石最大公称粒径/mm		
项目	指标	10.0	20.0	40.0	16.0	20.0	40.0
维勃稠度/s	16～20	175	160	145	180	170	155
	11～15	180	165	150	185	175	160
	5～10	185	170	155	190	180	165

表 2 - 27　塑性混凝土的用水量　　　　　　　　　　　单位：kg/m³

拌合物稠度		卵石最大公称粒径/mm				碎石最大公称粒径/mm			
项目	指标	10.0	20.0	31.5	40.0	16.0	20.0	31.5	40.0
坍落度 /mm	10～30	190	170	160	150	200	185	175	165
	35～50	200	180	170	160	210	195	185	175
	55～70	210	190	180	170	220	205	195	185
	75～90	215	195	185	175	230	215	205	195

注：1. 上表用水量系采用中砂时的取值。采用细砂时，每立方米混凝土用水量可增加 5kg～10kg；
　　采用粗砂时，可减少 5～10kg。

　　2. 掺用矿物掺合料和外加剂时，用水量应相应调整。

（2）掺外加剂时用水量的确定。

掺外加剂时，每立方米流动性或大流动性混凝土的用水量（m_{w0}）可按下式计算：

$$m_{w0} = m'_{w0}(1-\beta) \tag{2-9}$$

式中　m_{w0}——计算配合比每立方米混凝土的用水量，kg/m³；

　　　　m'_{w0}——未掺外加剂时推定的满足实际坍落度要求的每立方米混凝土用水量，kg/m³，
以表 2 - 27 塑性混凝土的用水量中坍落度为 90mm 的用水量为基础，按每
增大 20mm 坍落度相应增加 5kg/m³ 用水量来计算，当坍落度增大到
180mm 以上时，随坍落度相应增加的用水量可减少；

　　　　β——外加剂的减水率，%，应经混凝土试验确定。

（3）外加剂用量。

每立方米混凝土中外加剂用量（m_{a0}）应按下式计算：

$$m_{a0} = m_{b0}\beta_a \tag{2-10}$$

式中　m_{a0}——计算配合比每立方米混凝土中外加剂用量，kg/m³；

　　　　m_{b0}——计算配合比每立方米混凝土中胶凝材料用量，kg/m³；

　　　　β_a——外加剂掺量，%，应经混凝土试验确定。

4）确定胶凝材料、矿物掺合料和水泥用量

（1）胶凝材料用量。

每立方米混凝土的胶凝材料用量（m_{b0}）应按下式计算，并应进行试拌调整，在拌合
物性能满足的情况下，取经济合理的胶凝材料用量。

$$m_{b0} = \frac{m_{w0}}{W/B} \tag{2-11}$$

式中　m_{b0}——计算配合比每立方米混凝土中胶凝材料用量，kg/m³；

　　　　m_{w0}——计算配合比每立方米混凝土中水的用量，kg/m³；

　　　　W/B——混凝土水灰比。

（2）矿物掺合料用量。

每立方米混凝土中矿物掺合料用量（m_{f0}）应按下式计算：

$$m_{f0} = m_{b0}\beta_f \tag{2-12}$$

式中　m_{f0}——计算配合比每立方米混凝土中矿物掺合料用量，kg/m^3；

β_f——矿物掺合料掺量，%。《普通混凝土配合比设计规程》（JGJ 55—2011）中规定，矿物掺合料在混凝土中的掺量应通过试验确定。采用硅酸盐水泥或普通硅酸盐水泥时，钢筋混凝土中矿物掺和料最大掺量应符合表 2-28 的规定，预应力混凝土中矿物掺料最大掺量应符合表 2-29 的规定。对基础大体积混凝土，粉煤灰、粒化高炉矿渣粉和复合掺合料的最大掺量可增加 5%。采用掺量大于 30% 的 C 类粉煤灰，应以实际使用的水泥和粉煤灰掺量进行安定性检验。

表 2-28　钢筋混凝土中矿物掺合料最大掺量

矿物掺合料种类	水胶比	最大掺量（%）	
		采用硅酸盐水泥时	采用普通硅酸盐水泥时
粉煤灰	≤0.40	45	35
	>0.40	40	30
粒化高炉矿渣粉	≤0.40	65	55
	>0.40	55	45
钢渣粉	—	30	20
磷渣粉	—	30	20
硅灰	—	10	10
复合掺合料	≤0.40	65	55
	>0.40	55	45

注：1. 采用其他通用硅酸盐水泥时，宜将水泥混合材掺量 20% 以上的混合材量计入矿物掺合料。

2. 复合掺合料各组分的掺量不宜超过单掺时的最大掺量。

3. 在混合使用两种或者两种以上矿物掺合料时，矿物掺合料总掺量应符合表中复合掺合料的规定。

表 2-29　预应力混凝土中矿物掺合料最大掺量

矿物掺合料种类	水胶比	最大掺量（%）	
		采用硅酸盐水泥时	采用普通硅酸盐水泥时
粉煤灰	≤0.40	35	30
	>0.40	25	20
粒化高炉矿渣粉	≤0.40	55	45
	>0.40	45	35
钢渣粉	—	20	10
磷渣粉	—	20	10
硅灰	—	10	10
复合掺合料	≤0.40	55	45
	>0.40	45	35

注：1. 采用其他通用硅酸盐水泥时，宜将水泥混合材掺量 20% 以上的混合材量计入矿物掺合料。

2. 复合掺合料各组分的掺量不宜超过单掺时的最大掺量。

3. 在混合使用两种或者两种以上矿物掺合料时，矿物掺合料总掺量应符合表中复合掺合料的规定。

（3）水泥用量。

每立方米混凝土中水泥用量（m_{c0}）应按下式确定：

$$m_{c0} = m_{b0} - m_{f0} \qquad (2-13)$$

式中　m_{c0}——计算配合比每立方米混凝土水泥的用量，kg/m^3。

5）确定混凝土配合比的砂率

混凝土配合比的砂率（β_s）应根据骨料的技术指标、混凝土拌合物性能和施工要求，参考既有历史确定。

当缺乏砂率的历史资料时，混凝土砂率的确定应符合下列规定。

（1）坍落度小于 10mm 的混凝土（干硬性混凝土），其砂率应经试验确定。

（2）坍落度为 10～60mm 的混凝土，其砂率可根据粗骨料品种、最大公称粒径及水灰比按表 2-30 选取。

（3）坍落度大于 60mm 的混凝土，其砂率可经试验确定，也可在表 2-30 的基础上，按坍落度每增大 20mm，砂率增大 1% 的幅度予以调整。

表 2-30　混凝土砂率选取参照表　　　　　　单位：%

水灰比	卵石最大公称粒径/mm			碎石最大公称粒径/mm		
	10.0	20.0	40.0	10.0	20.0	40.0
0.40	26～32	25～31	24～30	30～35	29～34	27～32
0.50	30～35	29～34	28～33	33～38	32～37	30～35
0.60	33～38	32～37	31～36	36～41	35～40	33～38
0.70	36～41	35～40	34～39	39～44	38～43	36～41

注：1. 上表数值系中砂的选用砂率，对细砂或粗砂，可相应地减少或增大砂率。

　　2. 当采用人工砂配制混凝土时，砂率可适当增大。

　　3. 当只用一个单粒级粗骨料配制混凝土时，砂率应适当增大。

6）计算粗、细骨料的用量

（1）当采用质量法计算混凝土配合比时，粗、细骨料用量应按下式计算：

$$m_{f0} + m_{c0} + m_{g0} + m_{s0} + m_{w0} = m_{cp} \qquad (2-14)$$

$$\beta_s = \frac{m_{s0}}{m_{g0} + m_{s0}} \times 100\% \qquad (2-15)$$

式中　m_{f0}——计算配合比每立方米混凝土矿物掺合料用量，kg/m^3；

　　　m_{c0}——计算配合比每立方米混凝土的水泥用量，kg/m^3；

　　　m_{g0}——计算配合比每立方米混凝土的粗骨料用量，kg/m^3；

　　　m_{s0}——计算配合比每立方米混凝土的细骨料用量，kg/m^3；

　　　m_{w0}——计算配合比每立方米混凝土的用水量，kg/m^3；

　　　β_s——砂率，%；

　　　m_{cp}——每立方米混凝土拌合物的假定质量，kg，可取 2350～2450kg/m^3。

（2）当采用体积法计算混凝土配合比时，粗、细骨料用量应按下式计算：

$$\frac{m_{c0}}{\rho_c} + \frac{m_{f0}}{\rho_f} + \frac{m_{g0}}{\rho_g} + \frac{m_{s0}}{\rho_s} + \frac{m_{w0}}{\rho_w} + 0.01\alpha = 1 \qquad (2-16)$$

$$\beta_s = \frac{m_{s0}}{m_{g0} + m_{s0}} \times 100\% \qquad (2-17)$$

式中 ρ_c——水泥密度，kg/m^3，可实测，也可取 $2900 \sim 3100kg/m^3$；

$\quad\quad \rho_f$——矿物掺合料密度，kg/m^3，可按现行国家标准《水泥密度测定方法》
$\quad\quad\quad\quad$（GB/T 208—2014）实测；

$\quad\quad \rho_g$——粗骨料的表观密度，kg/m^3，应按现行行业标准《普通混凝土用砂、石质量
$\quad\quad\quad\quad$及检验方法标准》（JGJ 52—2006）测定；

$\quad\quad \rho_s$——细骨料的表观密度，kg/m^3，应按现行行业标准《普通混凝土用砂、石质量
$\quad\quad\quad\quad$及检验方法标准》（JGJ 52—2006）测定；

$\quad\quad \rho_w$——水的密度，kg/m^3，可取 $1000\ kg/m^3$；

$\quad\quad \alpha$——混凝土的含气量百分数，在不使用引气剂或引气型外加剂时，α 可取 1。

5. 混凝土配合比的试配、调整与确定

1）混凝土的试配

进行混凝土配合比试配时应采用工程中实际使用的原材料，混凝土试配应采用强制式搅拌机进行搅拌，并应符合现行行业标准《混凝土试验用搅拌机》（JGJ 244—2009）的规定，搅拌方法宜与施工采用的方法相同。

试验室成型条件应符合现行国家标准《普通混凝土拌合物性能试验方法标准》（GB/T 50080—2016）的规定。

每盘混凝土试配的最小搅拌量应符合表 2-31 的规定，并不应小于搅拌机公称容量的 1/4，且不应大于搅拌机公称容量。

表 2-31　混凝土试配的最小搅拌量

粗骨料最大公称粒径/mm	拌合物数量/L
≤31.5	20
40.0	25

在计算配合比的基础上应进行试拌，以检查拌合物的性能。当试拌得出的拌合物坍落或是维勃稠度不能满足要求，或是黏聚性和保水性不好时，应在保证水灰比不变的条件下相应调整用水量或砂率，直到混凝土拌合物性能符合设计和施工要求，然后修正计算配合比，提出试拌配合比，即混凝土的基准配合比。

在试拌配合比的基础上应进行混凝土强度试验，并应符合下列规定。

（1）应采用三个不同的配合比，其中一个应为上述确定的试拌配合比，另外两个配合比的水灰比宜试拌配合比分别增加和减少 0.05，用水量应与试拌配合比相同，砂率可分别增加和减少 1%。

（2）进行混凝土强度试验时，拌合物性能应符合设计和施工要求。

（3）进行混凝土强度试验时，每个配合比应至少制作一组（三块）试件，并应标准护到 28d 或设计规定龄期时试压（一般制作 7d、28d 两组试件）。

2）配合比的调整与确定

配合比调整应符合下列规定。

（1）根据上述混凝土强度试验结果，宜绘制强度和水灰比的线性关系图或插值法确定略大于配制强度对应的灰水比。

（2）在试拌配合比的基础上，用水量（m_w）和外加剂用量（m_a）应根据确定的水灰比作调整。

（3）胶凝材料用量（m_b）应以用水量乘以确定的灰水比计算得出。

（4）粗骨料和细骨料用量（m_g 和 m_s）应根据用水量和胶凝材料用量进行调整。

混凝土拌合物表观密度和配合比校正系数的计算应符合以下规定。

（1）配合比调整后的混凝土拌合物的表观密度应按下式计算：

$$\rho_{c,c} = m_c + m_f + m_g + m_s + m_w \qquad (2-18)$$

式中　　　　　　　　$\rho_{c,c}$——混凝土拌合物的表观密度计算值，kg/m^3；

m_c、m_f、m_g、m_s 和 m_w——每立方米混凝土的水泥用量、矿物掺合料用量、粗骨料用量、细骨料用量和水的用量，kg/m^3。

（2）混凝土配合比校正系数应按下式计算：

$$\delta = \frac{\rho_{c,t}}{\rho_{c,c}} \qquad (2-19)$$

式中　δ——混凝土配合比校正系数；

$\rho_{c,t}$——混凝土拌合物表观密度实测值，kg/m^3。

当混凝土拌合物表观密度实测值与计算值之差的绝对值不超过计算值的 2% 时，按本小节混凝土调整规定确定的配合比可维持不变；当二者之差超过 2% 时，应将配合比中每项材料用量均乘以校正系数 δ，即为确定的混凝土实验室配合比。

配合比调整后，应测定拌合物水溶性氯离子含量，试验结果应符合表 2-32 的要求。

表 2-32　混凝土拌合物中水溶性氯离子最大含量

环　境　条　件	水溶性氯离子最大含量（%，水泥用量的质量百分比）		
	钢筋混凝土	预应力混凝土	素混凝土
干燥环境	0.30		
潮湿但不含氯离子的环境	0.20	0.06	1.00
潮湿且含有氯离子的环境、盐渍土环境	0.10		
除冰盐等侵蚀性物资的腐蚀环境	0.06		

对设计有耐久性要求的混凝土，应进行相关耐久性试验验证。

生产单位可根据常用材料设计出常用的混凝土配合比备用，并应在启用过程中予以验证或者调整。遇有下列情况之一时，应重新进行配合比设计。

（1）对混凝土性能指标有特殊要求时。

（2）水泥、外加剂或矿物掺合料等原材料品种、质量有显著变化时。

6. 施工配合比的确定

混凝土的实验室配合比是指砂、石在干燥条件下的配合比，而现场的砂、石均含水，如果施工配料时还按照实验配合比配料，则混凝土中含有的水分要增加，水分的增加使水灰比增加，从而使混凝土硬化后的强度降低。因此，必须在进行施工配合比的时候，将砂与石中的水分从实验室配合比中扣除，最后的水量还是保持不变，也就是混凝土强度保持不变。

假设工地砂、石含水率分别为 $a\%$ 和 $b\%$，则施工配合比中各材料用量为

$$m'_c = m_c$$
$$m'_f = m_f$$
$$m'_s = m_s(1+a\%)$$
$$m'_g = m_g(1+b\%)$$
$$m'_w = m_w - m_s \times a\% - m_g \times b\%$$

则施工配合比为：$m'_c : m'_f : m'_s : m'_g : m'_w$。

7. 普通混凝土的质量控制与强度评定

混凝土在生产与施工中，由于原材料性能波动的影响，施工操作的误差，试验条件的影响等，混凝土的质量波动是客观存在的，因此一定要进行质量管理。

【参考图文】

混凝土质量控制的目的就是分析掌握质量波动规律，控制正常波动因素，发现并排除异常波动因素，使混凝土质量波动控制在规定范围内，以达到既保证混凝土质量，又能节约原材料用量的效果。

1）混凝土强度的质量控制

由于混凝土的抗压强度与混凝土其他性能有着紧密的相关性，能较好地反映混凝土的全面质量，因此工程中常以混凝土抗压强度作为重要的质量控制指标，并以此作为评定混凝土生产质量水平的依据。

（1）混凝土强度的波动规律——正态分布。

在一定施工条件下，对同一种混凝土进行随机取样，制作 n 组试件（$n \geq 25$），测得其 28d 龄期的抗压强度，然后以混凝土强度为横坐标，以混凝土强度出现的概率为纵坐标，绘制出混凝土强度概率分布曲线（图 2.13）。实践证明，混凝土的强度分布曲线一般为正态分布曲线，表现为曲线以平均强度为对称轴，距离对称轴越远，强度概率值越小。对称轴两侧曲线上各有一个拐点，拐点至对称轴的水平距离等于标准差。曲线与横轴之间的面积为概率的总和，等于100%。在数理统计中，常用强度平均值、标准差、变异系数和强度保证率等统计参数来评定混凝土质量。

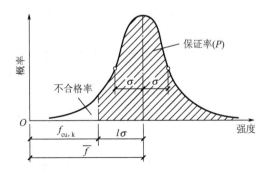

图 2.13　混凝土强度正态分布曲线及保证率

（2）混凝土质量评定的数理统计方法。

① 混凝土强度平均值（$m_{f_{cu}}$）。

混凝土强度平均值可按下式计算：

$$m_{f_{cu}} = \frac{1}{n} \sum_{i=1}^{n} f_{cu,i} \qquad (2-20)$$

式中　$m_{f_{cu}}$——n 组试件抗压强度的平均值，MPa；

$f_{cu,i}$——第 i 组试件的抗压强度，MPa；

n——混凝土试件的组数。

平均强度反映了混凝土总体强度的平均值，但并不反映混凝土强度的波动情况。

② 混凝土强度标准差（σ）。

混凝土强度标准差又称均方差，反映混凝土强度的离散程度，即波动程度，其计算式为

$$\sigma = \sqrt{\frac{\sum_{i=1}^{n} f_{cu,i}^2 - n m_{f_{cu}}^2}{n-1}} \qquad (2-21)$$

标准差 σ 是正态分布曲线上拐点至对称轴的垂直距离，可用以作为评定混凝土质量均匀性的一种指标。σ 值越大，强度分布曲线就越宽而矮，离散程度越大，则混凝土质量越不稳定。标准差 σ 小，正态分布曲线窄而高，说明强度分布集中，混凝土质量均匀性好；反之，混凝土的施工控制质量较差。

③ 变异系数（C_v）。

变异系数又称离差系数，其计算式如下：

$$C_v = \frac{\sigma}{m_{f_{cu}}} \qquad (2-22)$$

由于混凝土强度的标准差（σ）随强度等级的提高而增大，故可采用变异系数（C_v）作为评定混凝土质量均匀性的指标。C_v 值越小，表示混凝土质量越稳定；C_v 值大，则表示混凝土质量稳定性差。

④ 混凝土的强度保证率（P）。

混凝土的强度保证率 P（%）是指混凝土强度总体中，大于或等于设计强度等级的概率，在混凝土强度正态分布曲线图中以阴影面积表示，如图 2.12 所示。低于设计强度等级（$f_{cu,k}$）的强度所出现的概率为不合格率。

混凝土强度保证率 P（%）的计算方法为：首先根据混凝土设计等级（$f_{cu,k}$）、混凝土强度平均值（$m_{f_{cu}}$）、标准差（σ）或变异系数（C_v），计算出概率度（t），即：

$$t = \frac{m_{f_{cu}} - f_{cu,k}}{\sigma} = \frac{m_{f_{cu}} - f_{cu,k}}{C_v m_{f_{cu}}} \qquad (2-23)$$

则强度保证率 P（%）就可由正态分布曲线方程积分求得，即 $P = \frac{1}{\sqrt{2\pi}} \int_{t}^{\infty} e^{-\frac{t^2}{2}} dt$。

但实际上当已知 t 值时，可从数理统计书中的表内查到 P 值，见表 2-33。

表 2 - 33　不同 t 值的保证率 P

t	0.00	0.50	0.84	1.00	1.20	1.28	1.40	1.60
$P/(\%)$	50.0	69.2	80.0	84.1	88.5	90.0	91.9	94.5
t	1.645	1.70	1.81	1.88	2.00	2.05	2.33	3.00
$P/(\%)$	95.0	95.5	96.5	97.0	97.7	99.0	99.4	99.87

工程中 P（％）值可根据统计周期内，混凝土试件强度不低于要求强度等级标准值的组数 N_0 与试件总数 $N(N \geqslant 25)$ 之比求得，即 $P = \dfrac{N_0}{N} \times 100\%$。

（3）混凝土配制强度。

在施工中配制混凝土时，如果所配制混凝土的强度平均值（$m_{f_{cu}}$）等于设计强度（$f_{cu,k}$），这时混凝土强度保证率只有 50％。因此，为了保证工程混凝土具有设计所要求的 95％强度保证率，在进行混凝土配合比设计时，必须使混凝土的配制强度大于设计强度（$f_{cu,k}$）。

混凝土配制强度可按下式计算：

$$f_{cu,0} \geqslant f_{cu,k} + 1.645\sigma$$

2）混凝土强度评定

根据《混凝土强度检验评定标准》（GB 50107—2010）的规定，混凝土强度评定分为统计方法评定和非统计方法评定。

（1）统计方法评定。

① 标准差已知方案。

此方案适用于连续生产的混凝土，生产条件在较长时间内保持一致，且同一品种、同一强度等级混凝土的强度变异性保持稳定的情况，每批的强度标准差可根据前一时期生产累计的强度数据确定。预制构件生产可以采用标准差已知方案。

一个检验批（检验批指由符合规定条件的混凝土组成，用于合格性评定的混凝土总体）的样本容量应为连续的 3 组试件，其强度应同时符合下列规定：

$$m_{f_{cu}} \geqslant f_{cu,k} + 0.7\sigma_0$$

$$f_{cu,min} \geqslant f_{cu,k} - 0.7\sigma_0$$

检验批混凝土立方体抗压强度的标准差应按下式计算：

$$\sigma_0 = \sqrt{\dfrac{\sum_{i=1}^{n} f_{cu,i}^2 - nm_{f_{cu}}^2}{n-1}}$$

当混凝土强度等级不高于 C20 时，其强度的最小值尚应满足下式要求：

$$f_{cu,min} \geqslant 0.85 f_{cu,k}$$

当混凝土强度等级高于 C20 时，其强度的最小值尚应满足下式要求：

$$f_{cu,min} \geqslant 0.90 f_{cu,k}$$

式中　$m_{f_{cu}}$——同一检验批混凝土立方体抗压强度的平均值，MPa，精确到 0.1MPa；

　　　$f_{cu,k}$——混凝土立方体抗压强度标准值，MPa，精确到 0.1MPa；

σ_0——检验批混凝土立方体抗压强度的标准差，MPa，精确到 0.1MPa（当检验批混凝土强度标准差 δ_0 计算值小于 2.5MPa 时，应取 2.5MPa）；

$f_{cu,i}$——前一个检验期内同一品种、同一强度等级的第 i 组混凝土试件的立方体抗压强度代表值，MPa，精确到 0.1MPa（该检验期不应少于 60d，也不得大于 90d）；

$f_{cu,min}$——同一检验批混凝土立方体抗压强度的最小值，MPa，精确到 0.1MPa；

n——前一检验期内的样本容量，在该期间内样本容量不应少于 45。

② 标准差未知方案。

当生产连续性较差，即在生产中无法维持基本相同的生产条件，或生产周期较短，无法积累数据以计算可靠的标准差参数，此时检验评定只能直接根据每一检验批抽样的强度数据确定。为了提高检验的可靠性，要求每批样本组数不少于 10 组。其强度应同时满足下列要求：

$$m_{f_{cu}} \geqslant f_{cu,k} + \lambda_1 \cdot S_{f_{cu}}$$

$$f_{cu,min} \geqslant \lambda_2 \cdot f_{cu,k}$$

同一检验批混凝土立方体抗压强度的标准差应按下式计算：

$$S_{f_{cu}} = \sqrt{\frac{\sum_{i=1}^{n} f_{cu,i}^2 - n m_{f_{cu}}^2}{n-1}} \tag{2-24}$$

式中　$S_{f_{cu}}$——同一检验批混凝土立方体抗压强度的标准差，MPa，精确到 0.01MPa（当检验批混凝土强度标准差 $S_{f_{cu}}$ 计算值小于 2.5MPa 时，应取 2.5MPa）；

λ_1、λ_2——合格评定系数，按表 2-34 取用；

n——本检验期内的样本容量。

表 2-34　混凝土强度的合格评定系数

试件组数	10～14	15～19	≥20
λ_1	1.15	1.05	0.95
λ_2	0.90	0.85	

（2）非统计方法评定。

当用于评定的样本容量小于 10 组时，应采用非统计方法评定混凝土强度。

按非统计方法评定混凝土强度时，其强度应同时符合下列规定：

$$m_{f_{cu}} \geqslant \lambda_3 \cdot f_{cu,k}$$

$$f_{cu,min} \geqslant \lambda_4 \cdot f_{cu,k}$$

式中　λ_3、λ_4——合格评定系数，应按表 2-35 取用。

表 2-35　混凝土强度的非统计法合格评定系数

混凝土强度等级	＜C60	≥C60
λ_3	1.15	1.10
λ_4	0.95	

3）混凝土强度的合格性评定

混凝土强度应分批进行检验评定，当检验结果能满足以上评定公式的规定时，则该混凝土强度应评定合格，否则为不合格。

对评定为不合格批的混凝土，可按国家现行的有关标准进行处理。

2.4　了解砂浆配合比及评定

砂浆配合比可根据《砌筑砂浆配合比设计规程》（JGJ/T 98—2010），按下列步骤计算。

1. 现场配制砌筑砂浆的试配要求

砌筑砂浆是指将砖、石、砌块等块材经砌筑成为砌体，起粘接、衬垫和传力作用的砂浆。现场配制砂浆是指由水泥、细骨料和水，以及根据需要加入的石灰、活性掺合料或外加剂在现场配制成的砂浆，分为水泥砂浆和水泥混合砂浆。

1）水泥混合砂浆的试配

（1）水泥混合砂浆的配制步骤。

① 计算砂浆试配强度（$f_{m,0}$）。

② 计算每立方米砂浆中的水泥用量（Q_C）。

③ 计算每立方米砂浆中石灰膏用量（Q_D）。

④ 确定每立方米砂浆砂用量（Q_S）。

⑤ 按砂浆稠度选每立方米砂浆用水量（Q_W）。

（2）砂浆的试配强度。

砌筑砂浆的试配强度可按下面的公式来确定：

$$f_{m,0} = k f_2 \tag{2-25}$$

式中　$f_{m,0}$——砂浆的试配强度，MPa，应精确至 0.1MPa；

　　　f_2——砂浆强度等级值，MPa，应精确至 0.1MPa；

　　　k——与施工水平有关的系数，取值参考表 2-36。

表 2-36　砂浆强度标准差 σ 及 k 值

强度等级 施工水平	强度标准差 σ/MPa							k
	M5	M7.5	M10	M15	M20	M25	M30	
优良	1.00	1.50	2.00	3.00	4.00	5.00	6.00	1.15
一般	1.25	1.88	2.50	3.75	5.00	6.25	7.50	1.20
较差	1.50	2.25	3.00	4.50	6.00	7.50	9.00	1.25

（3）砂浆的强度标准差（σ）。

① 当有统计资料时，应按下式计算：

$$\sigma = \sqrt{\frac{\sum\limits_{i=1}^{n} f_{m,i}^2 - n\mu_{f_m}^2}{n-1}} \qquad (2-26)$$

式中　$f_{m,i}$——统计周期内同一品种砂浆第 i 组试件的强度，MPa；

　　　　μ_{fm}——统计周期内同一品种砂浆 n 组试件强度的平均值，MPa；

　　　　n——统计周期内同一品种砂浆试件的总组数，$n \geqslant 25$。

② 当无统计资料时，砂浆强度标准差可按表 2-36 取值。

（4）水泥用量的计算。

① 每立方米砂浆中的水泥用量，应按下式计算：

$$Q_c = \frac{1000(f_{m,0} - \beta)}{\alpha \cdot f_{ce}} \qquad (2-27)$$

式中　Q_c——每立方米砂浆的水泥用量，kg，应精确至 1kg；

　　　　f_{ce}——水泥的实测强度，MPa，应精确至 0.1MPa；

　　　　α、β——砂浆的特征系数，其中 α 取 3.03，β 取 -15.09。

各地区也可用本地区试验资料确定 α、β 值，统计用的试验组数不得少于 30 组。

② 在无法取得水泥的实测强度值时，可按下式计算：

$$f_{ce} = \gamma_c \cdot f_{ce,k} \qquad (2-28)$$

式中　γ_c——水泥强度等级值的富余系数，宜按实际统计资料确定，无统计资料时可取 1.0；

　　　　$f_{ce,k}$——水泥强度等级值，MPa。

（5）石灰膏用量的计算。

石灰膏用量应按下式计算：

$$Q_D = Q_A - Q_C$$

式中　Q_D——每立方米砂浆的石灰膏用量，kg，应精确至 1kg，石灰膏使用时的稠度宜为 (120 ± 5)mm；

　　　　Q_C——每立方米砂浆的水泥用量，kg，应精确至 1kg；

　　　　Q_A——每立方米砂浆中水泥和石灰膏总量，kg，应精确至 1kg，可为 350kg。

（6）砂用量的计算。

每立方米砂浆中的砂用量，应按干燥状态（含水率小于 0.5%）的堆积密度值作为计算值（kg）。

（7）用水量计算。

每立方米砂浆中的用水量，可根据砂浆稠度等要求选用 210～310kg。当出现下列情况时，应适当调整用水量的值。

① 混合砂浆中的用水量，不包括石灰膏中的水。

② 当采用细砂或粗砂时，用水量分别取上限或下限。

③ 稠度小于 70mm 时，用水量可小于下限。

④ 施工现场气候炎热或干燥季节，可酌量增加用水量。

2）水泥砂浆的试配

（1）水泥砂浆的材料用量可按表 2-37 选用。

表 2 - 37　每立方米水泥砂浆材料用量　　　　　单位：kg/m³

强 度 等 级	水 泥	砂	用 水 量
M5	200～230	砂的堆积密度值	270～330
M7.5	230～260		
M10	260～290		
M15	290～330		
M20	340～400		
M25	360～410		
M30	430～480		

注：1. M15 及 M15 以下强度等级水泥砂浆，水泥强度等级为 32.5 级；M15 以上强度等级水泥砂浆，水泥强度等级为 42.5 级。

　　2. 当采用细砂或粗砂时，用水量分别取上限或下限。

　　3. 稠度小于 70mm 时，用水量可小于下限。

　　4. 施工现场气候炎热或干燥季节，可酌量增加用水量。

　　5. 试配强度应按上述水泥混合砂浆的试配强度公式计算。

（2）水泥粉煤灰砂浆材料用量可按表 2 - 38 选用。

表 2 - 38　每立方米水泥粉煤灰砂浆材料用量　　　　　单位：kg/m³

强 度 等 级	水泥和粉煤灰总量	粉煤灰	砂	用水量
M5	210～240	粉煤灰掺量可占胶凝材料总量的 15%～25%	砂的堆积密度值	270～330
M7.5	240～270			
M10	270～300			
M15	300～330			

注：1. 表中水泥强度等级为 32.5 级。

　　2. 当采用细砂或粗砂时，用水量分别取上限或下限。

　　3. 稠度小于 70mm 时，用水量可小于下限。

　　4. 施工现场气候炎热或干燥季节，可酌量增加用水量。

　　5. 试配强度应按上述水泥混合砂浆的试配强度公式计算。

2. 预拌砌筑砂浆的试配要求

预拌砂浆是指专业生产厂生产的湿拌砂浆或干混砂浆。

1）预拌砌筑砂浆的基本规定

（1）在确定湿拌砂浆稠度时应考虑砂浆在运输和储存过程中的稠度损失。

（2）湿拌砂浆应根据凝结时间要求确定外加剂掺量。

（3）干混砂浆应明确拌制时的加水量范围。

（4）预拌砂浆的搅拌、运输、储存等应符合现行国家标准《预拌砂浆》（GB/T 25181—2010）的规定。

（5）预拌砂浆性能应符合现行国家标准《预拌砂浆》（GB/T 25181—2010）的规定。

2）预拌砂浆的试配

预拌砂浆的试配应满足下列规定。

（1）预拌砂浆生产前应进行试配，试配强度应按上述水泥混合砂浆的试配强度公式计算确定，试配时稠度取 70～80mm。

（2）预拌砂浆中可掺入保水增稠材料、外加剂等，掺量应经试配后确定。

3. 砌筑砂浆配合比试配、调整与确定

（1）砌筑砂浆试配时应考虑工程实际要求，砂浆试配时应采用机械搅拌。搅拌时间应自开始加水算起，并应符合下列规定。

① 对水泥砂浆和水泥混合砂浆，搅拌时间不得少于 120s。

② 对预拌砂浆和掺有粉煤灰、外加剂、保水增稠材料等的砂浆，搅拌时间不得少于 180s。

（2）按计算或查表所得配合比进行试拌时，应按现行行业标准《建筑砂浆基本性能试验方法标准》（JGJ/T 70—2009）测定砌筑砂浆拌合物的稠度和保水率。当稠度和保水率不能满足要求时，应调整材料用量，直到符合要求为止，然后确定为试配时的砂浆基准配合比。

（3）试配时至少应采用三个不同的配合比，其中一个配合比应为按本规程得出的基准配合比，其余两个配合比的水泥用量应按基准配合比分别增加及减少 10%。在保证稠度、保水率合格的条件下，可对用水量、石灰膏、保水增稠材料或粉煤灰等活性掺合料用量做相应调整。

（4）砂浆试配时稠度应满足施工要求，并应按现行行业标准《建筑砂浆基本性能试验方法标准》（JGJ/T 70—2009）分别测定不同配合比砂浆的表观密度及强度，同时应选定符合试配强度及和易性要求、水泥用量最低的配合比作为砂浆的试配配合比。

（5）砂浆试配配合比尚应按下列步骤进行校正。

① 应根据试配配合比确定的砂浆配合比材料用量，按下式计算砂浆的理论表观密度值：

$$\rho_t = Q_C + Q_D + Q_S + Q_w \qquad (2-29)$$

式中　ρ_t——砂浆的理论表观密度值，kg/m³，应精确至 10kg/m³。

② 按下式计算砂浆配合比校正系数 δ：

$$\delta = \frac{\rho_c}{\rho_t} \qquad (2-30)$$

式中　ρ_c——砂浆的实测表观密度值，kg/m³，应精确至 10kg/m³。

③ 当砂浆的实测表观密度值与理论表观密度值之差的绝对值不超过理论值的 2% 时，试配配合比确定为砂浆设计配合比；当超过 2% 时，应将试配配合比中每项材料用量均乘以校正系数 δ 后，确定为砂浆设计配合比。

（6）预拌砂浆生产前应进行试配、调整与确定，并应符合现行国家标准《预拌砂浆》的规定。

（7）当砌筑砂浆的组成材料有变更时，其配合比应重新确定。

4. 砂浆强度等级的评定

1）强度等级的评定

（1）砌筑砂浆的验收批，同一类型、强度等级的砂浆试块不应少于 3 组；同一验收批

砂浆只有一组或两组试块时，每组试块抗压强度的平均值应大于或等于设计强度等级值的 1.1 倍；对于建筑结构的安全等级为一级或设计使用年限为 50 年及以上的房屋，同一验收批砂浆试块的数量不得少于 3 组。

（2）砂浆强度应以标准养护，28d 龄期的试块抗压强度为准。

（3）制作砂浆试块的砂浆稠度应与配合比设计一致。

2）水泥砂浆强度的合格标准

根据《砌体结构工程施工质量验收规范》（GB 50203—2011）的规定，现场拌制的砂浆应随拌随用，拌制的砂浆应 3h 内使用完毕；当施工期间最高气温超过 30℃时，应在 2h 内使用完毕。预拌砂浆及蒸压加气混凝土砌块专用砌筑砂浆的使用时间应按照厂方提供的说明书确定。

砌筑砂浆试块强度验收时其强度合格标准应符合下列规定。

（1）同一验收批砂浆试块强度平均值应大于或等于设计强度等级值的 1.10 倍。

（2）同一验收批砂浆试块抗压强度的最小一组平均值应大于或等于设计强度等级值的 85%。

3）抽检数量及检验方法

（1）抽检数量。每一检验批且不超过 250m³ 砌体的各类、各强度等级的普通砌筑砂浆，每台搅拌机应至少抽检一次。验收批的预拌砂浆、蒸压加气混凝土砌块专用砂浆，抽检数量可为 3 组。

（2）检验方法。在砂浆搅拌机出料口或在湿拌砂浆的储存容器出料口随机取样制作砂浆试块（现场拌制的砂浆，同盘砂浆只应制作一组试块），试块标养护 28d 后做强度试验。预拌砂浆中的湿拌砂浆稠度应在进场时取样检验。

2.5 了解混凝土和砂浆的应用、运输、保管和鉴定

【参考图文】

1. 其他种类混凝土及其应用

1）纤维混凝土

纤维混凝土是以混凝土为基体，外掺各种纤维材料而成，掺入纤维的目的是提高混凝土的抗拉强度与降低其脆性。纤维包括玻璃纤维、钢纤维、碳纤维、尼龙、聚丙烯、人造丝以及植物纤维等。

在纤维混凝土中，纤维的含量、纤维的几何形状以及纤维的分布情况，对于纤维混凝土的性能有着重要影响。

纤维混凝土目前已逐渐地应用在飞机跑道、断面较薄的轻型结构和压力管道等处。随着纤维混凝土的深入研究，纤维混凝土在建筑工程中将得到广泛的应用。

2）高强混凝土

近十余年来，高强度的混凝土已在国内外桥梁工程、高层建筑、预制混凝土制品、港口和海洋工程、高架结构、大跨屋盖、防护工程、水工结构及路面工程等领域得到应用。现阶段通常认为强度等级为C60和超过C60的混凝土为高强混凝土。高强混凝土的特点是强度高、耐久性好、变形小，能适应现代工程结构向大跨度、重载、高耸发展和承受恶劣环境条件的需要。

配制高强混凝土对原材料质量要求较高。高强混凝土配合比设计的计算方法和步骤与普通混凝土基本相同。对C60级混凝土仍可用混凝土强度经验公式确定水灰比，但对C60以上等级的混凝土是按经验选取基准配合比中的水灰比；水泥用量不宜超过550kg/m³；砂率及采用的外加剂和掺合料的掺量应通过试验确定。

3）防水混凝土（抗渗混凝土）

防水混凝土是通过各种方法提高混凝土抗渗性能，以达到抗渗等级等于或大于P6级的混凝土，分为骨料级配法防水混凝土、普通防水混凝土、外加剂防水混凝土、采用特种水泥配制防水混凝土四种类型。

骨料级配法防水混凝土是将3种或3种以上不同级配的砂、石按照一定比例混合配制，使砂、石混合级配满足混凝土最大密实度的要求，提高抗渗性能，达到防水目的。普通防水混凝土采用较小的水灰比，较高的水泥用量（不小于320kg/m³）和砂率（宜为0.35～0.40），适宜的灰砂比（1：2～1：2.5）和使用自然级配等方法配制混凝土。

防水混凝土通常使用的外加剂有：①引气剂（松香热聚物、松香皂和氯化钙的复合）；②减水剂；③防水剂、密实剂（氯化铁、氢氧化铁、氢氧化铝）；④三乙醇胺或三乙醇胺加氯化钠及亚硝酸钠的复合外加剂。特种水泥配制防水混凝土常采用无收缩不透水水泥、膨胀水泥、塑化水泥等来配制混凝土，都能提高混凝土的抗渗能力，达到防水的要求。

4）耐热混凝土

耐热混凝土是能在长期高温作用下保持所需要的物理力学性能的特种混凝土。它是由适当的胶凝材料、耐热粗细骨料和水按一定比例配制而成的。

耐热混凝土在建筑工程中被大量用来建造高炉基础、焦炉基础、高炉外壳和热工设备基础及围护结构等。

根据混凝土所用胶凝材料的不同，耐热混凝土分为如下几种：硅酸盐水泥耐热混凝土、铝酸盐水泥耐热混凝土、水玻璃耐热混凝土。

5）耐酸混凝土

耐酸混凝土是由水玻璃作胶凝材料，氟硅酸钠作硬化剂，耐酸粉料和耐酸粗细骨料按一定比例配合而成。它能抵抗各种酸（如硫酸、盐酸、硝酸等无机酸，乙酸、蚁酸和草酸等有机酸）和大部分腐蚀性气体（氯气、二氧化硫、三氧化硫等）的侵蚀。但不耐氢氟酸、300℃以上的热磷酸、高级脂肪酸或油酸的侵蚀。这种混凝土3d的抗压强度为11～12MPa，28d的抗压强度不应小于15MPa。

水玻璃耐酸混凝土一般用于储油器、输油管、储酸槽、酸洗槽、耐酸地坪及耐酸器材等。

6）防辐射混凝土

能遮蔽X、γ射线及中子辐射等对人体危害的混凝土，称为防辐射混凝土。它由水泥、水及重骨料配制而成，其表观密度一般在 3000kg/m³ 以上。混凝土表观密度越大，防护 X、γ 射线的性能越好，且防护结构的厚度可减小。但要对中子流进行防护，混凝土中还需要含有足够多的氢元素。

防辐射混凝土用于原子能工业以及国民经济各部门应用放射性同位素的装置中，如反应堆、加速器、放射化学装置等的防护结构。

2. 混凝土的运输及鉴定

1）预拌混凝土的运输

预拌混凝土是指由水泥、集料、水以及根据需要掺入的外加剂、矿物掺合料等组分按一定比例，在搅拌站经计量、拌制后出售的，并采用运输车在规定时间内运至使用地点的混凝土拌合物。在工厂或车间集中搅拌运送到建筑工地的混凝土，多作为商品出售，故也称商品混凝土。

预拌混凝土采用混凝土搅拌输送车运输。混凝土搅拌输送车是在行驶途中对混凝土不断进行搅动或搅拌的特殊运输车辆，主要用于在预拌混凝土工厂和施工现场之间输送混凝土。

混凝土搅拌输送车的搅拌输送方式主要有三种。

（1）湿料（预拌混凝土）搅拌输送，是将输送车开至搅拌设备的出料口下，搅拌筒以进料速度运转加料，加料结束后，搅拌筒以低速运转。在运输途中，搅拌筒不断慢速搅动，以防止混凝土产生初凝和离析，到达施工现场后搅拌筒反向快转出料。

（2）干料搅拌输送，当施工现场离搅拌设备距离较远时，可将按配比称量好的砂、石、水泥等干料装入搅拌筒内进行干料输送，输送车在运输途中以搅拌速度运转，对干料进行搅拌，在驶近施工现场时，从输送车的水箱内将水加入搅拌筒，完成混凝土的最终搅拌，供工地使用。

（3）半干料搅拌输送，输送车从预拌工厂加装按配比称量后的砂、石、水泥和水，在行驶途中或施工现场完成搅拌作业，以供应现场混凝土。

2）混凝土的鉴定

凡符合下列规定的现场搅拌混凝土或预拌混凝土，应实行混凝土开盘鉴定，并填写记录。

（1）承重结构第一次使用的配合比时。

（2）防水混凝土第一次浇筑前。

（3）特种或特殊要求混凝土每次浇筑前。

（4）大体积混凝土每次浇筑前。

在施工现场搅拌的混凝土，其开盘鉴定应在现场浇筑点进行；预拌混凝土的开盘鉴定除混凝土拌合物性能检验在施工现场进行外，其他鉴定内容在预拌混凝土站进行。

混凝土开盘鉴定应由施工单位组织监理（建设）单位、混凝土搅拌单位进行，采用现场搅拌的，应由施工单位组织监理（建设）单位进行。参加人员为：建设单位的项目技术负责人、监理单位的监理工程师、施工单位的项目技术负责人、混凝土搅拌单位的质检部门代表。开盘鉴定最后结果应由参加鉴定人员代表单位签字。

3. 砂浆的应用

1）砌筑砂浆

砌筑砂浆是指将砖、石、砌块等粘接成为砌体的砂浆。常用的砌筑砂浆有水泥砂浆、水泥混合砂浆和石灰砂浆等。

石灰砂浆通常用于地面以上强度要求不高的平房或临时性建筑；水泥混合砂浆是由水泥、细集料、掺加料和水配制而成的砂浆，一般用于地面以上干燥环境中的承重和非承重的砖石砌体；水泥砂浆由水泥、细集料和水配制而成，用于片石基础、砖基础、一般地下构筑物、砖平拱、钢筋砖过梁等环境潮湿或强度要求较高的砌体。

2）抹灰砂浆

抹面砂浆也称抹灰砂浆，用以涂抹在建筑物或建筑构件表面，其作用是保护墙体不受风雨、潮气等侵蚀，提高墙体防潮、防风化、防腐蚀的能力，同时使墙面、地面等建筑部位平整、光滑、清洁、美观。

抹灰砂浆的主要材料有水泥、粉煤灰、石灰、石膏以及天然砂。与砌筑砂浆相比，抹灰砂浆与底面及空气的接触面更大，更易失去水分，这对水泥硬化不利，但对石灰硬化有利。

抹灰砂浆的主要技术要求包括以下几方面。

（1）具有良好的和易性，容易抹成均匀平整的薄层，便于施工。

（2）具有较高的黏结力，使砂浆层能与基层表面牢固地粘接。为了提高抹灰砂浆的黏结力，配制砂浆时所用的胶凝材料要比砌筑砂浆多一些，通常还要加入适量的有机聚合物来增加黏结力。

根据抹灰砂浆的使用特点，对其主要技术要求不是抗压强度，而是和易性及其与基层材料的黏结力。为此，常需多用一些胶结材料，并加入适量的有机聚合物以增强黏结力。另外，为减少抹面砂浆因收缩而引起开裂，常在砂浆中加入一定量纤维材料。

抹灰砂浆常分为三层进行施工。底层砂浆主要起与基层粘接的作用，要求稠度较稀，沉入度较大（100～110mm），其组成材料常随底层而异；中层砂浆主要起找平作用，多用混合砂浆或石灰砂浆，比底层砂浆稍稠些（沉入度70～90mm）；面层砂浆主要起保护和装饰作用，多采用细砂配制的混合砂浆、麻刀石灰砂浆或纸筋石灰砂浆（沉入度70～80mm）。

3）装饰砂浆

涂抹在建筑物内外墙表面，以增加建筑物美观效果的砂浆称为装饰砂浆。

装饰砂浆主要由水泥、砂、石灰、石膏、钙粉、黏土等无机天然材料构成，添加一定量的矿物颜料，涂抹在建筑表面起装饰作用。装饰砂浆的面层应选用具有一定颜色的胶凝材料和集料，并采用特殊的施工操作方法，使表面呈现出各种不同的色彩线条和花纹等装饰效果。

装饰砂浆饰面可分为两类，即灰浆类饰面和石碴类饰面。灰浆类饰面是通过水泥砂浆的着色或水泥砂浆表面形态的艺术加工，获得一定色彩、线条、纹理质感的表面装饰。石碴类饰面是在水泥砂浆中掺入各种彩色石碴作骨料，配制成水泥石碴浆抹于墙体基层表面，然后用水洗、斧剁、水磨等手段除去表面水泥浆皮，呈现出石碴颜色及其质感的饰面。

装饰砂浆常用的工艺做法有以下几种。

（1）拉毛。

先用水泥砂浆或水泥混合砂浆做底层，再用水泥石灰砂浆或水泥纸筋灰浆做面层，在面层灰浆尚未凝结之前用铁抹子等工具将表面轻压后顺势轻轻拉起，形成凹凸感较强的饰面层。要求表面拉毛花纹、斑点分布均匀，颜色一致，同一平面上不显接槎。拉毛灰同时具有装饰和吸声作用，多用于外墙面及影剧院等公共建筑的室内墙壁和天棚的饰面，也常用于外墙面、阳台栏板或围墙等外饰面。表面拉毛的效果如图 2.14 所示。

图 2.14 表面拉毛

（2）弹涂。

弹涂是在墙体表面涂刷一层聚合物水泥色浆后，用电动弹力器分几遍将各种水泥色浆弹到墙面上，形成直径 1～3mm、颜色不同、互相交错的圆形色点，深浅色点互相衬托，构成彩色的装饰面层，最后再刷一道树脂罩面层，起防护作用。弹涂适用于建筑物内外墙面，也可用于顶棚饰面。

（3）水刷石。

水刷石是将水泥和粒径为 5mm 左右的石碴按比例混合，配制成水泥石碴砂浆，涂抹成型；待水泥浆初凝后，以硬毛刷蘸水刷洗，或喷水冲刷，将表面水泥浆冲走，使石碴半露出来，达到装饰效果。

水刷石饰面具有石料饰面的质感效果，主要用于外墙饰面；另外檐口、腰线、窗套、阳台、雨篷、勒脚及花台等部位也常使用。水刷石的效果如图 2.15 所示。

（4）干粘石。

干粘石是在素水泥浆或聚合物水泥砂浆黏结层上，将彩色石碴、石子等直接粘在砂浆层上，再拍平压实的一种装饰抹灰做法，分为人工甩粘和机械喷粘两种。要求石子黏结牢固、不脱落、不露浆，石粒的 2/3 应压入砂浆中。

图 2.15 水刷石效果

装饰效果与水刷石相同，而且避免了湿作业，提高了施工效率，又节约材料，应用广泛。

（5）水磨石。

水磨石是用普通水泥、白水泥或彩色水泥和有色石碴或白色大理石碎粒及水按适当比例配合，需要时掺入适量颜料，经拌匀、浇筑捣实、养护、硬化、表面打磨、洒草酸冲洗、干燥后上蜡等工序制成。

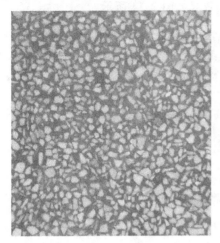

图 2.16 水磨石

水磨石分预制和现制两种。它不仅美观而且有较好的防水、耐磨性能，多用于室内地面和装饰等。水磨石的效果如图 2.16 所示。

（6）斩假石。

斩假石又称剁斧石，是在水泥砂浆基层上涂抹水泥石碴浆或水泥石碴浆（10mm 厚），待其硬化具有一定强度时（2～3d），用钝斧及各种凿子等工具，在表层上剁斩出纹理。

斩假石既有石材的质感，又有精工细作的特点，给人以朴实、自然、素雅、庄重的感觉。斩假石饰面一般多用于局部小面积装饰，如勒脚、台阶、柱面、扶手等。

4）防水砂浆

防水砂浆是指用于制作防水层的抗渗性较高的砂浆。砂浆防水层又称刚性防水层。适用于不受振动和具有一定刚度的混凝土或砖、石砌体工程，常用于水塔、水池等的防水。

防水砂浆可用普通水泥砂浆制作，也可在水泥砂浆中掺入防水剂制得。

防水砂浆主要有三种。

（1）水泥抹灰砂浆：由水泥、细集料掺和料和水制成的砂浆。水泥抹灰砂浆多层抹面用作防水层。

（2）掺加防水剂的防水砂浆：在普通水泥中掺入一定量的防水剂而制成的防水砂浆，是目前应用最广泛的。

（3）用膨胀水泥和无收缩水泥配制的砂浆。

5）保温砂浆

保温砂浆是以水泥、石灰、石膏等胶凝材料与膨胀珍珠岩、膨胀蛭石、火山渣或浮石砂、陶砂等轻质多孔骨料，按一定比例配制成的砂浆，具有轻质和良好的保温性能，其导热系数为 $0.07～0.1W/(m \cdot K)$。

保温砂浆可用于平屋顶保温层及顶棚、内墙抹灰及供热管道的保温防护。

6）吸声砂浆

由轻骨料配制成的保温砂浆，一般均具有良好的吸声性能，故也可用作吸声砂浆。另外，还可用水泥、石膏、砂、锯末（体积比为 1:1:3:5）配制吸声砂浆，或在石灰、石膏砂浆中掺入玻璃纤维、矿棉等松软纤维材料，也能获得一定的吸声效果。

吸声砂浆用于室内墙壁、顶棚的吸声处理。

7）防辐射砂浆

采用重水泥（钡水泥、锶水泥）或重质集料（黄铁矿、重晶石、硼砂等）拌制而成，可防止各类辐射，主要用于射线防护工程。

4. 预拌砂浆的储存与运输

预拌砂浆可以分为湿拌砂浆和干混砂浆。湿拌砂浆是水泥、细集料、外加剂和水以及根据性能确定的各种组分，按一定比例，在搅拌站经计量、搅拌后，采用搅拌运输车运至使用地点，放入专门容器存储，并在规定时间内使用完毕的湿拌拌合物。干混砂浆是经干燥筛分处理的集料与水泥以及根据性能确定的各种组分，按一定比例在专业生产厂家混合而成，在使用地点按规定比例加水或配套液体拌和使用的干混拌合物，干混砂浆也称为干拌砂浆。

1）预拌砂浆的运输

湿拌砂浆在运输过程中使用带搅拌装置的运输车，运输车的方量大小应遵循经济原则。装料口应保持清洁，筒体内不得有积水、积浆，在运输和卸料时不得随意加水，以确保砂浆配合比符合设计要求，从而保证砂浆的质量。

2）预拌砂浆的储存

湿拌砂浆运到现场后，必须储存在不吸水的密闭容器内。如果选用铁质容器，那么储存效果最好，但投资太高，不利于推广应用；可用砖或砌块砌筑灰池，再用防水砂浆（吸水率小于5%）抹面，其投资最低。但防水砂浆的抹面非常重要，应确保防水层抹面的施工质量，最好在砂浆中添加纤维材料，减少砂浆裂缝。灰池地坪应有一定的坡度找平，便于清洗。灰池应有足够面积的顶棚，防雨防晒。砂浆储存在灰池中，应用塑料布完全遮盖灰池表面，以保证砂浆处于密闭状态。

现场灰池的位置应便于运输车辆的卸料和车辆的进出。如果灰池布置过密或与施工现场道路连接不当，可能会造成搅拌运输车不能卸料或进出不方便而影响卸料速度。灰池高度一般为1.0～1.3m。灰池高度太高，会增加劳动强度；灰池高度太低，则储存量偏少，需再增加灰池。灰池应有明显的刻度线，便于砂浆的计量。

为保证湿拌砂浆的质量，提高现场管理水平，砂浆储存时应做好以下几方面的工作。

（1）砂浆运至储存地点除直接使用外，经稠度、密度检验合格的砂浆应在灰池储存。

（2）储存前灰池必须清空。

（3）砂浆应放到灰池的刻度线，并予以确认；随后覆盖塑料布。一个灰池一次只能储存一个品种的砂浆。

（4）灰池应有明显标示，标明砂浆的种类、数量和储存的起始时间。

（5）使用时应集中进行，避免砂浆的水分多次蒸发。

（6）砂浆应在规定使用时间内使用，不得使用超过凝结时间的砂浆。

（7）砂浆在灰池中严禁加水。

（8）砂浆储存在灰池中，可能会出现少量泌水，使用前应重新搅拌。

（9）储存地点的气温，最高不宜超过37℃，最低不宜低于0℃。灰池应避免阳光直射和雨淋。

（10）砂浆使用完毕后，应立即清除残留在灰池壁上、池底和塑料布上的少量砂浆残余物。

（11）清空的灰池应设立明显的标志，以备下次使用。

清洗灰池过程中的砂浆残余物不得使用。

【学本做】

知 识 链 接

混凝土是由胶凝材料、骨料和水，按适当的比例拌和而成的混合物，经一定时间后硬化而成的人造石材，简写为"砼"。

混凝土的主要技术性质包括：混凝土拌合物的和易性、硬化混凝土的强度及变形、混凝土的耐久性。要求混凝土有良好的和易性、较高的强度、较小的变形和良好的耐久性，以满足工程需要。

建筑砂浆按胶结材料可分为水泥砂浆、石灰砂浆和混合砂浆。根据用途可分为砌筑砂浆、抹面砂浆、防水砂浆和装饰砂浆等。

砂浆应满足和易性、设计要求和强度等级要求。

普通混凝土和砌筑砂浆的配合比设计应满足国家相关标准，严格按步骤进行。

学习小结

本章重点讲述了混凝土和建筑砂浆的组成材料和技术性质；普通混凝土和砌筑砂浆的配合比设计；简单介绍了其他混凝土和其他建筑砂浆的特点及应用。

课后思考与讨论

一、填空题

1. 混凝土拌合物的和易性包括_____、_____和_____三个方面等的含义。

2. 测定混凝土拌合物和易性的方法有_____法或_____法。

3. 水泥混凝土的基本组成材料有_____、_____、_____和_____。

4. 混凝土的流动性大小用_____指标来表示，砂浆的流动性大小用_____指标来表示。

二、单项选择题

1. 混凝土的（　　）强度最大。

A. 抗拉　　　　　B. 抗压　　　　　C. 抗弯　　　　　D. 抗剪

2. 防止混凝土中钢筋腐蚀的主要措施有（　　）。

A. 提高混凝土的密实度　　　　　B. 在钢筋表面涂装

C. 钢筋表面用碱处理　　　　　　D. 混凝土中加阻锈剂

3. 在原材料质量不变的情况下，决定混凝土强度的主要因素是（　　）。

A. 水泥用量　　　B. 砂率　　　C. 单位用水量　　　D. 水灰比

4. 混凝土施工质量验收规范规定，粗集料的最大粒径不得大于钢筋最小间距的（　　）。

A. 1/2　　　B. 1/3　　　C. 3/4　　　D. 1/4

三、多项选择题

1. 在混凝土拌合物中，如果水灰比过大，会（　　）。

A. 造成拌合物的黏聚性和保水性不良　B. 产生流浆

C. 有离析现象　　　　　　　　　　D. 严重影响混凝土的强度

2. 以下属于混凝土的耐久性的有（　　）。

A. 抗冻性　　　　B. 抗渗性　　　　C. 和易性　　　　D. 抗腐蚀性

3. 影响混凝土和易性的主要因素有（　　）。

A. 水泥浆的数量　　　　　　　　　B. 集料的种类和性质

C. 砂率　　　　　　　　　　　　　D. 水灰比

4. 在混凝土中加入引气剂，可以提高混凝土的（　　）。

A. 抗冻性　　　　B. 耐水性　　　　C. 抗化学侵蚀性　　D. 抗渗性

5. 新拌砂浆应具备的技术性质是（　　）。

A. 流动性　　　　B. 保水性　　　　C. 变形性　　　　D. 强度

四．综合题

1. 普通混凝土中使用卵石或碎石，对混凝土性能的影响有何差异？

2. 为什么不宜用高强度等级水泥配制低强度等级的混凝土？为什么不宜用低强度等级水泥配制高强度等级的混凝土？

3. 影响混凝土拌合料和易性的因素有哪些？

4. 影响混凝土强度的主要因素有哪些？怎样影响？

5. 提高混凝土强度的主要措施有哪些？

6. 新拌建筑砂浆的和易性与混凝土拌合物的和易性要求有何区别？

7. 影响砂浆抗压强度的主要因素有哪些？

8. 什么是混凝土的抗渗性？P8 表示什么含义？什么是混凝土的抗冻性？F100 表示什么含义？

9. 某房屋为混凝土框架工程，混凝土不受风雪等作用，设计混凝土等级 C25。施工要求坍落度为 30～50mm，采用机械搅拌、机械振捣，施工单位无历史统计资料。采用的材料为：水泥 P•O 42.5，实测密度 3.10g/cm³，粗骨料为碎石，$DM=40mm$，表观密度为 2.70g/cm³，含水率为 3%。细骨料为河砂，细度模数 $\mu_f=2.70$，表观密度 2.65g/cm³，含水率为 1%。试设计该混凝土配合比。

10. 某框架结构工程现浇钢筋混凝土梁，混凝土设计强度等级为 C20，施工要求混凝土坍落度为 50～70mm，施工单位无历史统计资料，所用原材料情况如下。

水泥：32.5 级普通硅酸盐水泥，水泥密度为 $\rho_c=3.10g/cm^3$；

砂：中砂，$M_x=2.70$，级配合格；

石：卵石，$D_{max}=40mm$，级配合格。

试设计 C20 混凝土的配合比。

第**3**章　建筑钢材

引　言

　　建筑钢材是建筑工程中最重要的金属材料，广泛应用于工业与民用建筑、道路桥梁等工程中。钢材具有强度高，塑性及韧性好，可焊可铆，易于加工、装配等优点，在建筑工程中，广泛应用钢材制作钢结构构件及混凝土结构中的增强材料，尤其是在当代迅速发展的大跨度、大荷载、高层的建筑中，钢材已经是不可或缺的结构材料。

　　钢材也是工程中耗量较大而价格较高的建筑材料，所以如何经济合理地利用钢材，以及设法用其他较廉价的材料来代替钢材以节约金属材料资源、降低成本，也是非常重要的课题。

学习目标

　　通过本章的学习，了解建筑钢材的分类；掌握建筑钢材的主要技术性能，理解材料的化学成分对建筑钢材性能的影响；了解建筑钢材的锈蚀与保护措施。

　　学习的重点是建筑钢材的力学性能和工艺性能。

　　通过本章的学习，能够科学合理地选用建筑钢材并正确使用；能够对建筑钢材进行合格性判定。

本章导读

　　建筑钢材的种类繁多，主要包括钢筋混凝土结构用各种钢筋、钢丝、钢绞线及钢结构用各种型钢、钢板和钢管等（图 3.1）。他们各自有什么样的技术性能，工程中用得最多的是哪种，如何进行选择，都是我们本章要学习的重点。

图 3.1　钢材的种类

3.1　了解钢材的基本知识

【参考图文】

1. 钢的冶炼

钢材是以铁为主要元素，含碳量为 0.02%～2.06%，并含有其他元素的合金材料。

钢是由生铁冶炼而成的。生铁的主要成分是铁，但含有较多的碳、硫、磷、硅、锰等。因此，它的性质硬而脆，塑性很差，抗拉强度很低，而且不能焊接、锻造、轧制，给使用方面带来了很大的限制。为了提高生铁的质量，改善它的技术性能，就将生铁精炼成钢。钢的冶炼将生铁在熔融状态下进行氧化，将含碳量降低到 2.06% 以下，使磷、硫等其他杂质也减少到某一规定数值，再加入脱氧剂（锰铁、硅铁、铝等）进行脱氧冶炼而成的。

建筑钢材的冶炼方法有转炉法、平炉法、电炉法三种。

1）转炉炼钢法

转炉炼钢法又分为空气转炉炼钢法和氧气转炉炼钢法。

（1）空气转炉炼钢法。

空气转炉炼钢法是以熔融状态的铁水为原料，在转炉底部或侧面吹入高压热空气，使铁水中的碳、硫、磷等杂质在空气中氧化后被除去。

这种方法的缺点是吹入空气冶炼时容易带进氮、氢等有害气体，且熔炼时间短，化学成分难以精确控制，钢质量较差，但成本较低。空气转炉法已淘汰，逐渐被氧气转炉法所取代。

（2）氧气转炉炼钢法。

氧气转炉炼钢法是在空气转炉炼钢法的基础上发展起来的先进方法，以熔融状态的铁水为原料，由炉顶向转炉内吹入高压氧气，有效地除去碳、硫、磷等杂质，使钢的质量显著提高，且成本较低。

氧气转炉炼钢法是现代炼钢的主要方法，常用来炼制优质碳素钢和合金钢。

2）平炉炼钢法

平炉炼钢法：利用拱形炉顶的反应原理，以固态或液态生铁、适量的铁矿石和废钢作为原料，用煤或重油为燃料进行冶炼。

平炉炼钢法冶炼时间长，有足够的时间调整和控制其化学成分，去除杂质更彻底，成品质量高。但由于设备一次性投资大，燃料热效率较低，冶炼周期长，故成本较高，因此此法基本被淘汰。

3）电炉炼钢法

电炉炼钢法：以生铁及废钢为原料，利用电加热进行高温冶炼的炼钢方法。

电炉熔炼温度高，而且温度可以自由调节，清除杂质容易，因此电炉炼钢质量最好；但成本也最高。此法主要用于冶炼优质碳素钢及特殊精合金钢。

2. 钢材的分类

钢的品种繁多，分类方法很多，通常有按化学成分、脱氧程度、质量和用途等几种分类方法。

1）按照化学成分分类

钢按化学成分可分为碳素钢和合金钢两大类。

碳素钢根据含碳量可分为低碳钢（含碳量小于0.25%）、中碳钢（含碳量0.25%~0.6%）和高碳钢（含碳量大于0.6%）。低碳钢性软、韧，故又称软钢，在建筑上应用很广；中碳钢质较硬，多用以制造钢轨和机械传动部件等；含碳越多，质越硬、脆，故高碳钢一般用以制造工具。

合金钢是在炼钢过程中加入一种或多种合金元素，如硅（Si）、锰（Mn）、钛（Ti）、钒（V）等而得的钢种。

按合金元素的总含量，合金钢又可分为低合金钢（总含量小于5%）、中合金钢（总含量5%~10%）和高合金钢（总含量大于10%）。建筑应用的合金钢主要是低合金钢。

2）按冶炼时脱氧程度分类

钢按冶炼时脱氧程度可分为以下几类。

（1）沸腾钢（F）。

沸腾钢是脱氧不充分的钢。炼钢时加入锰铁进行脱氧，脱氧不完全，浇铸后在钢液冷却时有大量一氧化碳气体逸出，引起钢液剧烈沸腾，称为沸腾钢。此种钢的碳和有害杂质磷、硫等的偏析较严重，钢的致密程度较差，故冲击韧性和焊接性能较差，特别是低温冲击韧性的降低更显著。沸腾钢成本低，被广泛应用于建筑结构。

（2）镇静钢（Z）。

镇静钢是脱氧充分的钢，炼钢时一般采用硅铁、锰铁和铝锭等做脱氧剂，脱氧充分。浇铸时，钢液平静地充满锭模并冷却凝固，基本无CO气泡产生。镇静钢钢锭的组织致密度大，气泡少，偏析程度小，各种力学性能比沸腾钢优越，用于承受冲击荷载的结构或其他重要结构，一般用于预应力混凝土等重要结构工程。

（3）特殊镇静钢（TZ）。

特殊镇静钢是比镇静钢脱氧程度还要充分彻底的钢，其质量最好，适用于特别重要的结构工程。

（4）半镇静钢（b）。

半镇静钢指脱氧程度和质量介于沸腾钢和镇静钢之间的钢，兼有两者的优点。

3）按质量分类（杂质含量）

根据钢中有害杂质硫、磷的含量，钢可以分为普通钢、优质钢、高级优质钢和特级优质钢。

普通钢：含硫量≤0.050%，含磷量≤0.045%。

优质钢：含硫量含磷量均≤0.035%。

高级优质钢：含硫量≤0.025%，含磷量≤0.025%。

特级优钢：含硫量≤0.015%，含磷量≤0.025%。

4）按用途分类

根据用途的不同，钢常分为结构钢、工具钢和特殊性能钢。

结构钢：用于工程结构构件及机械零件的钢材，一般属于低碳钢和中碳钢。

工具钢：用于各种刀具、模具及量具的钢材，一般属于高碳钢。

特殊钢：具有特殊物理、化学或机械性能的钢，如不锈钢、磁性钢、耐热钢、耐酸钢、耐磨钢和低温钢等。

5）按产品类型分类

根据产品类型，钢可以分为型钢、板材、线材和管材（图 3.2）。

（1）型钢：是指用于钢结构中的角钢、工字钢、槽钢、方钢、吊车轨、轻钢门窗、钢板桩。

（2）板材：是指用于建造房屋、桥梁及建筑机械的中厚钢板，用于屋面、墙面、楼板等的薄钢板。

（3）线材：是指用于钢筋混凝土和预应力混凝土中的钢筋、钢丝和钢绞线等。

（4）管材：是指钢桁架和供水（汽）的管线等。

图 3.2　各种钢材

3.2　认识钢材的技术性能

钢材的主要性能包括力学性能和工艺性能。其中力学性能是钢材最重要的使用性能，包括拉伸性能、冲击性能、疲劳性能等。工艺性能表示钢材在各种加工过程中的行为，包括弯曲性能和焊接性能等。

1. 力学性能

1）拉伸性能

拉伸是建筑钢材的主要受力形式，所以拉伸性能是表示钢材性能和选用钢材的重要指标。反映建筑钢材拉伸性能的指标包括屈服强度、抗拉强度和伸长率。

根据 2011 年 12 月 1 日实施的《金属材料拉伸试验第 1 部分：室温试验方法》（GB/T 228.1—2010），将低碳钢（软钢）制成一定规格的试件，放在材料试验机上进行拉伸试验，可以绘出如图 3.3 所示的

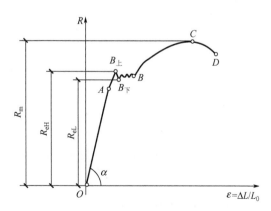

图 3.3　应力-应变曲线图

应力-应变关系曲线。从图 3.3 中可以看出，低碳钢受拉至拉断，经历了四个阶段：弹性阶段（O—A）、屈服阶段（A—B）、强化阶段（B—C）和颈缩阶段（C—D）。

（1）弹性阶段（O—A）。

曲线中 OA 段是一条直线，随着荷载的增加，应力与应变成正比。如卸去荷载，试件能恢复原来的形状，这种性质即为弹性，此阶段的变形为弹性变形。与 A 点对应的应力称为弹性极限。应力与应变的比值为常数，即弹性模量 E，$E=R/\varepsilon$。弹性模量反映钢材抵抗弹性变形的能力，是钢材在受力条件下计算结构变形的重要指标。E 值越大，钢材抵抗弹性变形的能力越大，在一定的荷载作用下，钢材发生的弹性变形量越小。

（2）屈服阶段（A—B）。

应力超过 A 点后，应力、应变不再成正比关系，开始出现塑性变形。应力的增长滞后于应变的增长，当应力达 $B_\text{上}$ 点后（上屈服强度），瞬时下降至 $B_\text{下}$ 点（下屈服强度），变形迅速增加；而此时外力则大致在恒定的位置上波动，直到 B 点。这就是所谓的"屈服现象"，似是钢材不能承受外力而屈服，所以 AB 段称为屈服阶段。

屈服强度是指当金属材料呈现屈服现象时，在试验期间达到塑性变形发生而力不增加的应力点，包括上屈服强度（R_eH）和下屈服强度（R_eL）。上屈服强度 R_eH 是指试样发生屈服而力首次下降前的最大应力；下屈服强度 R_eL 是指在屈服期间，不计初始瞬时效应时的最小应力。通常我们说的屈服强度用 R_eL 表示，因为 $B_\text{下}$ 点较稳定、易测定。

钢材受力大于屈服点后，会出现较大的塑性变形，已不能满足使用要求。因此屈服强度是设计上钢材强度取值的依据，是工程结构计算中非常重要的一个参数。

当钢材在拉伸试验过程中没有明显屈服现象发生时，应测定规定塑性延伸强（R_p）或规定残余延伸强度（R_r）。$R_\text{p0.2}$ 表示规定塑性延伸率为 0.2%时的应力，如图 3.4（a）所示，其中 0.2 表示试验中任一给定时刻引伸标距的塑性延伸等于引伸计标距的 0.2%。$R_\text{r0.2}$ 表示规定残余延伸率为 0.2%时的应力，如图 3.4（b）所示，其中的 0.2 表示试样施加并卸除应力后引伸计标距的延伸等于引伸计标距的 0.2%。

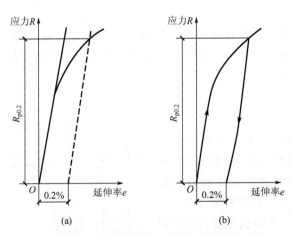

图 3.4　规定塑性延伸强度 $R_\text{p0.2}$ 和规定残余延伸强度 $R_\text{r0.2}$

（3）强化阶段（B—C）。

当应力超过屈服强度后，由于钢材内部组织中的晶格发生了畸变，阻止了晶格进一步滑移，钢材得到强化，所以钢材抵抗塑性变形的能力又重新提高，$B—C$ 呈上升曲线，称为强化阶段。对应于最高点 C 的应力值（R_m）称为极限抗拉强度，简称抗拉强度。

R_m 是钢材受拉时所能承受的最大应力值，即抗拉强度，R_{eL} 是钢材的屈服强度值，抗拉强度和屈服强度之比（即强屈比＝R_m/R_{eL}）能反映钢材的利用率和结构安全可靠程度。强屈比越大，其结构的安全可靠程度越高；但强屈比过大，又说明钢材强度的利用率偏低，造成钢材浪费，不够经济。相反，若强屈比较小，则表示钢材利用率较大；但比值过小，表示安全储备过小，脆断倾向增加，不够安全。建筑结构钢合理的强屈比一般为 $1.30\sim1.60$，既安全又经济。

（4）颈缩阶段（$C—D$）。

颈缩阶段是一段下降的曲线。试件受力达到最高点 C 点后，其抵抗变形的能力明显降低，变形迅速发展，应力逐渐下降，试件被拉长；在有杂质或缺陷处，断面急剧缩小，直到断裂。故 CD 段称为颈缩阶段。

建筑钢材应具有很好的塑性。钢材的塑性通常用断后伸长率和断面收缩率表示。将拉断后的试件拼合起来，测定出标距范围内的长度 L_u（mm），试件原标距用 L_0（mm）表示。

断后伸长率 A 是断后标距的残余伸长（L_u-L_0）与原始标距（L_0）之比的百分率。断面收缩率 Z 是指断裂后试样横截面积的最大缩减量（S_0-S_u）与原始横截面积（S_0）之比的百分率。钢材的断后伸长率如图 3.5 所示。

$$A=\frac{L_u-L_0}{L_0}\times100\% \quad Z=\frac{S_0-S_u}{S_u}\times100\%$$

伸长率是衡量钢材塑性的一个重要指标，A 越大说明钢材的塑性越好。而一定的塑性变形能力，可保证应力重新分布，避免应力集中，从而钢材用于结构的安全性越大。

塑性变形在试件标距内的分布是不均匀的，颈缩处的变形最大，离颈缩部位越远，其变形越小。所以原标距与直径之比越小，则颈缩处伸长

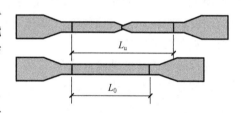

图 3.5　钢材的断后伸长率

值在整个伸长值中的比重越大，计算出来的 A 值就大。对于比例试样，即拉伸试样的原始标距与原始横截面积的平方根的比值 k 为常数，$k=5.65$ 的试样称为短比例试样，其断后伸长率用符号 A 表示（对应旧标准的 δ_5）；$k=11.3$ 的试样称为长比例试样，其断后伸长率为 $A_{11.3}$（对应旧标准的符号 δ_{10}）；试验时，一般优先选用短比例试样，但要保证原始标距不小于 15mm，否则，建议选用长比例试样或其他类型试样。对于非比例试样，符号 A 应附以下脚注说明所使用的原始标距，以毫米（mm）表示。例如，$A_{50\,mm}$ 表示原始标距为 50mm 的断后伸长率。

2）冲击韧性

由于外力瞬时冲击作用引起的变形和应力要比静载荷所引起的应力大得多，因此在选用钢材时，必须考虑钢材抵抗冲击载荷作用的能力，即冲击韧性。韧性是指金属在断裂前吸收变形能量的能力。钢材的冲击韧性是指钢材抵抗冲击荷载而不被破坏的能力。

建筑工程材料

钢材冲击韧性的测定方法采用现行的国家标准《金属材料　夏比摆锤冲击试验方法》（GB／T 229—2007）中规定的试验方法测定，用吸收能量 K（单位为 J）来表示。

钢材的化学成分、内在缺陷、加工工艺以及环境温度都会影响钢材的冲击韧性。冲击韧性还随温度的降低而下降，其规律是开始下降缓慢，当达到一定温度范围时，突然下降很多而呈脆性，称为钢材的冷脆性。这时的温度称为脆性临界温度。它的数值越低，钢材耐低温冲击性能越好。在负温下使用的钢材应选脆性临时温度较工作温度低的钢材，并且必须做冲击韧性检测。

3）疲劳性能

钢材在交变荷载的反复作用下，往往在最大应力远小于其抗拉强度时就发生破坏，这种现象称为钢材的疲劳性。疲劳破坏的危险应力用疲劳强度（或称疲劳极限）来表示，它是指疲劳试验时试件在交变应力作用下，于规定的周期基数内不发生断裂所能承受的最大应力。设计承受反复荷载且需进行疲劳验算的结构时，应了解所用钢材的疲劳极限。

钢材的疲劳破坏是拉应力引起的，首先在局部开始形成细微裂纹，其后由于裂纹尖端处产生应力集中而使裂纹迅速扩展直至钢材断裂。因此，钢材的内部成分的偏析、夹杂物的多少以及最大应力处的表面光洁程度、加工损伤等，都是影响钢材疲劳强度的因素。疲劳破坏经常是突然发生的，因而具有很大的危险性，容易造成严重事故。

4）硬度

硬度是指金属材料在表面局部体积内，抵抗硬物压入表面的能力，亦即材料表面抵抗塑性变形的能力。

测定钢材硬度采用压入法。即以一定的静荷载（压力），把一定的压头压在金属表面，然后测定压痕的面积或深度来确定硬度。按压头或压力不同，分为布氏法、洛氏法等，相应的硬度试验指标称布氏硬度（HB）和洛氏硬度（HR）。较常用的方法是布氏法，其硬度指标是布氏硬度值。

现行的布氏硬度试验方法是 2010 年 4 月 1 日开始实施的《金属材料布氏硬度试验第 1 部分：试验方法》（GB／T 231.1—2009），布氏硬度符号用 HBW 表示。洛氏硬度试验方法最新的国家标准是 2010 年 4 月 1 日开始实施的《金属材料洛氏硬度试验第 1 部分：试验方法（A、B、C、D、E、F、G、H、K、N、T 标尺）》（GB／T 230.1—2009）。

2. 工艺性能

良好的工艺性能，可以保证钢材顺利通过各种加工，而使钢材制品的质量不受影响。冷弯、冷拉、冷拔及焊接性能均是建筑钢材的重要工艺性能。

1）冷弯性能

冷弯性能是指钢材在常温下承受弯曲变形的能力。钢材的冷弯性能指标是以试件弯曲的角度（α）和弯心直径对试件厚度（或直径）的比值（d/α）来表示。钢材冷弯时的弯曲角度越大，弯心直径越小，则表示其冷弯性能越好。按规定的弯曲角和弯心直径进行试验，试件的弯曲处不发生裂缝、裂断或起层，即认为冷弯性能合格。钢筋的冷弯试验如图 3.6 所示。

通过冷弯试验更有助于暴露钢材的某些内在缺陷。相对于伸长率而言，冷弯是对钢材塑性更严格的检验，它能揭示钢材是否存在内部组织不均匀、内应力和夹杂物等缺陷，冷弯试验对焊接质量也是一种严格的检验，能揭示焊件在受弯表面存在未熔合、微裂纹及夹杂物等缺陷。

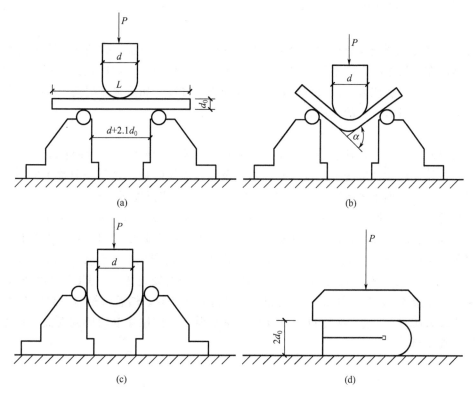

（a）试样安装；（b）弯曲 90°；（c）弯曲 180°；（d）弯曲至两面重合

图 3.6　钢筋的冷弯试验

2）焊接性能

在建筑工程中，各种型钢、钢板、钢筋及预埋件等需用焊接加工。钢结构有 90% 以上是焊接结构。焊接的质量取决于焊接工艺、焊接材料及钢的焊接性能。

钢材的可焊性是指钢材是否适应通常的焊接方法与工艺的性能。可焊性好的钢材指易于用一般焊接方法和工艺施焊，焊口处不易形成裂纹、气孔、夹渣等缺陷；焊接后钢材的力学性能，特别是强度不低于原有钢材，硬脆倾向小。钢材可焊性能的好坏，主要取决于钢的化学成分。含碳量高将增加焊接接头的硬脆性，含碳量小于 0.25% 的碳素钢具有良好的可焊性。

钢筋焊接应注意的问题是：冷拉钢筋的焊接应在冷拉之前进行；钢筋焊接之前，焊接部位应清除铁锈、熔渣、油污等；应尽量避免不同国家的进口钢筋之间或进口钢筋与国产钢筋之间的焊接。焊接结构用钢，选含碳量较低的氧气转炉或平炉镇静钢。对高碳钢及合金钢，需要采用焊前预热及焊后热处理等措施。

3）冷加工性能及时效处理

（1）冷加工强化处理。

将钢材在常温下进行冷加工（如冷拉、冷拔或冷轧），使之产生塑性变形，从而提高屈服强度，但钢材的塑性、韧性及弹性模量则会降低，这个过程称为冷加工强化处理。建筑工地或预制构件厂常用的方法是冷拉和冷拔。

冷拉是将热轧钢筋用冷拉设备加力进行张拉，使之伸长。钢材经冷拉后屈服强度可提高 20%～30%，可节约钢材 10%～20%，钢材经冷拉后屈服阶段缩短，伸长率降低，材质变硬。

冷拔是将光面圆钢筋通过硬质合金拔丝模孔强行拉拔，每次拉拔断面缩小率应在 10% 以下。钢筋在冷拔过程中，不仅受拉，同时还受到挤压作用，因而冷拔的作用比纯冷拉的作用强烈。经过一次或多次冷拔后的钢筋，表面光洁度高，屈服强度提高 40%～60%，但塑性大大降低，具有硬钢的性质。

（2）时效。

钢材经冷加工后，在常温下存放 15～20d 或加热至 100～200℃，保持 2h 左右，其屈服强度、抗拉强度及硬度进一步提高，而塑性及韧性继续降低，这种现象称为时效。前者称为自然时效（室温下进行），后者称为人工时效（在一定温度下进行）。

钢材经冷加工及时效处理后，其性质变化的规律，可明显地在应力-应变图上得到反映，如图 3.7 所示。图中 $0ABCD$ 为未经冷拉和时效试件的应力-应变曲线。当试件冷拉至超过屈服强度的任意一点 K，卸去荷载，此时由于试件已产生塑性变形，则曲线沿 $K0'$ 下降，$K0'$ 大致与 $A0$ 平行。如立即再拉伸，则应力-应变曲线将成为 $0'KCD$（虚线），屈服强度由 B 点提高到 K 点。但如在 K 点卸荷后进行时效处理，然后再拉伸，则应力-应变曲线将成为 $0'K_1C_1D_1$，这表明冷拉时效以后，屈服强度和抗拉强度均得到提高，但塑性和韧性则相应降低。

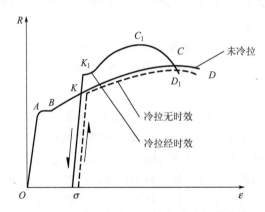

图 3.7　钢筋冷拉时效后应力-应变图的变化

4）钢材的热处理

钢材的热处理通常有以下几种基本方法。

（1）淬火。

将钢材加热至 723℃ 以上某一温度，并保持一定时间后，迅速置于水中或机油中冷却，这个过程称钢材的淬火处理。钢材经淬火后，强度和硬度提高，脆性增大，塑性和韧性明显降低。

（2）回火。

将淬火后的钢材重新加热到 723℃ 以下某一温度范围、保温一定时间后再缓慢地或较快地冷却至室温，这一过程称为回火处理。回火可消除钢材淬火时产生的内应力，使其硬度降低，恢复塑性和韧性。按回火温度不同，又可分为高温回火（500～650℃）、中温回火（300～500℃）和低温回火（150～300℃）三种。回火温度越高，钢材硬度下降越多，塑性和韧性恢复越好。若钢材淬火后随即进行高温回火处理，则称调质处理，其目的是使钢材的强度、塑性、韧性等性能均得以改善。

（3）退火。

退火是指将钢材加热至 723℃以上某一温度，保持相当时间后，就在退火炉中缓慢冷却。退火能消除钢材中的内应力，细化晶粒、均匀组织，使钢材硬度降低，塑性和韧性提高，从而达到改善性能的效果。

（4）正火。

正火是将钢材加热到 723℃以上某一温度，并保持相当长时间，然后在空气中缓慢冷却，则可得到均匀细小的显微组织。钢材正火后强度和硬度提高，塑性较退火为小。

（5）化学热处理。

化学热处理是对钢材表面进行的热处理，它是利用某些化学元素向钢表层内进行扩散，以改变钢材表面上的化学成分和性能。常用的方法有渗碳法、氮化法、氰化法等。

土木工程所有钢材一般在生产厂家进行热处理，在施工现场，有时需要对焊接件进行热处理。

3. 钢材的化学成分对钢材性能的影响

【参考图文】

钢材中除主要化学成分铁（Fe）以外，还含有少量的碳（C）、硅（Si）、锰（Mn）、磷（P）、硫（S）、氧（O）、氮（N）、钛（Ti）、钒（V）等元素，这些元素虽然含量很少，但对钢材性能的影响很大。

1）碳

碳是决定钢材性能的最重要元素，当钢中含碳量在 0.8%以下时，随着含碳量的增加，钢的强度和硬度提高，塑性和韧性下降。含碳量超过 0.3%的钢材的可焊性显著降低。碳还增加钢材的冷脆性和时效敏感性，降低抗大气锈蚀性。

2）硅

硅是钢中的主要合金元素，含量常在 2%以内，能提高钢的强度，而对钢的塑性和韧性影响不大；特别是当含量小于 1%时，对塑性和韧性基本上无影响。硅是我国钢筋用钢材中的主要添加元素。

3）锰

锰是低合金钢的主要合金元素，锰含量一般在 1%～2%，它的作用主要是使强度提高，且对钢的塑性和韧性影响不大。锰还能消减硫和氧引起的热脆性，使钢材的热加工性能得到改善。

但锰含量较高时，将显著降低钢的可焊接性。当锰含量为 11%～14%时，称为高锰钢，具有较高的耐磨性。

4）硫

硫是很有害的元素，呈非金属硫化物夹杂物存于钢中，具有强烈的偏析作用，降低各种机械性能。硫化物造成的低熔点使钢在焊接时易于产生热裂纹，显著降低可焊性。

5）磷

磷为有害元素，含量提高，钢材的强度提高，塑性和韧性显著下降，特别是温度越低，对韧性和塑性的影响越大。磷在钢中偏析作用强烈，使钢材冷脆性增大，并显著降低

钢材的可焊性。但磷可提高钢的耐磨性和耐腐蚀性，在低合金钢中可配合其他元素作为合金元素使用。

6）氧、氮

氧、氮是钢中有害杂质，它们的存在会降低钢的韧性、塑性、冷弯性能和可焊性。

7）钒、铌、钛

钒、铌、钛都是炼钢时的脱氧剂，也是常用的合金元素，适量加入钢中，可以改善钢的组织和韧性，提高钢的强度。

3.3 认识建筑钢材

【参考图文】

1. 建筑常用钢种

建筑钢材的主要钢种有碳素结构钢、优质碳素结构钢和低合金高强度结构钢。

1）碳素结构钢

碳素结构钢是碳素钢的一种，用途很多，用量很大，主要用于铁道、桥梁、各类建筑工程，制造承受静载荷的各种金属构件及不重要、不需要热处理的机械零件和一般焊接件。碳素结构钢为一般结构和工程用钢，适于生产各种型钢、钢板、钢筋、钢丝等。

（1）牌号及其表示方法。

根据国家标准《碳素结构钢》（GB/T 700—2006）规定，碳素结构钢的牌号由代表屈服强度的字母 Q、屈服强度数值、质量等级符号、脱氧方法符号 4 个部分按顺序组成，如 Q235AF。

Q：钢材屈服强度"屈"字汉语拼音的首位字母。

屈服强度数值：共分 195、215、235 和 275（MPa）四种。

质量等级：按有害成分硫、磷含量由多到少的规律和对冲击韧性的要求，分别由 A、B、C、D 四个质量等级由低到高表示，A 等级质量最差，D 等级质量最好。

脱氧方法：F 是沸腾钢"沸"字汉语拼音的首位字母；Z 是镇静钢"镇"的字汉语拼音的首位字母；TZ 是特殊镇静钢"特镇"两字汉语拼音的首位字母；在牌号组成表示方法中，"Z"与"TZ"符号可以省略。

例：Q235‐A.F 表示屈服强度为 235MPa 的 A 级沸腾钢。

（2）碳素结构钢的技术要求。

碳素结构钢的技术要求主要包括化学成分、拉伸性能和冷弯性能。根据《碳素结构钢》（GB/T 700—2006）的规定，碳素结构钢的牌号和化学成分应符合表 3‐1 的规定，拉伸性能应符合表 3‐2 和表 3‐3 的规定，冷弯性能应符合表 3‐4 的规定。

表 3-1　碳素结构钢的牌号和化学成分（熔炼分析）

牌号	等级	厚度（或直径）/mm	脱氧方法	化学成分（质量分数）/10%，不大于				
				C	Si	Mn	P	S
Q195	—	—	F、Z	0.12	0.30	0.50	0.035	0.040
Q215	A	—	F、Z	0.15	0.35	1.20	0.045	0.050
	B	—						0.045
Q235	A	—	F、Z	0.22	0.35	1.40	0.450	0.050
	B	—		0.20[①]				0.045
	C	—	Z	0.17			0.040	0.040
	D	—	TZ				0.035	0.035
Q275	A	—	F、Z	0.24	0.35	1.50	0.045	0.050
	B	≤40	Z	0.21			0.045	0.045
		>40		0.22				
	C	—	Z	0.20			0.040	0.040
	D	—	TZ				0.035	0.035

① 经需方同意，Q235B 的含碳量可不大于 0.22。

表 3-2　碳素结构钢的屈服强度和抗拉强度

牌号	等级	屈服强度[①]R_{eH}/(N/mm²)，不小于						抗拉强度[②]R_m/(N/mm²)
		厚度（或直径）/mm						
		≤16	>16~40	>40~60	>60~100	>100~150	>150~200	
Q195	—	195	185	—	—	—	—	315~430
Q215	A	215	205	195	185	175	165	335~450
	B							
Q235	A	235	225	215	215	195	185	370~500
	B							
	C							
	D							
Q275	A	275	265	255	245	225	215	410~540
	B							
	C							
	D							

① Q195 的屈服强度值仅供参考，不作为交货条件。

② 厚度大于 100mm 的钢材，抗拉强度下限允许降低 20N/mm²。宽带钢（包括剪切钢板）抗拉强度
上限不作为交货条件。

表 3-3　碳素结构钢的断后伸长率和冲击试验

牌　号	等级	断后伸长率 A（%），不小于					冲击试验（V 形缺口）	
		厚度（或直径）/mm					温度/℃	冲击吸收功（纵向）/J，不小于
		≤40	>40～60	>60～100	>100～150	>150～200		
Q195	—	33	—	—	—	—	—	—
Q215	A	31	30	29	27	26	—	—
	B						+20	27
Q235	A	26	25	24	22	21	—	—
	B						+20	27①
	C						0	
	D						-20	
Q275	A	22	21	20	18	17	—	—
	B						+20	27
	C						0	
	D						-20	

① 厚度小于 25mm 的 Q235B 级钢材，如供方能保证冲击吸收功值合格，经需方同意，可不做检验。

表 3-4　碳素结构钢的冷弯性能

牌号	试样方向	冷弯试验 180°，$B=2a$①	
		钢材厚度（或直径）②/mm	
		≤60	>60～100
		弯心直径 d	
Q195	纵	0	
	横	0.5a	
Q215	纵	0.5a	1.5a
	横	a	2a
Q235	纵	a	2a
	横	1.5a	2.5a
Q275	纵	1.5a	2.5a
	横	2a	3a

① B 为试样宽度，a 为试样厚度（直径）。

② 钢材厚度（或直径）大于 100mm 时，弯曲试验由双方协商确定。

2）优质碳素结构钢

优质碳素结构钢钢材按冶金质量等级分为优质钢、高级优质钢（牌号后加"A"）和特级优质钢（牌号后加"E"）。优质碳素结构钢一般用于生产预应力混凝土用钢丝、钢绞线、锚具，以及高强度螺栓、重要结构的钢铸件等；特级优质钢牌号后加"E"，用于抗震结构。

3）低合金高强度结构钢

低合金高强度结构钢是在钢的冶炼过程中添加少量的几种合金元素，使钢的强度明显提高，故称低合金高强度结构钢。

根据《低合金高强度结构钢》（GB/T 1591—2008）的规定，低合金高强度结构钢的牌号与碳素结构钢类似，由代表屈服强度的汉语拼音字母、屈服强度数值、质量等级符号（其质量等级分为 A、B、C、D、E 五级）三个部分组成，低合金高强度结构钢的 A、B 级属于镇静钢，C、D、E 级属于特殊镇静钢。低合金高强度结构钢的牌号有 Q345、Q390、Q420、Q460、Q500、Q550、Q620 和 Q690。例如：Q345D 表示屈服强度值为 345MPa，质量等级为 D 级钢。当需方要求钢板具有厚度方向的性能时，则在上述规定的牌号后加上代表厚度方向（Z 向）性能级别的符号，如 Q345DZ15。

低合金高强度结构钢主要用于轧制各种型钢、钢板、钢管及钢筋，广泛用于钢结构和钢筋混凝土结构中，特别适用于各种重型结构、高层结构、大跨度结构及桥梁工程等。

2. 钢结构用钢

钢结构用钢主要是热轧成型的钢板和型钢等。薄壁轻型钢结构中主要采用薄壁型钢、圆钢和小角钢。钢材所用的母材主要是普通碳素结构钢及低合金高强度结构钢。

【参考图文】

钢结构常用的热轧型钢有：工字钢、H 型钢、T 型钢、槽钢、等边角钢、不等边角钢等。型钢是钢结构中采用的主要钢材。热轧型钢的截面如图 3.8 所示。

钢板材包括钢板、花纹钢板、建筑用压型钢板和彩色涂层钢板等。钢板规格表示方法为"宽度×厚度×长度"（单位为 mm）。钢板分厚板（厚度＞4mm）和薄板（厚度≤4mm）两种。厚板主要用于结构，薄板主要用于屋面板、楼板和墙板等。在钢结构中，单块钢板一般较少使用，而是用几块板组合成工字形、箱形等结构形式来承受荷载。

3. 钢管混凝土结构用钢管

钢管混凝土结构即在薄壁钢管内填充普通混凝土，将两种不同性质的材料组合而形成的复合结

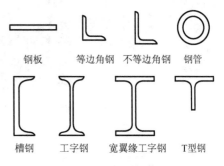

图 3.8 热轧型钢截面

构。钢管混凝土结构按照截面形式的不同，可分为矩形钢管混凝土结构、圆钢管混凝土结构和多边形钢管混凝土结构等；其中，矩形钢管混凝土结构和圆钢管混凝土结构应用较广。目前钢管混凝土的使用范围主要限于柱、桥墩、拱架等。

钢管混凝土结构用钢管可采用直缝焊接管、螺旋形缝焊接管和无缝钢管。按设计施工图要求由工厂提供的钢管应有出厂合格证，钢管内不得有油渍等污物，以保证钢管内壁与核心混凝土紧密黏结。钢管焊接必须采用对接焊缝，并达到与母材等强的要求。由施工单

位自行卷制的钢管，其钢板必须平直，不得使用表面锈蚀或受过冲击的钢板，并应有出厂证明书或试验报告单。卷管方向应与钢板压延方向一致。卷制钢管前，应根据要求将板端开好坡口。为适应钢管拼接的轴线要求，钢管坡口端应与管轴线严格垂直。卷板过程中，应注意保证管端平面与管轴线垂直。根据不同的板厚，焊接坡口应符合规范的有关要求。

4. 钢筋混凝土结构用钢

混凝土具有较高的抗压强度，但抗拉强度很低；而钢筋抗拉强度高、塑性好。钢筋与混凝土之间有较大的握裹力，能牢固地结合在一起。用钢筋增强混凝土，可显著扩展混凝土的应用范围，同时混凝土的碱性环境又很好地保护了钢筋。钢筋混凝土结构中的钢筋主要由碳素结构钢和优质碳素钢制成，主要品种有热轧钢筋、冷轧带肋钢筋、预应力混凝土用钢丝和钢绞线等。

1）热轧钢筋

热轧钢筋是经热轧成型并自然冷却的成品钢筋，由低碳钢和普通合金钢在高温状态下压制而成，主要用于钢筋混凝土和预应力混凝土结构的配筋，是土木建筑工程中使用量最大的钢材品种之一。直径 6.5～9mm 的钢筋，大多数卷成盘条；直径 10～40mm 的一般是 6～12m 长的直条。热轧钢筋为软刚，断裂时会产生颈缩现象，伸长率较大。热轧钢筋应具备一定的强度，即屈服强度特征值和抗拉强度，它是结构设计的主要依据。同时，为了满足结构变形、吸收地震能量以及加工成型等要求，热轧钢筋还应具有良好的塑性、韧性、可焊性和钢筋与混凝土间的黏结性能。

热轧钢筋根据其表面形状分为热轧光圆钢筋和热轧带肋钢筋两种（图 3.9）。

图 3.9　热轧钢筋（从左到右：光圆钢筋、月牙肋、等高肋）

（1）热轧光圆钢筋。

热轧光圆钢筋是指经热轧成型，横截面通常为圆形，表面光滑的成品钢筋。

根据国家标准《钢筋混凝土用钢第 1 部分：热轧光圆钢筋》（GB 1499.1—2008）以及自 2013 年 1 月 1 日起实施的国家标准化管理委员会批准的《GB 1499.1—2008〈钢筋混凝土用钢第 1 部分：热轧光圆钢筋〉国家标准第 1 号修改单》的规定，热轧光圆钢筋只有一个牌号 HPB300。牌号由 HPB＋屈服强度特征值构成，HPB 是热轧光圆钢筋的英文（Hot rolled Plain Bars）的缩写。热轧光圆钢筋的化学成分、力学性能和工艺性能见表 3-5 和表 3-6。

热轧光圆钢筋强度低，与混凝土的黏结强度也较低，主要用作板的受力筋、箍筋及构造钢筋。

（2）热轧带肋钢筋。

热轧带肋钢筋又称为螺纹钢筋，是指经热轧成型，横截面通常为圆形，且表面带肋的混凝土结构用钢材。根据国家标准《钢筋混凝土用钢第 2 部分：热轧带肋钢筋》（GB 1499.2—2007）以及 2009 年 9 月 1 日起实施的《GB 1499.2—2007〈钢筋混凝土用钢第 2 部分：热轧带肋钢筋〉国家标准第 1 号修改单》，热轧带肋钢筋表面带有两条纵肋和沿长度方向均匀分布的横肋。纵肋是平行于钢筋轴线的均匀连续肋；横肋是与钢筋轴线不平行的其他肋。横肋的纵截面呈月牙形，且与纵肋不相交的钢筋称为月牙形钢筋。横肋的纵截面高度相等，且与纵肋相交的钢筋称为等高肋钢筋。

热轧带肋钢筋分为普通热轧钢筋和细晶粒热轧钢筋两大类。普通热轧钢筋是按热轧状态交货的钢筋，其金相组织主要是铁素体加珠光体，不得有影响使用性能的其他组织（如基圆上出现的回火马氏体组织）存在。细晶粒热轧钢筋是在热轧过程中，通过控孔和控冷工艺形成的细晶粒钢筋。其金相组织主要是铁素体加珠光体，不得有影响使用性能的其他组织（如基圆上出现的回火马氏体组织）存在，晶粒度不低于 9 级。

热轧带肋钢筋按屈服强度特征值分为 335、400 和 500 级。普通热轧钢筋的牌号由 HRB＋屈服强度特征值构成，HRB 是热轧带肋钢筋的英文（Hot rolled Ribbed Bars）的缩写，分为 HRB335、HRB400 和 HRB500。细晶粒热轧钢筋的牌号由 HRBF＋屈服强度特征值构成，HRBF 在热轧带肋钢筋的英文缩写后加"细"的英文（Fine）首位字母。热轧光圆钢筋的化学成分和技术要求见表 3－5 和表 3－6。

表 3－5 钢筋混凝土用热轧钢筋的化学成分

牌　号	化学成分（质量分数)(%)，不大于				
	C	Si	Mn	P	S
HPB300	0.25	0.55	1.50	0.045	0.050
HRB335	0.25	0.80	1.60	0.045	0.045
HRBF335					
HRB400					
HRBF400					
HRB500					
HRBF500					

表 3－6 钢筋混凝土用热轧钢筋的力学性能和工艺性能

牌　号	R_{eL}/MPa	R_m/MPa	A(%)	钢筋公称直径 d/mm	弯芯直径
	不小于				
HPB300	300	420	25.0	6～22	d
HRB335 HRBF335	335	455	17	6～25	$3d$
				28～40	$4d$
				>40～50	$5d$

（续）

牌　　号	R_{eL}/MPa	R_m/MPa	A(%)	钢筋公称直径 d/mm	弯芯直径
	不小于				
HRB400 HRBF400	400	540	16	6～25	$4d$
				28～40	$5d$
				>40～50	$6d$
HRB500 HRBF500	500	630	15	6～25	$6d$
				28～40	$7d$
				>40～50	$8d$

在日常生活中，我们通常把 HPB300 称为Ⅰ级钢，把 HRB335、HRB400、HRB500 分别称为Ⅱ、Ⅲ、Ⅳ级钢。

2012 年 1 月 4 日，住房和城乡建设部与工业和信息化部联合发布建标〔2012〕1 号文，即《住房和城乡建设部、工业和信息化部关于加快应用高强钢筋的指导意见》，该意见的主要目标是加速淘汰 335MPa 级螺纹钢筋，优先使用 400MPa 级螺纹钢筋，积极推广 500MPa 级螺纹钢筋。而《混凝土结构设计规范》（GB 50010—2010）中也指出，建筑结构中的纵向受力钢筋要优先采用 400MPa 级及以上螺纹钢筋，其中，梁、柱纵向受力钢筋应采用 400MPa 级及以上螺纹钢筋。梁、柱箍筋推广采用 400MPa 级螺纹钢筋。目前，我国已经有很多城市的相关部门已经明确出台文件要求取消 HRB335 级钢筋的使用。

热轧带肋钢筋中，直径为 28～40mm 的各牌号钢筋的断后伸长率 A 可降低 1%；直径大于 40mm 的各牌号钢筋的断后伸长率 A 可降低 2%。

有较高要求的抗震结构适用牌号为：在表 3-6 中已有牌号的热轧带肋钢筋后加 E（如 HRB400E、HRBF400E）的钢筋。该类钢筋除了满足以下两个要求外，其他要求与相对应的已有牌号钢筋相同。

第一，钢筋实测抗拉强度与实测屈服强度之比 R_m^0/R_{eL}^0 不小于 1.35；第二，钢筋实测屈服强度与表 3-6 规定的屈服强度特征值之比 R_{eL}^0/R_{eL} 不大于 1.30。

2）冷轧带肋钢筋

冷轧带肋钢筋是用热轧盘条经多道冷轧减径，一道压肋并经消除内应力后形成的一种带有两面或三面月牙形的钢筋。冷轧带肋钢筋在预应力混凝土构件中，是冷拔低碳钢丝的更新换代产品，在现浇混凝土结构中，则可代换Ⅰ级钢筋，以节约钢材，是同类冷加工钢材中较好的一种。热轧盘条和冷轧带肋钢筋如图 3.10 所示。

根据《冷轧带肋钢筋》（GB 13788—2008）的规定，冷轧带肋钢筋牌号由 CRB 和钢筋的抗拉强度最小值构成。C、R、B 分别为冷轧（Cold-rolled）、带肋（Ribbed）、钢筋（Bars）三个词的英文首位字母。冷轧带肋钢筋分为 CRB550、CRB650、CRB800 和 CRB970 四个牌号。CRB550 为普通钢筋混凝土用钢筋，其他牌号为预应力混凝土用钢筋。

冷轧带肋钢筋的力学性能和工艺性能应符合表 3-7 的规定。当进行弯曲试验时，受弯曲部位表面不得产生裂纹。反复弯曲试验的弯曲半径应符合表 3-8 的规定。

图 3.10 热轧盘条和冷轧带肋钢筋

表 3 - 7 冷轧带肋钢筋的力学性能和工艺性能

牌号	$R_{p0.2}$/MPa, 不小于	R_m/MPa, 不小于	伸长率(%)，不小于		弯曲试验 180°	反复弯曲次数	应力松弛，初始应力应相当于公称抗拉强度的70% 1000h，松弛率(%)，不大于
			$A_{11.3}$	A_{100}			
CRB550	500	550	8.0	—	$D=3d$	—	—
CRB650	585	650	—	4.0	—	3	8
CRB800	720	800	—	4.0	—	3	8
CRB970	875	970	—	4.0	—	3	8

注：表中 D 为弯心直径，d 为钢筋公称直径。

表 3 - 8 冷轧带肋钢筋反复弯曲试验的弯曲半径 单位：mm

钢筋公称直径	4	5	6
弯曲半径	10	15	15

冷轧带肋钢筋的强屈比 $R_m/R_{p0.2}$ 比值不应小于 1.03。冷轧带肋钢筋表面不得有裂纹、折叠、结疤、油污及其他影响使用的缺陷。钢筋表面可有浮锈，但不得有锈皮及目视可见的麻坑等腐蚀现象。

3）预应力混凝土用钢丝和钢绞线

大型预应力混凝土构件，由于受力很大，常采用强度很高的预应力高强度钢丝和钢绞线作为主要受力钢筋。

（1）预应力混凝土用钢丝。

根据《预应力混凝土用钢丝》（GB/T 5223—2014）的规定，预应力混凝土用钢丝分为冷拉钢丝和消除应力钢丝两大类。冷拉钢丝是盘条通过拔丝等减径工艺经冷加工而形成的产品，以盘卷供货的钢丝。消除应力钢丝是按以下两种一次性连续处理方法之一生产的钢丝：一种是钢丝在塑性变形下（轴应变）进行的短时热处理，得到的应是低松弛钢丝；

另一种是钢丝通过矫直工序后在适当的温度下进行的短时热处理，得到的应是普通松弛钢丝。松弛是一种在恒定长度下应力随时间而减小的现象。

预应力混凝土用钢丝按加工状态分为冷拉钢丝和消除应力钢丝两类，其代号冷拉钢丝用 WCD 表示，低松弛钢丝用 WLR 表示；钢丝按外形分为光圆、螺旋肋和刻痕三种，其代号光圆钢丝用 P 表示，螺旋肋钢丝用 H 表示，刻痕钢丝用 I 表示。

（2）预应力混凝土用钢绞线。

普通钢绞线（即有黏结预应力钢绞线）采用高碳钢盘条，经过表面处理后冷拔成钢丝，然后将一定数量的钢丝绞合成股，再经过消除应力的稳定化处理过程而成。为延长耐久性，钢丝上可以有金属或非金属的镀层或涂层，如镀锌、涂环氧树脂等。为增加与混凝土的握裹力，表面可以有刻痕。无黏结预应力钢绞线采用普通的预应力钢绞线，涂防腐油脂或石蜡后包高密度聚乙烯（HDPE）制作而成。

根据《预应力混凝土用钢绞线》（GB/T 5224—2014）的规定，标志型钢绞线是由冷拉光圆钢丝捻制成的钢绞线；刻痕钢绞线是由刻痕钢丝捻制成的钢绞线；模拔型钢绞线是捻制后再经冷拔成的钢绞线。为减少应用时的应力松弛，钢绞线在一定张力下进行的短时热处理称为稳定化处理。

钢绞线按结构分为以下 8 类。第一类，用 2 根钢丝捻制的钢绞线，用 1×2 表示；第二类，用 3 根钢丝捻制的钢绞线，用 1×3 表示；第三类，用 3 根刻痕钢丝捻制成的钢绞线，用 $1\times3I$ 表示；第四类，用 7 根钢丝捻制的标准型钢绞线，用 1×7 表示（图 3.11）；第五类，用 6 根刻痕钢丝和 1 根光圆中心钢丝捻制的钢绞线，用 $1\times7I$ 表示；第六类，用 7 根钢丝捻制又经模拔的钢绞线，用 $1\times7C$ 表示；第七类，用 19 根钢丝捻制的 $1+9+9$ 西鲁式钢绞线，用 $1\times19S$ 表示（图 3.12）；第八类，用 19 根钢丝捻制的 $1+6+6/6$ 瓦林吞式钢绞线，用 $1\times19W$ 表示（图 3.12）。

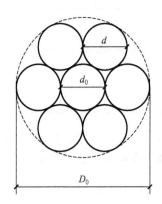 

图 3.11　1×7 结构钢绞线

5. 建筑装饰用钢材制品

现代建筑装饰工程中，钢材制品得到广泛应用。常用的主要有不锈钢钢板和钢管、彩色不锈钢板、彩色涂层钢板和彩色涂层压型钢板，以及镀锌钢卷帘门板及轻钢龙骨等。

1）不锈钢及其制品

不锈钢是指含铬量在 12% 以上的铁基合金钢。铬的含量越高，钢的抗腐蚀性越好。建

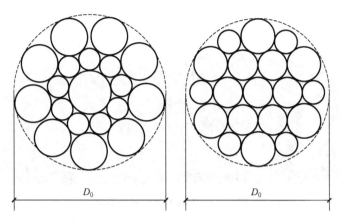

图 3.12　1×19S 结构钢绞线（左图）和 1×19W 结构钢绞线（右图）

筑装饰工程使用的是要求具有较好的耐大气和水蒸气侵蚀性的普通不锈钢。用于建筑装饰的不锈钢材主要有薄板（厚度小于 2mm）和用薄板加工制成的管材、型材等。

2）轻钢龙骨

轻钢龙骨是以优质的连续热镀锌板带或薄钢板为原材料，经冷弯工艺轧制而成的建筑用金属骨架，用于以纸面石膏板、装饰石膏板等轻质板材做饰面的非承重墙体和建筑物屋顶的造型装饰，适用于多种建筑物屋顶的造型装饰、建筑物的内外墙体及棚架式吊顶的基础材料。

轻钢龙骨按用途有吊顶龙骨（代号 D）和隔断龙骨（墙体龙骨，代号 Q），按断面形式有 V 形、C 形、T 形、L 形、U 形龙骨。吊顶龙骨又分为主龙骨（承载龙骨）、次龙骨（覆面龙骨）。墙体龙骨分为竖龙骨、横龙骨和贯通龙骨等。

3.4　了解建筑钢材在实体工程的应用

1. 中国最大的单体钢结构建筑——鸟巢

【参考图文】

国家体育场位于北京奥林匹克公园中心区南部，为 2008 年第 29 届奥林匹克运动会的主体育场，俗称"鸟巢"。"鸟巢"是我国最大也是目前世界最大的单体钢结构建筑，由一系列辐射式门式钢架围绕碗状座席区旋转而成，没有立柱。整个屋面结构与立面结构的钢结构由 2000 多根箱形弯扭构件连接而成。总质量超过了 6000t，钢结构最大跨度达 332.3m。"鸟巢"不仅是 2008 年奥运会的一座独特历史性、标志性建筑，而且在世界建筑发展史上也将具有开创性意义。"鸟巢"示意图如图 3.13 所示。

2. 鸟巢的建筑结构用钢

"鸟巢"是国内在建筑结构上首次使用 Q460 规格的钢材；这次使用的钢板厚度达到 110mm，在中国材料史上绝无仅有，在国家标准中，Q460 的最大厚度也只是 100mm。以

图 3.13　国家体育场——鸟巢

前这种钢一直为进口；但是，作为北京 2008 年奥运会开幕式的体育场馆，作为中国国家体育场，其栋梁之材是由中国人自己生产的。

3. 选用 Q460 的原因

Q460 是一种低合金高强度钢。Q460 就是钢材受力强度达到 460MPa 时才会发生塑性变形，也就是当外力泄掉后，钢材只能保持受力的形状而无法回复原形。这个强度要比一般钢材大。

"鸟巢"的跨度很大，如果使用低强度的钢材，将使钢材的断面增大，在受力比较复杂的情况下，会带来一系列的问题。例如，110mm 厚的高强度钢材，如果换成低强度钢材，厚度至少要达到 220mm，而钢板越厚，焊接越难。而且，钢材在焊接的部位很容易出现问题，尤其是断面增大之后，在焊接过程中容易产生缺陷。

除了焊接不便，低强度钢材体积和负重大是另外一个不足之处。钢材出厂后并不是直接使用到建筑上，而是要焊成方形柱或矩形柱来使用。如果用低强度的钢，需要把柱子焊得很大，大尺寸的钢结构不利于加工制作；如果用高强度钢，柱子就可以焊得很小，质量和占地面积都要小，更加便于加工制作。

3.5　认识钢材的腐蚀、防护和鉴定

1. 钢材的腐蚀

钢材的腐蚀一般表现为钢材表面生锈，也称锈蚀。锈蚀可发生于许多引起锈蚀的介质中，如潮湿的空气、土壤、工业废气等。钢材的腐蚀如图 3.14 所示。

1）腐蚀的种类

钢材受腐蚀的原因很多，可根据其与环境介质的作用分为化学腐蚀和电化学腐蚀两类。

（1）化学腐蚀。

化学腐蚀亦称干腐蚀，属纯化学腐蚀，指钢材与干燥气体及非电解质液体的反应而产

图 3.14　钢材的腐蚀

生的锈蚀。通常是由于氧化作用引起，使金属形成体积疏松的氧化物而引起锈蚀。

氧化作用的原因是钢铁与氧化性介质接触产生化学反应。氧化性气体有空气、氧、水蒸气、二氧化碳、二氧化硫和氯等，反应后生成疏松氧化物。其反应速度随温度、湿度提高而加速。干湿交替环境下腐蚀更为严重，在干燥环境下腐蚀速度缓慢。

（2）电化学腐蚀。

电化学腐蚀也称湿腐蚀，是由于电化学现象在钢材表面产生局部电池作用的腐蚀，如在水溶液中的腐蚀，在大气、土壤中的腐蚀等。

钢材在潮湿的空气中，由于吸附作用，在其表面覆盖一层极薄的水膜，由于表面成分或者受力变形等的不均匀，使邻近的局部产生电极电位的差别，形成了许多微电池。在阳极区，铁被氧化成 Fe^{2+} 进入水膜。因为水中溶有来自空气中的氧，在阴极区氧被还原为 OH^- 离子，两者结合成不溶于水的 $Fe(OH)_2$，并进一步氧化成疏松易剥落的红棕色铁锈 $Fe(OH)_3$。在工业大气的条件下，钢材较容易锈蚀。

钢材在大气中的腐蚀，实际上是化学腐蚀和电化学腐蚀同时作用所致，但以电化学腐蚀为主。电化学腐蚀是最主要的钢材锈蚀形式。

2）钢筋混凝土中钢筋锈蚀

（1）钢筋混凝土中钢筋锈蚀的危害。

钢筋锈蚀后体积增加了 2～10 倍，对周围混凝土产生压力，将使混凝土沿钢筋方向开裂，进而使保护层成片脱落，而裂缝及保护层的剥落又进一步导致更剧烈的腐蚀。钢筋混凝土中钢筋锈蚀会改变结构受力状态和降低结构的耐久性，降低钢筋与混凝土的握裹黏结力。钢筋腐蚀严重时，钢筋的箍筋、主筋受力横截面减少，钢筋应力过大，受腐蚀梁在钢筋屈服前，受力裂缝不明显；一旦出现明显的受力裂缝，这时钢筋已经屈服，构件即将破坏，使结构的动力性能（如疲劳性能和抗震性能）降低。

（2）钢筋混凝土中钢筋锈蚀的原因。

钢筋混凝土中钢筋锈蚀的原因主要包括以下几个方面：第一，混凝土不密实，环境中的水和空气能进入混凝土内部；第二，混凝土保护层厚度小或发生了严重的碳化，使混凝土失去了碱性保护作用；第三，混凝土内氯离子含量过大，使钢筋表面的保护膜被氧化；第四，预应力钢筋存在微裂缝等缺陷，引起应力锈蚀。

2. 钢材的防腐

1）加入合金元素

加入合金元素，改变钢的组织结构，从而提高钢的抗腐蚀性能。在此基础上，发展了各种不锈钢、耐酸钢、耐候钢、耐热钢及海水用钢。在钢中添加各种合金元素能提高钢抗大气腐蚀能力方面的效果。

耐候钢即耐大气腐蚀钢，是在碳素钢和低合金钢中加入少量的铜、铬等合金元素而制成的钢材。耐候钢既有致密的表面防腐保护，又有良好的焊接性能，其强度级别与常用碳素钢和低合金钢一致，技术指标相近。

2）表面刷漆

表面刷漆是钢结构防止腐蚀的常用方法。刷漆通常有底漆、中间漆和面漆三道。底漆要求有较好的附着力和防锈能力；中间漆为防锈漆；面漆要求有较好的牢度和耐候性能，保护底漆不受损伤或风化。钢材表面涂刷漆时，一般为一道底漆、一道中间漆和两道面漆。在涂刷之前，要先除锈。

3）表面镀金属

用耐腐蚀性好的金属，以电镀或喷镀的方法覆盖在钢材的表面，提高钢材耐腐蚀能力。常用的方法有镀锌（如白铁皮）、镀锡（如马口铁）、镀铜和镀铬等。

【参考图文】

3. 钢材的防火

钢材是一种不会燃烧的建筑材料，它具有抗震、抗弯等特性。在实际应用中，钢材既可以相对增加建筑物的荷载能力，也可以满足建筑设计美感造型的需要；还避免了混凝土等建筑材料不能弯曲、拉伸的缺陷。但是钢材耐热不耐高温，随着温度的升高，强度和弹性模量下降，伸长率和线膨胀系数增大，表现为钢材温度升高时强度下降塑性提高。钢结构通常在 600℃ 左右温度下强度就会降为零而失去承载能力，发生很大的形变，导致建筑物崩溃倒塌。一般不加保护的钢结构的耐火极限为 15min 左右。

钢结构防火保护的基本原理是采用绝热或吸热材料，阻隔火焰和热量，推迟钢结构的升温速率。防火方法以包覆法为主，即以防火涂料、不燃性板材或混凝土和砂浆将钢构件包裹起来。

1）防火涂料包裹法

采用防火涂料，紧贴钢结构的外露表面，将钢构件包裹起来，是目前最为流行的做法。

2）不燃性板材包裹法

将常用的不燃性板材通过胶粘剂或钢钉、钢箍等将其固定在钢构件上，把钢构件包裹起来。

3）实心包裹法

一般采用混凝土，将钢结构浇筑在其中。

4. 钢材质量的鉴定

1）简易识别

钢材的简易识别包括钢材材质的简易鉴别和钢成品的尺寸、外形、质量及允许偏差的检验。钢材材质常用的简易鉴别方法有火花鉴别法、色标鉴别法、断口鉴别法、音响鉴别法和锉痕鉴别法等。

（1）火花鉴别。

火花鉴别是将钢铁材料轻轻压在旋转的砂轮上打磨，观察所迸射出的火花形状和颜色，以判断钢铁成分范围的方法。材料不同，其火花也不同，可用于现场快递识别材料之用。但用这种方法一般只能得到主要成分的定性估计，欲知其含量，必须具有极其丰富的经验。

（2）色标鉴别。

生产中为了表明金属材料的牌号、规格等，通常在材料上做一定的标记，常用的标记方法有涂色、打印、挂牌等。金属材料的涂色标志用以表示钢种、钢号，涂在材料一端的端面或外侧。成捆交货的钢应涂在同一端的端面上，盘条则涂在卷的外侧。具体的涂色方法在有关标准中做了详细的规定，生产中可以根据材料的色标对钢铁材料进行鉴别。

（3）断口鉴别。

材料或零部件因受某些物理、化学或机械因素的影响而导致破断所形成的自然表面称为断口。生产现场常根据断口的自然形态来断定材料的韧脆性，亦可据此判定相同热处理状态的材料含碳量的高低。若断口呈纤维状、无金属光泽、颜色发暗、无结晶颗粒且断口边缘有明显的塑性变形特征，则表明钢材具有良好的塑性和韧性，含碳量较低；若材料断口齐平、呈银灰色具有明显的金属光泽和结晶颗粒，则表明材料金属脆性断裂。断口检查：直径 30mm 以下的冷拉退火及热轧退火钢材应进行断口检查。在钢材一端切一缺口，用锤击断或用压力机截取断口试样；用肉眼检查断面上是否有缩孔、白点、裂纹、过烧等缺陷。

（4）音响鉴别。

生产现场有时也根据钢铁敲击时声音的不同，对其进行初步鉴别。例如，当原材料钢中混入铸铁材料时，由于铸铁的减振性较好，敲击时声音较低沉，而钢材敲击时则可发出较清脆的声音。敲击音鉴别法该法主要用于鉴别灰铸铁和钢。灰铸铁被敲击所发出的声音沙哑，无余音；同样形状的钢被敲击时，声音清脆，常有悦耳余音。这主要是因为灰铸铁中的石墨常呈条状，好似有许多裂纹的钢，敲击当然声音沙哑；同时，这也使它具有优良的吸振性。

（5）锉痕法鉴别。

钢材这是一种比较粗糙的鉴别方法，与操作者经验关系密切，多用于小作坊对钢材硬度进行初步的判断，主要是针对经过热处理的机械零部件进行检验。锉痕鉴别法该法使用的工具通常是圆锉、三角锉、菱形锉或半圆锉。鉴别时，用锉的尖端以一定的力度在零部件经过热处理的表面均匀锉过，观察零部件表面的锉痕，如果锉痕深且明显，说明钢材硬度低或未进行热处理，如果锉痕浅或无锉痕，说明钢材硬度高。有经验的技术人员也可以使用手锤敲击零部件非工作面，根据敲击的深度判断钢材的材质或是否经过热处理。

2）快速鉴别

最简单的对钢材质量的鉴定可以概括为"六看一听"。

一看，看外观。看规格尺寸和外观色泽，规格工整，尺寸规范的，根据钢材的属性来看。一般好的钢材，表面没有杂质，颜色统一。

二看，看硬度。钢材的硬度不一样，根据钢材的硬度属性来判别是不是自己需要的钢材，质量上有没有什么出入。

三看，看尺寸。劣质的钢材，不均匀、尺寸不一、有波动，用千分尺或卷尺来测量，看看尺寸波动幅。

四看，看弹性。钢材的韧度和弹性极限不同，劣质的钢材表面会有裂纹，弹性差。

【学中做】

五看，看钢材的铭牌。好的钢材厂，铭牌规范，表达清楚，参数数据有据可依。

六看，看钢材的质量报告。报告是不是规范的，与钢材的属性相统一的，与自己的要求相对应的。

一听，有经验的，可以根据钢材的生意来进行辨别。好的钢材，声音清澈，不含杂音。

知 识 链 接

钢材是建筑工程中最重要的金属材料。在工程中应用的钢材主要是碳素结构钢和低合金高强度结构钢。钢材具有强度高、塑性及韧性好、可焊可铆、易于加工、装配等优点，已被广泛应用于各工业领域中。近年来迅速发展的低合金高强度结构钢，是在碳素结构钢的基本成分中加入一定的合金元素的新型材料，我国的"鸟巢"体育场用的就是这种材料，是大力推广的钢种。

钢材是消耗量大而且价格浮动较大的建筑材料，所以如何经济、合理地使用钢材，降低成本也是非常重要的课题。

学习小结

建筑钢材作为主要结构材料，具有良好的力学性能。通过拉伸试验可测得钢材的弹性模量、屈服强度值、抗拉强度以及反映钢材塑性能力的指标断后伸长率及断面收缩率。在低温及动荷载下工作的结构，还应检验钢材的冲击韧度。钢材的工艺性能也是钢材的可加工性，主要包括冷弯性能和可焊接性能。钢材的化学成分是影响其性能的内在因素，其中碳是影响钢性能的主要元素。热轧钢筋是最常用的一种钢筋混凝土结构用钢。钢筋表面与周围介质发生化学反应而使钢筋锈蚀，应采取一定的方法进行防护。

课后思考与讨论

一、填空题

1. 结构设计时，低碳钢以_____作为设计计算取值的依据。

2. 牌号为 Q235 - B. F 的钢，其性能_____于牌号为 Q235 - A. F 的钢。

3. 钢中磷的主要危害是_____，硫的主要危害是_____。

4. 钢材的力学性能包括_____，钢材的工艺性能包括_____。

5. 按冶炼时脱氧程度分类，钢可以分为_____、_____、_____和特殊镇静钢。

6. 钢材伸长率是衡量其塑性的指标，其数值越小，表示钢材塑性越_____。

二、选择题

1. 以下化学元素中，（ ）对钢材是有害的。

A. 锰   B. 碳   C. 硅   D. 氧

2. HRB335 是（ ）的牌号。

A. 热轧光圆钢筋   B. 低合金结构钢   C. 热轧带肋钢筋 D. 碳素结构钢

3. 钢材的屈强比能反映钢材的（ ）。

A. 利用率   B. 结构安全可靠程度

C. 利用率和结构安全可靠强度   D. 抗拉强度

4. 钢材抵抗冲击荷载的能力称为（ ）。

A. 塑性   B. 冲击韧性   C. 弹性   D. 硬度

5. 在低碳钢的应力−应变曲线中，有线性关系的是（ ）阶段。

A. 弹性   B. 屈服   C. 强化   D. 颈缩

三、简答题

1. 简述钢材的化学成分对钢材性能的影响。

2. 钢材的冷加工强化有何作用？

3. 建筑工程中主要使用哪些钢材？

4. 什么是钢材的强屈比？它在建筑结构设计中的实际意义有哪些？

5. 钢筋混凝土用热轧钢筋有哪几个牌号？其表示的含义是什么？

6. 钢材腐蚀的原因有哪些？如何防止钢材的腐蚀？

第**4**章 墙体材料

引　言

　　墙体是建筑物的重要组成部分，它的作用是承重、围护或分隔空间，形成墙体的材料称为墙体材料。墙体材料是房屋建筑的主要围护材料和结构材料，其用量占砖混结构房屋所用材料的首位。在目前最常见的框架结构中，墙体材料也是填充墙或隔墙不可或缺的材料。

学习目标

　　掌握各种砌墙砖的质量等级、技术性能及应用范围，熟悉常用墙体材料的检验方法，了解墙体材料的发展趋势和改革动态，以便合理地选用及开发新型墙体材料；掌握常用墙体材料的检验方法。

本章导读

　　图 4.1 所示的墙体是由不同的墙体材料砌筑而成的。大家看看这几种墙体材料有什么区别？它们各自有什么特点？

图 4.1　各种墙体

4.1 了解墙体材料的基本知识

墙体既是砌体结构房屋中的主要承重构件，又是房屋围护结构，因此墙体材料的选用必须同时考虑结构和建筑两方面的要求，同时还应符合因地制宜、就地取材的原则。

《墙体材料应用统一技术规范》（GB 50574—2010）和《砌体结构设计规范》（GB 50003—2011）规定，用于承重结构的墙体材料有三类。

（1）烧结类，包括烧结普通砖和烧结多孔砖。

（2）蒸压类，包括蒸压灰砂普通砖和蒸压粉煤灰普通砖。

（3）混凝土制品类，包括混凝土普通砖、混凝土多孔砖、混凝土砌块和轻集料混凝土砌块。

用于填充墙的墙体材料有蒸压加气混凝土砌块、轻骨料混凝土小型空心砌块、烧结空心砖和空心砌块、石膏砌块和板材等。

合理选择墙体材料，对改善建筑物的使用功能、降低工程造价、提高建筑物的使用寿命及安全具有重要意义。

常用的墙体材料有砌墙砖、墙体砌块和墙体板材三大类。

1. 砌墙砖

凡是由黏土、工业废料或其他地方资源为主要原料，以不同的工艺制成的在建筑物中用于承重墙和非承重墙的砖统称为砌墙砖。

砌墙砖可分为普通砖和空心砖两大类。普通砖是没有孔洞或孔洞率（砖面上孔洞总面积占砖面积的百分率）小于15%的砖；而孔洞率等于或大于15%的砖称为空心砖，其中孔的尺寸小而数量多的砖又称为多孔砖。

砌墙砖按照生产工艺分为烧结砖和非烧结砖。烧结砖是经焙烧而制成的砖，常结合主要原料命名，如烧结页岩砖、烧结煤矸石砖等；非烧结砖是通过非烧结工艺制成的，如碳化砖、蒸养砖等。

2. 墙体砌块

砌块是利用混凝土、工业废料（炉渣，粉煤灰等）或地方材料制成的人造块材，外形尺寸比砖大，具有设备简单、砌筑速度快的优点，符合了建筑工业化发展中墙体改革的要求。砌块是一种新型墙体材料，外形多为直角六面体，也有各种异型体砌块。砌块系列中主要规格的长度、宽度、或高度有一项或一项以上分别超过365mm、240mm或115mm，但砌块高度一般不大于长度或宽度的6倍，长度不超过高度的3倍。

砌块按尺寸和质量的大小不同分为小型砌块、中型砌块和大型砌块。砌块系列中主规格的高度大于115mm而小于380mm的称作小型砌块、高度为380～980mm的称为中型砌块、高度大于980mm的称为大型砌块。使用中以中小型砌块居多。

砌块按外观形状可以分为实心砌块和空心砌块。空心率小于25%或无孔洞的砌块为实心砌块；空心率大于或等于25%的砌块为空心砌块。空心砌块有单排方孔、单排圆孔和多排扁孔三种形式，其中多排扁孔对保温较有利。按砌块在组砌中的位置与作用可以分为主砌块和各种辅助砌块。

3. 墙体板材

墙体板材具有轻质、高强、多功能的特点，便于拆装，平面尺寸大、施工劳动效率高，改善墙体功能；厚度薄，可提高室内使用面积；自重小，可减轻建筑物对基础和结构的承重要求，降低工程造价。目前我国墙体板材品种较多，大体可分为轻质面板、轻质条板和轻质复合墙板三类。

轻质面板常见品种有纸面石膏板、纤维水泥平板、水泥刨花板等；轻质条板常见品种有石膏空心条板、玻璃纤维增强水泥（GRC）板、加气混凝土条板等；轻质复合墙板一般是由强度和耐久性较好的混凝土板或金属板作结构层或外墙面板，采用矿棉、聚苯乙烯泡沫等兼作保温层，采用各类轻质板材作面板或内墙面板的一种建筑预制板材。

烧结普通砖中的黏土砖，因其毁田取土、能耗大、块体小、施工效率低、砌体自重大、抗震性差等缺点，在我国主要大中城市及地区已被禁止使用。需重视烧结多孔砖、烧结空心砖的推广应用，因地制宜地发展新型墙体材料。利用工业废料生产的粉煤灰砖、煤矸石砖、页岩砖等，以及各种砌块、板材正在逐步发展起来，将逐渐取代普通烧结砖。

4.2 了解墙体材料的技术性能

【参考图文】

根据国家标准《墙体材料应用统一技术规范》（GB 50574—2010），块体材料指的是由烧结或非烧结生产工艺制成的实（空）心或多孔正六面体块材，包括砌墙砖和墙体砌块。块体的强度等级用 MU 表示，蒸压加气混凝土砌块强度等级用 A 表示。墙板（墙体板材）是用于围护结构的各类外墙及分隔室内空间的各类隔墙板。

1. 块体材料的相关规定

块体材料的外形尺寸除应符合建筑模数要求外，尚应符合下列规定。

（1）非烧结含孔块材的孔洞率、壁及肋厚度等应符合表 4-1 的规定。

（2）承重烧结多孔砖的孔洞率不应大于 35%。

（3）承重单排孔混凝土小型空心砌块的孔型，应保证其砌筑时上下皮砌块的孔与孔相对。

表 4-1 非烧结含孔块材的孔洞率、壁及肋厚度要求

块体材料类型及用途		孔洞率 /(%)	最小外壁 /mm	最小肋厚 /mm	其 他 要 求
含孔砖	用于承重墙	≤35	15	15	孔的长度与宽度比应小于 2
	用于自承重墙	—	10	10	—
砌块	用于承重墙	≤47	30	25	孔的圆角半径不应小于 20mm
	用于自承重墙	—	15	15	—

注：1. 承重墙体的混凝土多孔砖的空洞应垂直于铺浆面。当孔的长度与宽度比不小于 2 时，外壁的厚度不应小于 18mm；当孔的长度与宽度比不小于 2 时，壁的厚度不应小于 15mm。

2. 承重含孔块材，其长度方向的中部不得设孔，中肋厚度不宜小于 20mm。

块材各部分的名称如图 4.2 所示。

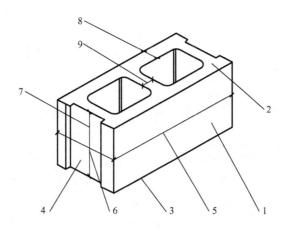

图 4.2　块材各部分的名称

1—条面；2—坐浆面（肋厚较小的面）；3—铺浆面（肋厚较大的面）；

4—顶面；5—长度；6—宽度；7—高度；8—壁；9—肋

2. 强度等级的选用

在选择墙体材料时，要根据结构所处的环境、位置等因素来进行选择，选择时可以参考表 4-2 的规定。

表 4-2　地面以下或防潮层以下的砌体、潮湿房间的墙所用材料的最低强度等级

潮 湿 程 度	烧结普通砖	混凝土普通砖、蒸压普通砖	混凝土砌块	石　材	水泥砂浆
稍潮湿的	MU15	MU20	MU7.5	MU30	M5
很潮湿的	MU20	MU20	MU10	MU30	M7.5
含水饱和的	MU20	MU25	MU15	MU40	M10

注：1. 在冻胀地区，地面以下或防潮层以下的砌体，不宜采用多孔砖；如采用时，其孔洞应用不低于 M10 的水泥砂浆灌实。当采用混凝土砌体时，其孔洞应采用强度等级不低于 Cb20 的混凝土灌实。

2. 对安全等级为一级或设计使用年限大于 50 年的房屋，表中材料强度等级应至少提高一级。

4.3　认识砌墙砖

【参考图文】

1. 烧结砖

凡以黏土、页岩、煤矸石或粉煤灰为原料，经成型和高温焙烧而制得的用于砌筑承重和非承重墙体的砖统称为烧结砖。烧结砖在我国已经有两千多年的历史，仍是当今一种很广泛的墙体材料。

1) 烧结普通砖

凡以黏土、页岩、煤矸石和粉煤灰等为主要原料，经成型、焙烧而成的实心或孔洞率不大于 15％的砖，称为烧结普通砖。烧结普通砖如图 4.3 所示。

图 4.3 烧结普通砖

根据国家标准《烧结普通砖》（GB/T 5101—2003）的相关规定，根据原料不同烧结普通砖可以分为烧结黏土砖（N）、烧结粉煤灰砖（F）、烧结页岩砖（Y）和煤矸石砖（M）等。

（1）焙烧方法和分类。

普通黏土砖的主要原料为粉质或砂质黏土，其主要化学成分为 SiO_2、Al_2O_3 和 Fe_2O_3 和结晶水，由于地质生成条件的不同，可能还含有少量的碱金属和碱土金属氧化物等。黏土砖的生产工艺主要包括取土、炼泥、制坯、干燥、焙烧等。

黏土砖有红砖和青砖两种。当砖窑中焙烧时为氧化气氛，则制得红砖。若砖坯在氧化气氛中烧成后，再在还原气氛中（浇水）闷窑，促使砖内的红色高价氧化铁还原成青灰色的低价氧化铁，即得青砖。青砖较红砖结实，耐碱性能好、耐久性强。但价格较红砖贵。

按焙烧方法不同，烧结黏土砖又可分为内燃砖和外燃砖。内燃砖是将煤渣、粉煤灰等可燃性工业废料掺入制坯黏土原料中，当砖坯在窑内被烧制到一定温度后，坯体内的燃料燃烧而瓷结成砖。内燃砖比外燃砖节省了大量外投煤，节约原料黏土 5％～10％，强度提高 20％左右，砖的表观密度减小，隔声、保温性能增强。

砖坯焙烧时火候要控制适当，以免出现欠火砖和过火砖。欠火砖色浅、敲击声暗哑、强度低、吸水率大、耐久性差。过火砖色深、敲击时声音清脆、强度较高、吸水率低，但多弯曲变形。欠火砖和过火砖均为不合格产品。

（2）特性及应用。

根据《烧结普通砖》的相关内容，烧结普通砖的外形为直角六面体，公称尺寸为 240mm×115mm×53mm，也称为标准砖。砖的尺寸允许偏差应符合《烧结普通砖》的规定。烧结普通砖的尺寸及各部分名称如图 4.4 所示。强度、抗风化性能和放射性物质合格的砖，根据砖的尺寸偏差、外观质量、泛霜和石灰爆裂的程度分为优等品（A）、一等品（B）和合格品（C）三个质量等级。

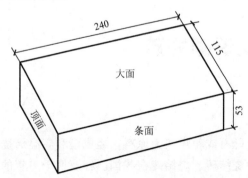

图 4.4 烧结普通砖的尺寸及各部分名称（单位：mm）

烧结普通砖的外观质量包括两条面高度差、弯曲、杂质凸出高度、缺棱掉角、裂纹、完整面、颜色等内容，分别应符合的规定。

泛霜是砖在使用中的一种析盐现象。砖内过量的可溶盐受潮吸水溶解后，随水分蒸发向砖表面迁移，并在过饱和下结晶析出，使砖表面呈白色附着物，或产生膨胀，使砖面与砂浆抹面层剥离。对于优等砖，不允许出现泛霜；对于一等品砖，不允许出现中等泛霜；合格砖不得严重泛霜。

石灰爆裂是指砖坯体中夹杂着石灰块，吸潮熟化而产生膨胀出现爆裂现象。对于优等品砖，不允许出现最大破坏尺寸大于 2mm 的爆裂区域；对于一等品砖，不允许出现最大破坏尺寸大于 10mm 的爆裂区域；对于合格品砖，要求不允许出现破坏尺寸大于 15mm 的爆裂区域。

烧结普通砖的产品标记按产品名称、类别、强度等级、质量等级和标准编号的顺序编写。例如，规格 240mm×115mm×53mm、强度等级 MU15、一等品的烧结粉煤灰砖，其标记为：烧结粉煤灰砖 F　MU15　B　GB/T 5101—2003。

抗风化性能是指砖在长期受到风、雨、冻融等综合条件下，抵抗破坏的能力。凡开口孔隙率小、水饱和系数小的烧结制品，抗风化能力强。

烧结普通砖具有较高的强度、较好的耐久性，保温、隔热、隔声、价格低廉等优点，加之原料广泛、工艺简单，所以是应用历史最久、应用范围最为广泛的墙体材料。用于砌筑墙体、基础、柱、拱、烟囱、铺砌地面。优等品适用于清水墙和装饰墙，一等品、合格品可用于混水墙。中等泛霜的砖不能用于潮湿部位。

烧结普通砖有自重大、体积小、生产能耗高、施工效率低等缺点，用烧结多孔砖和烧结空心砖代替烧结普通砖，可使建筑物自重减轻 30% 左右，节约黏土 20%～30%，节省燃料 10%～20%，墙体施工功效提高 40%，并改善砖的隔热、隔声性能。通常在相同的热工性能要求下，用空心砖砌筑的墙体厚度比用实心砖砌筑的墙体减薄半砖左右，所以推广使用多孔砖和空心砖是加快我国墙体材料改革，促进墙体材料工业技术进步的重要措施之一。

2）烧结多孔砖和烧结空心砖

（1）烧结多孔砖。

烧结多孔砖的原料及生产工艺与烧结普通砖基本相同，主要适用于建筑物的承重部位。

根据国家标准《烧结多孔砖和多孔砌块》（GB/T 13544—2011）的相关规定，烧结多孔砖孔洞率不低于 28%，烧结多孔砌块孔洞率不低于 33%，均为大面积有孔洞，孔的尺寸小而数量多。用多孔砖和多孔砌块代替实心砖，一方面可以减少黏土 30%～40% 的消耗量，节约耕地；另一方面，墙体的自重至少减轻 30%～50%，降低造价近 20%，保温隔热性能和隔声性能也有较大提高。烧结多孔砖砌筑时孔洞应垂直于承压面。烧结多孔砖的外形如图 4.5 所示。

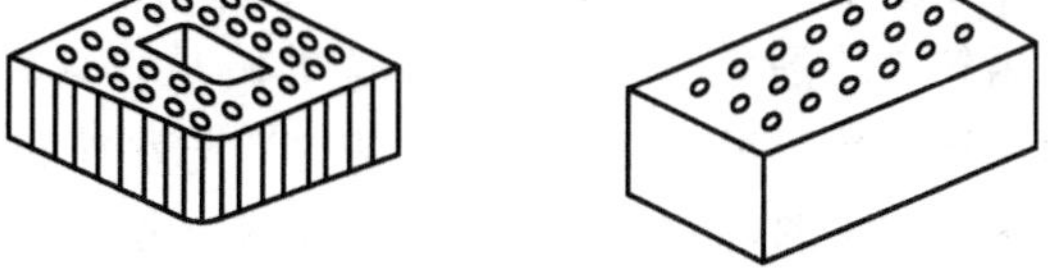

《烧结多孔砖和多孔砌块》中规定，根据主要原材料不同可以对烧结多孔砖按下面的方法命名：黏土砖和黏土砌块（N）、页岩砖和页岩砌块（Y）、粉煤灰砖

图 4.5　烧结多孔砖外形

和粉煤灰砌块（F）、煤矸石和煤矸石砌块（M）、淤泥砖和淤泥砌块（U）、固体废弃物砖和固体废弃物砌块（G）。

烧结多孔砖的强度等级同烧结普通砖一样分成 MU30、MU25、MU20、MI15、MU10 五个强度等级，烧结多孔砖的密度等级分为 1000、1100、1200、1300 四个等级，烧结多孔砌块的密度等级分为 900、1000、1100、1200 四个等级。烧结多孔砖和多孔砌块还有泛霜、石灰爆裂和抗风化性能等技术要求，具体指标的规定与烧结普通砖相似。

烧结多孔砖产品标记按产品名称、品种、规格、强度等级、质量等级和标准编号的顺序编写。例如，规格尺寸为 290mm×140mm×90mm、强度等级为 MU25、密度等级为 1200 级的黏土烧结多孔砖，其标记为：烧结多孔砖 N　290×140×90　MU25　1200　GB/T 13544—2011。

（2）烧结空心砖。

烧结空心砖的原料及生产工艺与烧结普通砖基本相同，主要适用于建筑物的非承重部位。烧结空心砖如图 4.6 所示。

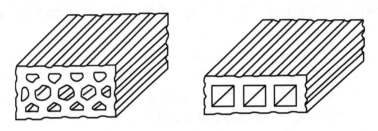

图 4.6　烧结空心砖

《烧结空心砖和空心砌块》（GB/T 13545—2014）中规定，烧结空心砖和空心砌块按主要原料可以分为：黏土空心砖和空心砌块（N）、淤泥空心砖和空心砌块（U）、煤矸石空心砖和空心砌块（M）、粉煤灰空心砖和空心砌块（F）、建筑渣土空心砖和空心砌块（Z）和其他固体废弃物空心砖和空心砌块（G）。

根据《烧结空心砖和空心砌块》的相关规定，烧结空心砖和空心砌块按抗压强度分为 MU10.0、MU7.5、MU5.0 和 MU3.5 四个等级，密度等级按体积密度分为 800 级、900 级、1000 级和 1100 级。烧结空心砖和空心砌块还有泛霜、石灰爆裂和抗风化性能等技术要求，具体指标的规定与烧结普通砖相似。

烧结空心砖和空心砌块的产品标记按产品名称、类型、规格（长宽高）、密度等级、强度等级和标准编号的顺序编写。例如，规格尺寸为 290mm×190mm×90mm、密度等级为 800 级、强度等级为 MU7.5 的页岩空心砖，其标记为：烧结空心砖 Y　290×190×90　800　MU7.5　GB/T 13545—2014。

2. 非烧结砖

非烧结砖是指不经焙烧而制成的砖，如碳化砖、免烧免蒸砖、蒸养（压）砖等。目前应用较广的是蒸养（压）砖。这类砖是以含钙材料（石灰、电石渣等）和含硅材料（砂质、煤粉灰、煤矸石灰渣、炉渣等）与水拌和，经压制成型，在自然条件下或人工水热合成条件（蒸养或蒸压）下，反应生成以水化硅酸钙、水化铝酸钙为主要胶结料的硅酸盐建筑制品。主要品种有灰砂砖、粉煤灰砖、炉渣砖等。

1）蒸压灰砂砖

蒸压灰砂砖（LSB），是以石灰、砂子为原料（也可加入着色剂或掺和剂），经配料、拌和、压制成型和蒸压养护（175～191℃，0.8～1.2MPa 的饱和蒸汽）而制成的。用料中石灰占 10%～20%。

灰砂砖的尺寸规格与烧结普通砖相同，为 240mm×115mm×53mm。其体积密度为 1800～1900kg/m³，导热系数约为 0.61W/(m·K)。根据产品的尺寸偏差和外观分为优等品（A）、一等品（B）、合格品（C）三个等级。根据《蒸压灰砂砖》（GB/T 11945—1999）的规定，依据砖浸水 24h 后的抗压强度和抗折强度分为 MU25、MU20、MU15、MU10 四个强度等级。

灰砂砖有彩色（Co）和本色（N）两类。灰砂砖产品采用产品名称（LSB）、颜色、强度等级、标准编号的顺序标记，如 MU20，优等品的彩色灰砂浆，其产品标记为 LSB　Co　20A　GB/T 11945—1999。

MU15、MU20、MU25 的砖可用于基础及其他建筑；MU10 的砖仅可用于防潮层以上的建筑。灰砂砖不得用于长期受热（200℃以上）、受急冷急热和有酸性介质侵蚀的建筑部位，也不宜用于有流水冲刷的部位。

2）蒸压粉煤灰砖

根据建材行业标准《蒸压粉煤灰砖》（JC/T 239—2014）的相关规定，蒸压粉煤灰砖是以粉煤灰、生石灰为主要原料，可掺加适量石膏等外加剂和其他集料，经坯料制备、压制成型、高压蒸汽养护而制成的砖，产品代号为 AFB。其外型为直角六面体，尺寸同普通砖，即长 240mm、宽 115mm、高 53mm，呈深灰色。

蒸压粉煤灰砖按抗压强度分为 MU30、MU25、MU20、MU15 及 MU10 五个强度等级。蒸压粉煤灰砖按产品代号（AFB）、规格尺寸、强度等级、标准编号的顺序进行标记。例如，规格尺寸为 240mm×115mm×53mm，强度等级为 MU15 的砖标记为 AFB　240×115×53　MU15　JC/T 239—2014。

粉煤灰砖可用于工业与民用建筑的墙体和基础，但用于基础或易受冻融合干湿交替作用的建筑部位，必须使用一等品和优等品。粉煤灰砖不得用于长期受热（200℃以上）、受急冷急热和有酸性介质侵蚀的建筑部位。为避免或减少收缩裂缝的产生，用粉煤灰砖砌筑的建筑物，应适当增设圆梁及伸缩缝。

3）炉渣砖

根据建材行业标准《炉渣砖》（JC/T 525—2007）的相关规定，炉渣是指煤燃烧后的残渣。炉渣砖，是以煤燃烧后的炉渣（煤渣）为主要原料，加入适量的石灰或电石渣、石膏等材料混合、搅拌、成型、蒸汽养护等而制成的砖，产品代号为 LZ。炉渣砖的外型为直角六面体，尺寸同普通砖，即长 240mm、宽 115mm、高 53mm，呈黑灰色。

炉渣砖按砖的抗压强度分为 MU25、MU20 和 MU15 三个等级。产品标记按产品名称（LZ）、强度等级已经标准编号顺序进行编写。例如，强度等级为 MU20 的炉渣砖标记为 LZ　MU20　JC/T 525—2007。

煤渣砖可用于工业与民用建筑的墙体和基础，但用于基础或用于易受冻融合干湿交替作用的建筑部位必须使用 15 级及其以上的砖。煤渣砖不得用于长期受热 200℃以上、受急冷急热和有酸性介质侵蚀的建筑部位。

4.4 认识墙体砌块

【参考图文】

根据材料不同，常用的砌块有普通混凝土小型砌块、轻集料混凝土小型空心砌块、粉煤灰小型空心砌块、蒸压加气混凝土砌块等。

1. 普通混凝土小型砌块

1）基本概念及种类

根据《普通混凝土小型砌块》（GB/T 8239—2014）的规定，普通混凝土小型砌块是指以水泥、矿物掺合料、砂、石、水等为原材料，经搅拌、振动成型、养护等工艺制成的小型砌块，包括空心砌块和实心砌块。

普通混凝土小型砌块根据其外观可以分为主块型砌块和辅助砌块。主块型砌块是指外形为直角六面体，长度尺寸为 400mm（减砌筑时竖灰缝厚度），砌块高度尺寸为 200mm（减砌筑时水平灰缝厚度），条面封闭完好的砌块。辅助砌块是指与主块型砌块配套使用的特殊形状与尺寸的砌块，分为空心和实心两种；包括各种异型砌块，如圈梁砌块、一端开口的砌块、七分头块、半块等。普通混凝土小型砌块中还有一种免浆砌块，指的是砌块砌筑（垒砌）成墙片过程中，无须使用砌筑砂浆，块与块之间主要靠榫槽结构相连的砌块。

砌块按空心率分为空心砌块（空心率不小于 25%。代号：H）和实心砌块（空心率小于 25%。代号：S）。

砌块按使用时砌筑墙体的结构和受力情况，分为承重结构用砌块（简称承重砌块。代号：L）、非承重结构用砌块（简称非承重砌块。代号：N）。

常用的辅助砌块代号分别为：半块—50，七分头块—70，圈梁块—U，清扫孔块—W。

2）规格、等级和标记

主块型砌块各部位的名称如图 4.7 所示。

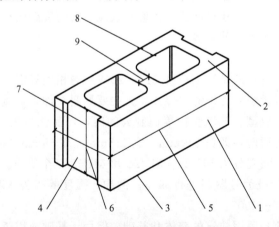

图 4.7 主块型砌块各部位的名称

1—条面；2—坐浆面（肋厚较小的面）；3—铺浆面（肋厚较大的面）；

4—顶面；5—长度；6—宽度；7—高度；8—壁；9—肋

砌块的外型宜为直角六面体，常用砌块的规格尺寸见表 4-3。

表 4-3 砌块的规格尺寸 单位：mm

长 度	宽 度	高 度
390	90、120、140、190、240、290	90、140、190

注：其他规格尺寸可由供需双方协商确定。采用薄灰缝砌筑的块型，相关尺寸可做相应调整。

砌块按下列顺序标记：砌块种类、规格尺寸、强度等级（MU）、标准代号。

示例：LS 390×190×190 MU15.0 GB/T 8239—2014，表示规格尺寸为 390mm×190mm×190mm，强度等级为 MU15.0，承重结构用实心砌块，采用的标准是 GB/T 8239—2014。

普通混凝土小型砌块按砌块的抗压强度分级。

表 4-4 砌块的强度等级 单位：MPa

砌块种类	承重砌块（L）	非承重砌块（N）
空心砌块（H）	7.5、10.0、15.0、20.0、25.0	5.0、7.5、10.0
实心砌块（S）	15.0、20.0、25.0、30.0、35.0、40.0	10.0、15.0、20.0

3）技术要求

（1）尺寸允许偏差。

普通混凝土小型砌块的尺寸允许偏差应符合表 4-5 的规定。对于薄灰缝砌块，其高度允许偏差控制在 −2～+1mm。

表 4-5 小型砌块的尺寸允许偏差 单位：mm

项 目 名 称	技 术 指 标
长度	±2
宽度	±2
高度	±3、−2

注：免浆砌块的尺寸允许偏差，应由企业根据块型特点自行给出。尺寸偏差不应影响全砌和墙片性能。

（2）外观质量。

砌块的外观质量应符合表 4-6 的规定。

表 4-6 砌块的外观质量

项 目 名 称		技 术 指 标
弯曲	不大于	2mm
缺棱掉角	个数 不超过	1个
	三个方向投影尺寸的最大值 不大于	20mm
裂纹延伸的投影尺寸累计	不大于	30mm

（3）外壁和肋厚。

承重空心砌块的最小外壁厚不应小于 30mm，最小肋厚不应小于 25mm。

非承重空心砌块的最小外壁厚和最小肋厚不小于 20mm。

（4）强度等级。

砌块的强度等级应符合表 4-7 的规定。

表 4-7　砌块的强度等级　　　　　　　　　单位：MPa

强 度 等 级	抗 压 强 度	
	平均值≥	单块最小值≥
MU5.0	5.0	4.0
MU7.5	7.5	6.0
MU10	10.0	8.0
MU15	15.0	12.0
MU20	20.0	16.0
MU25	25.0	20.0
MU30	30.0	24.0
MU35	35.0	28.0
MU40	40.0	32.0

普通混凝土小型砌块中，L 类砌块的吸水率不应大于 10%，N 类砌块的吸水率不应大于 14%。L 类砌块的线性干燥收缩值不应大于 0.45mm/m，N 类砌块的线性干燥收缩值不应大于 0.65mm/m。普通混凝土小型砌块的碳化系数不应小于 0.85，软化系数不应小于 0.85，抗冻性和砌块的放射性核素限量应满足相关要求。

2. 轻集料混凝土小型空心砌块

根据《轻集料混凝土小型空心砌块》（GB/T 15229—2011）的相关规定，轻集料混凝土是指用轻粗集料、轻砂（或普通砂）、水泥和水等原材料配制而成的干表观密度不大于 1950kg/m³ 的混凝土，用轻集料混凝土制成的小型空心砌块就是轻集料混凝土小型空心砌块。

1）分类

轻集料混凝土小型空心砌块按砌块孔的排数分为单排孔、双排孔、三排孔和四排孔等，其主规格尺寸长×宽×高为 390mm×190mm×190mm，其他规格尺寸可由供需双方商定。

轻集料混凝土小型空心砌块密度等级分为八级：700、800、900、1000、1100、1200、1300 和 1400（除自燃煤矸石掺量不小于砌块质量 35% 的砌块外，其他砌块的最大密度等级为 1200）。

砌块强度等级分为五级：MU2.5、MU3.5、MU5.0、MU7.5、MU10.0。

2）标记

轻集料混凝土小型空心砌块（LB）按代号、类别（孔的排数）、密度等级、强度等级、标准编号的顺序进行标记。例如：LB 2　800　MU3.5　GB/T 15229—2011，表示符合 GB/T 15229—2011，双排孔，800 密度等级，3.5 强度等级的轻集料混凝土小型空心砌块。

3）技术要求

（1）尺寸偏差和外观质量。

轻集料混凝土小型空心砌块的尺寸偏差和外观质量应符合表 4-8 的要求。

表 4-8　尺寸偏差和外观质量

项　　目		指　　标
尺寸偏差/mm	长度	±3
	宽度	±3
	高度	±3
最小外壁厚/mm	用于承重墙体	≥30
	用于非承重墙体	≥20
肋厚/mm	用于承重墙体	≥25
	用于非承重墙体	≥20
缺棱掉角	个数/块	≤2
	三个方向投影的最大值/mm	≤20
裂缝延伸的累计尺寸/mm		≤30

（2）轻集料混凝土小型空心砌块的密度等级和强度等级应符合表 4-9、表 4-10 的要求。

表 4-9　密度等级　　　　　　　　　　单位：kg/m³

密 度 等 级	干表观密度范围
700	≥610，≤700
800	≥710，≤800
900	≥810，≤900
1000	≥910，≤1000
1100	≥1010，≤1100
1200	≥1110，≤1200
1300	≥1210，≤1300
1400	≥1310，≤1400

表 4 - 10 强度等级

强 度 等 级	抗压强度/MPa		密度等级范围 /(kg/m³)
	平均值	最小值	
MU2.5	≥2.5	≥2.0	≤800
MU3.5	≥3.5	≥2.8	≤1000
MU5.0	≥5.0	≥4.0	≤1200
MU7.5	≥7.5	≥6.0	≤1200① ≤1300②
MU10.0	≥10.0	≥8.0	≤1200① ≤1400②

① 除自燃煤矸石掺量不小于砌块质量 35％以外的其他砌块。

② 自燃煤矸石掺量不小于砌块质量 35％的砌块。

注：当砌块的抗压强度同时满足 2 个强度等级或 2 个以上强度等级要求时，应以满足要求的最高强
　　度等级为准。

轻集料混凝土小型空心砌块的吸水率不应大于 18％，干燥收缩率不应大于 0.065％，碳化系数不应小于 0.8；软化系数不应小于 0.8，抗冻性和砌块的放射性核素限量应满足相关要求。

3. 粉煤灰小型空心砌块

1) 基本概念及分类

根据建材行业标准《粉煤灰混凝土小型空心砌块》（JC/T 862—2008）的相关规定，粉煤灰混凝土小型空心砌块是指以粉煤灰、水泥、集料、水为主要组分（也可加入外加剂等）制成的混凝土小型空心砌块，代号为 FHB。

粉煤灰混凝土小型空心砌块按砌块孔的排数分为单排孔（1）、双排孔（2）和多排孔（D）三类，主规格尺寸与轻集料混凝土小型空心砌块一致，为 390mm×190mm×190mm，其他规格尺寸可由供需双方商定。粉煤灰混凝土小型空心砌块按抗压强度可以分为 MU3.5、MU5、MU7.5、MU10、MU15 和 MU20 六个强度等级；按密度分为 600、700、800、900、1000、1200 和 1400 七个等级。

粉煤灰混凝土小型空心砌块按下列顺序进行标记：代号（FHB）、分类、规格尺寸、密度等级、强度等级、标准编号。例如：FHB 2　390×190×190　800　MU5　JC/T 862—2008，表示规格尺寸为 390mm×190mm×190mm，密度等级为 800 级，强度等级为 MU5 的双排孔砌块。

2) 特点及应用

粉煤灰小型空心砌块石黏土砖的替代产品，符合国家墙体材料改革和建筑节能的要求。可用于一般工业和民用建筑的承重墙体和非承重墙体，但不适用于有酸性介质侵蚀、长期受高温影响、经常受潮的承重墙和经受较大振动影响的建筑物。

4. 蒸压加气混凝土砌块

蒸压加气混凝土砌块是用钙质材料（如水泥、石灰）和硅质材料（如砂子、粉煤灰、

矿渣）的配料中加入铝粉作加气剂，经加水搅拌、浇注成型、发气膨胀、预养切割，再经高压蒸汽养护而成的多孔硅酸盐砌块。蒸压加气混凝土砌块用代号 ACB 表示。

根据国家标准《蒸压加气混凝士砌块》（GB/T 11968—2006）的相关规定，蒸压加气混凝土砌块的主要规格见表 4-11；如需其他规格尺寸，由供需双方协商确定。

表 4-11　蒸压加气混凝土砌块的规格尺寸　　　　　　　　单位：mm

长度 L	宽度 B	高度 H
600	100、120、125、150、180、200、240、250、300	200、240、250、300

1）分类和标记

蒸压加气混凝土砌块的强度等级有 A1.0、A2.0、A2.5、A3.5、A5.0、A7.5 和 A10 七个级别，干密度有 B03、B04、B05、B06、B07、B08 六个级别。按尺寸偏差与外观质量、干密度、抗压强度和抗冻性，蒸压加气混凝土砌块可以分为优等品（A）、合格品（B）两个等级。

蒸压加气混凝土砌块的产品标记：ACB　A3.5　B05　600×200×250　A　GB 11968—2006，表示强度等级为 A3.5，干密度级别为 B05，优等品，规格尺寸为 600mm×200mm×250mm 的蒸压加气混凝土砌块。

2）技术要求

根据《蒸压加气混凝士砌块》的相关规定，蒸压加气混凝土砌块应满足表 4-12～表 4-16 的规定。

表 4-12　尺寸偏差和外观

项　目			指　标	
			优等品（A）	合格品（B）
尺寸允许偏差/mm	长	L	±3	±4
	宽	B	±1	±2
	高	H	±1	±2
缺棱掉角	最小尺寸不得大于/mm		0	30
	最大尺寸不得大于/mm		0	70
	大于以上尺寸的缺棱掉角个数，不得多于/个		0	2
裂纹长度	贯穿一棱二面的裂纹长度不得大于裂纹所在面的裂纹方向的尺寸总和的		0	1/3
	任一面上的裂纹长度不得大于裂纹方向尺寸的		0	1/2
	大于以上尺寸的裂纹条数，不多于/条		0	2
爆裂、粘模和损坏深度，不得大于/mm			10	30
平面弯曲			不允许	
表面疏松、层裂			不允许	
表面油污			不允许	

表 4-13　砌块的立方体抗压强度　　　　　　　　　　　　　单位：MPa

强 度 级 别	立方体抗压强度	
	平均值不小于	单组最小值不小于
A1.0	1.0	0.8
A2.0	2.0	1.6
A2.5	2.5	2.0
A3.5	3.5	2.8
A5.0	5.0	4.0
A7.5	7.5	6.0
A10.0	10.0	8.0

表 4-14 砌块的干密度　　　　　　　　　　　　　　　　　单位：kg/m³

干密度级别		B03	B04	B05	B06	B07	B08
干密度	优等品（A）≤	300	400	500	600	700	800
	优等品（B）≤	325	425	525	625	725	825

表 4-15　砌块的强度级别

干密度级别		B03	B04	B05	B06	B07	B08
强度级别	优等品（A）	A1.0	A2.0	A2.5	A5.0	A7.5	A10.0
	优等品（B）			A3.5	A3.5	A5.0	A7.5

表 4-16　干燥收缩、抗冻性和导热系数

干密度级别			B03	B04	B05	B06	B07	B08
干燥收缩值①		标准法	≤0.5（mm/m）					
		快速法	≤0.8（mm/m）					
抗冻性		质量损失	≤5.0%					
	冻后强度	优等品（A）/MPa ≥	0.8	1.6	2.8	4.0	6.0	8.0
		优等品（B）/MPa ≥			2.0	2.8	4.0	6.0
导热系数（干态）/[W/(m·K)] ≤			0.10	0.12	0.14	0.16	0.18	0.20

① 规定采用标准法、快速法测定砌块干燥收缩值，若测定结果发生矛盾不能判定时，则以标准法测定的结果为准。

3）特点及应用

① 特点。

蒸压加气混凝土砌块的单位体积质量是黏土砖的 1/3，保温性能是黏土砖的 3～4 倍，隔声性能是黏土砖的 2 倍，抗渗性能是黏土砖的一倍以上，耐火性能是钢筋混凝土的 6～8 倍。砌块的砌体强度约为砌块自身强度的 80%（红砖为 30%）。蒸压加气混凝土砌块的施

工特性也非常优良，它不仅可以在工厂内生产出各种规格，还可以像木材一样进行锯、刨、钻、钉，又由于它的体积比较大，因此施工速度也非常快，可作为各种建筑的填充材料。

② 应用。

蒸压加气混凝土砌块主要用于建筑物的外填充墙和非承重内隔墙，也可与其他材料组合成为具有保温隔热功能的复合墙体，但不宜用于最外层。不同干密度和强度等级的加气混凝土砌块不应混砌，也不得与其他砖和砌块混砌。

蒸压加气混凝土砌块如无有效措施，不得用于下列部位：建筑物标高 ±0.000 以下的部位；长期浸水、经常受干湿交替或经常受冻融循环的部位；受酸碱化学物质侵蚀的部位以及制品表面温度高于 80℃ 的部位。

蒸压加气混凝土砌块适用于各类建筑地面（标高 ±0.000）以上的内外填充墙和地面以下的内填充墙（有特殊要求的墙体除外）。蒸压加气混凝土砌块不应直接砌筑在楼面、地面上。对于卫浴间、露台、外阳台，以及设置在外墙面的空调机承托板与砌体接触部位等经常受干湿交替作用的墙体根部，宜浇筑宽度同墙厚、高度不小于 0.2m 的 C20 素混凝土墙垫；对于其他墙体，宜用蒸压灰砂砖在其根部砌筑高度不小于 0.2m 的墙垫。

4.5　认识墙体板材

1. 水泥类墙体板材

水泥类墙用板材具有较好的耐久性和力学性能，生产技术成熟，产品质量可靠，可用于承重墙、外墙和复合墙体的外层面。但表观密度大、抗拉强度低。多采用空心化来减轻自重。

1）GRC 轻质多孔隔墙条板

GRC 轻质多孔隔墙条板全称玻璃纤维增强水泥轻质多孔隔墙条板，又称"GRC 空心条板"，是以耐碱玻璃纤维与低碱度水泥为主要原料的预制非承重轻质多孔内隔墙条板。GRC 轻质多孔隔墙条板如图 4.8 所示。

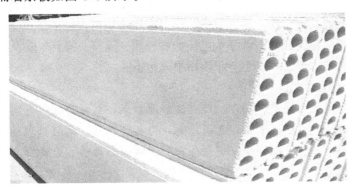

图 4.8　GRC 轻质多孔隔墙条板

GRC 轻质多孔隔墙条板的性能应符合《玻璃纤维增强水泥轻质多孔隔墙条板》（GB/T 19631—2005）中的相关规定。GRC 轻质多孔隔墙条板按板的厚度分为 90 型、120 型，按板型分为普通板（代号 PB）、门框板（代号 MB）、窗框板（代号 CB）、过梁板（代号 LB）。

GRC 轻质多孔隔墙条板按其外观质量、尺寸偏差及物理力学性能分为一等品（B）、合格品（C）。根据规定，GRC 轻质多孔隔墙条板的厚度分为 90mm（90 型）和 120mm（120 型）两种；90 型的长度为 2500～3000mm，120 型的长度为 2500～3500mm；宽度都为 600mm。

GRC 轻质多孔隔墙条板的标志顺序为产品代号、规格尺寸、等级、标准代号。产品代号由产品主材料的简称 GRC 与板型类别代号组成。例如：GRC‐MB　2650×600×90　B　GB/T 19631—2005，表示板长为 2650mm，宽为 600mm，厚为 90mm 的一等品门框板。

GRC 轻质多孔条板具有密度小、韧性好、耐水、不燃、易加工的特点，可用于工业与民用建筑的分室、分户、厨房、卫浴间、阳台等非承重的内隔墙和复合墙体的外墙面。

2）纤维增强低碱度水泥建筑平板

建筑用纤维增强水泥平板是以纤维与水泥作为主要原料，经制浆、成坯、养护等工序而制成的板材。按使用的纤维品种分为石棉水泥板、混合纤维水泥板、无石棉纤维水泥板三类；按产品使用的水泥品种分为普通水泥板和低碱度水泥板；按密度分为高密度板（加压板）、中密度板（非加压板）和轻板（板中含有轻集料）。

根据建材行业标准《纤维增强低碱度水泥建筑平板》（JC/T 626—2008），纤维增强低碱度水泥建筑平板按尺寸偏差和物理力学性能分为优等品（A）、一等品（B）和合格品（C）。

掺石棉纤维增强低碱度水泥建筑平板代号为 TK，无石棉纤维增强低碱度水泥建筑平板代号为 NTK。标记由分类、规格、等级和标准编号组成。例如：TK　1800×900×6　A　JC/T 626—2008，表示规格为 1800mm×900mm×6mm 掺石棉纤维增强低碱度水泥建筑平板，优等品。

纤维增强低碱度水泥建筑平板具有防水、防潮、防蛀、防霉、不易变形的特点，以及良好的可加工性，适用于各类建筑物室内的非承重内隔墙和吊顶平板等。

3）水泥木屑板

水泥木屑板又称为水泥刨花板，以普通硅酸盐水泥和矿渣硅酸盐水泥为胶凝材料，木屑为主要填料，木丝或木刨花为加筋材料，加入水和外加剂，经平压成型、保压养护、调湿处理等工艺制成的建筑板材。水泥木屑板具有轻质、隔声、隔热、防火、抗虫蛀，以及可钉、可锯、可装饰的特点，在生产和使用中无污染。

2. 石膏类墙体板材

由于石膏具有防火、轻质、隔声、抗震性好等特点，石膏类板材在内墙板中占有较大的比例。石膏类墙用板材表面平整，光滑细腻，可装饰性好，具有特色的呼吸功能，其原料丰富、制作简单，得到广泛应用。主要品种有：纸面石膏板、石膏空心条板和石膏纤维板等。

1）纸面石膏板

纸面石膏板是以建筑石膏为主要原料，掺入纤维、外加剂和适量的轻质填料等制成芯材，然后表面牢固粘贴护面纸的建筑板材，与龙骨相配合构成墙面或墙体的轻质面板，分为普通纸面石膏板（P）、耐水纸面石膏板（S）和耐火纸面石膏板（H）三种。纸面石膏板如图 4.9 所示。

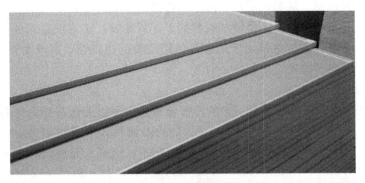

图 4.9 纸面石膏板

普通纸面石膏板以重磅纸为护面纸。耐水纸面石膏板采用耐水护面纸，并在石膏料浆中加入适量的憎水外加剂，以达到降低石膏板的吸水率和含水率，提高石膏板的耐水能力的目的。耐火纸面石膏板的芯材是在石膏料浆中加入适量无机耐火增强材料后制作而成，其主要技术要求是在高温明火下燃烧时，能在一定时间内保持不断裂。

纸面石膏板表面平整、尺寸稳定，具有自重轻、保温隔热、隔声、防火、抗震、可调节室内湿度、加工性好、施工方便等优点。纸面石膏板可用作室内隔墙，也可直接贴在砖墙上。在厨房、卫生间以及空气湿度大于 70% 的潮湿环境中使用时，必须采取相应的防潮措施，否则石膏板受潮后会下垂，而且纸面受潮后与芯板之间黏结力削弱，会导致纸的隆起和剥离。可以用耐水纸面石膏板。耐火纸面石膏板主要用于耐火要求较高的室内隔墙。

纸面石膏板与轻钢龙骨组成的轻质墙体称为轻钢龙骨石膏板墙体体系，适合于多层及高层建筑的分室墙。

2）石膏空心条板

石膏空心条板是石膏板的一种，以建筑石膏为主要材料，掺加适量水泥或粉煤灰，同时加入少量增强纤维（如玻璃纤维、纸筋等），也可以加入适量的膨胀珍珠岩及其他掺加料，经料浆拌和、浇注成型、抽芯、干燥等工序制成的空心条板，是一种轻质板材。主要用于建筑的非承重内墙，其特点是无须龙骨。石膏空心条板如图 4.10 所示。

石膏空心条板形状与混凝土空心楼板类似，规格尺寸一般为(2400～3000)mm×600mm×(60～120)mm、7 孔或 9 孔的条形板材。主要品种包括石膏珍珠岩空心条板、石膏粉煤灰硅酸盐空心条板和石膏空心条板等。

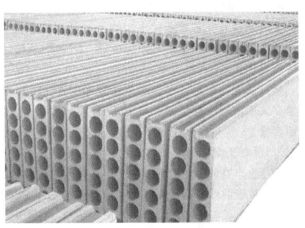

图 4.10 石膏空心条板

与传统的实心黏土砖或空心黏土砖相比，用石膏空心条板作建筑内隔墙，除有与石膏砌块相同的优点外，其单位面积内的质量更轻，从而使建筑物自重减轻，基础承载变小，可有效降低建筑造价；条板长度随建筑物的层高确定，因此施工效率也更高。石膏空心条板具有质量轻、强度高、隔热、隔声、防水等性能，可锯、可刨、可钻、施工简便。与纸面石膏板相比，石膏用量少、不用纸和胶粘剂、不用龙骨，工艺设备简单，所以比纸面石膏板造价低。石膏空心条板主要用于工业与民用建筑的内隔墙，其墙面可做喷浆、涂料、贴瓷砖、贴壁纸等各种饰面。

3) 石膏纤维板

石膏纤维板（或称纤维石膏板，无纸石膏板）是一种以天然石膏为主要原料，添入适量的添加剂、增强材料（如纸筋、纤维等）经不同工艺加工而成的一种新型建筑板材。纤维石膏板具有特殊的吸声、导热、透气等性能，可作为不燃的建筑材料，用于干燥房屋和船舱的内壁装修，如间壁板、天花板吊顶和活动房屋的构件，用途广泛。石膏纤维板如图 4.11 所示。

图 4.11　石膏纤维板

石膏纤维板包括石膏刨花板（木质纤维板）和植物纤维石膏板两种。

（1）石膏刨花板是以半水石膏为胶凝材料，木质刨花碎料为增强材料，外加适量水和化学缓凝助剂，经搅拌形成半干性混合料，加压而成的板材。植物纤维石膏板使用植物纤维，如木纤维和蔗渣、剑麻、棉杆等非木质纤维作为增强材料。

（2）植物纤维石膏板的终饰可用各类墙纸、墙布、各类涂料及各种墙砖等。在板的上表面，可做成光洁平滑或经机械加工成各种图案形状；或是经印刷成各种花纹，或是经压花成带凹凸不平的花纹图样。目前，建筑隔墙板的市场要求及趋势是：高质量（包括较高的防火、防潮、抗冲击性能）和越来越低的价格。植物纤维石膏板已具备防火、防潮及抗冲击性能，加之简易设计的优质隔墙具有较低价格。因此，植物纤维石膏板比其他石膏板材具有更大的潜力。

3. 复合墙板

复合墙板是一种工业化生产的新一代高性能建筑内隔板，由多种建筑材料复合而成，可代替传统的砖瓦，它具有环保节能、无污染、轻质、抗震、防火、保温、隔声、施工快捷的明显优点。

复合墙板一般由强度和耐久性较好的普通混凝土板或金属板做结构层或外墙面层，保温层多采用矿棉、聚氨酯和聚苯乙烯泡沫塑料、加气混凝土，采用各类轻质板材做面层或内墙面板。

1) 混凝土夹芯板

混凝土本身就是结构和围护材料，强度是足够的，但太重，比强度小，作为非承重内墙不合适，外墙的话导热系数也大了，保温性能不好，也不合适。所以考虑在混凝土中夹芯，夹的都是轻质保温好的材料，聚苯板、矿棉、保温砂浆等，一是减轻自重，二是提高保温性能。这样可以满足内外墙的要求，而且混凝土夹芯板可以预制，符合建筑工业化的大趋势。

2）泰柏板

泰柏板是一种新型建筑材料，选用强化钢丝焊接而成的三维笼为构架，阻燃 EPS 泡沫塑料芯材组成，是目前取代轻质墙体最理想的材料。它是以阻燃聚苯泡沫板或岩棉板为板芯，两侧配以直径为 2mm 冷拔钢丝网片，钢丝网目 50mm×50mm，腹丝斜插过芯板焊接而成，主要用于建筑的围护外墙、轻质内隔断等（图 4.12）。

泰柏板具有较高节能、质量轻、强度高、防火、抗震、隔热、隔声、抗风化、耐腐蚀的优良性能，并有组合性强、易于搬运、适用面广、施工简便等特点。

泰柏板适用于高层多层工民建筑物。泰柏板（双面钢丝网架板）广泛用于建筑业、装饰业内隔墙、围护墙、保温复合外墙和双轻体系（轻板、轻框架）的承重墙；可用于楼面、屋面、吊顶、新旧楼房加层和卫生间隔墙等；面层可做任何贴面装修。泰柏板作为一种新型建材，广泛用框架结构的隔墙、轻型层面，可以减少使用黏土砖，降低能耗，减少生产污染。

图 4.12　泰柏板

3）轻型夹芯板

轻型夹芯板是用各种轻质高强的薄板、金属板做面板，中间以轻质的保温隔热材料为芯材组成的复合板。轻型彩钢夹芯板如图 4.13 所示。

图 4.13　轻型彩钢夹芯板

夹芯板用于大型工业厂房、仓库、体育馆、超市、医院、冷库、活动房、建筑物加层、洁净车间以及需保温隔热防火的场所。夹芯板外形美观，色泽艳丽，整体效果好，它集承重、保温、防火、防水于一体，且无须二次装修，是一种用途广泛，特别是在用于建筑工地的临时设施，如办公室、仓库、围墙等，更体现了现代施工工地的文明施工；尤其在快速安装投入使用方面，在可装可拆、材料的周转复用指数方面，都有明显优势，能较大幅度降低建筑工地临时设施费用，是不可缺少的新型轻质建筑材料。

4.6 了解墙体材料的抽样送检

【参考图文】

大部分建筑材料进场应该进行取样送检，墙体材料进场要进行抽样检查，具体要求如下。

1. 烧结普通砖

烧结普通砖检验批按 3.5 万～15 万块为一批；不足 3.5 万块亦按一批计。用随机抽样法，从外观质量和尺寸偏差检验合格的样品中抽取 15 块，其中 10 块做抗压强度检验，5 块备用。

2. 普通混凝土小型空心砌块

普通混凝土小型空心砌块以用同一种原材料配成同强度等级的混凝土，用同一种工艺制成的同等级的 1 万块为一批；砌块数量不足 1 万块时亦为一批。由外观合格的样品中随机抽取 5 块作抗压强度检验。

3. 烧结空心砖和空心砌块

烧结空心砖和空心砌块检验批按 3.5 万～15 万块为一批；不足 3.5 万块亦按一批计。用随机抽样法从外观质量检验合格的样品中抽取 15 块，其中 10 块做抗压强度检验，5 块做密度检验。

4. 轻集料混凝土小型空心砌块

1）组批规则

砌块按密度等级和强度等级分批验收。它以用同一品种轻集料配制成的相同密度等级、相同强度等级、相同质量等级和同一生产工艺制成的 1 万块为一批；每月生产的砌块数不足 1 万块者亦为一批。

2）抽样规则

每批随机抽取 32 块做尺寸偏差和外观质量检验，而后再从外观合格砌块中随机抽取如下数量进行其他项目的检验：①抗压强度，5 块；②表观密度吸水率和相对含水率，3 块。

5. 蒸压加气混凝土砌块

1）取样方法

同品种同规格同等级的砌块以 1 万块为一批；不足 1 万块亦为一批。随机抽取 50 块砌块进行尺寸偏差、外观检验，砌块外观验收在交货地点进行，从尺寸偏差与外观检验合格的砌块中，随机抽取砌块，制作 3 组试件进行立方体抗压强度检验，制作 3 组试件做干体积密度检验。

2) 试件制作方法

（1）试件的制备采用机锯或刀锯，锯时不得将试作弄湿。

（2）体积密度抗压强度试件，沿制品膨胀方向中心部分上中下顺序锯取一组，上块上表面距离制品顶面 30mm，中块在制品正中处，下块下表面离制品底面 30mm，制品的高度不同，试件间隔略有不同。

【学中做】

知 识 链 接

　　常用的墙体材料有砌墙砖、砌块和墙体板材三大类。其中，砖的使用历史最长，特别是烧结普通砖已有数千年的历史，生产工艺简单，应用技术最为成熟。墙体材料的发展方向是逐步限制和淘汰实心黏土砖，大力发展多孔砖、空心砖、废渣砖、各种建筑砌块和建筑板材，推广使用新型墙体材料。在国外，90％的墙体已被新型墙体材料所代替。我国墙体改革虽然起步较晚，但随着经济的发展和人们环保意识的不断提高，实现建筑节能，推广使用新型墙体材料已成为一种共识。新型墙体材料具有轻质、高强、保温隔热效果好、生产能耗低、环保、施工生产率和结构抗震性能好等优点，部分新型复合节能墙体材料集防火、防水、防潮、隔声、隔热、保温等功能于一体，装配简单快捷，使墙体变薄，具有更大的使用空间。推广使用新型墙体材料具有良好的社会效益和经济效益。

《 学习小结 》

　　墙体材料在建筑结构中主要起着承重、围护和分隔的作用。砌墙砖分为烧结砖和非烧结砖。空心砌块是尺寸大于砖的一种人造块材，具有质轻的优点。墙体板材主要用于墙体结构的一种复合材料，是我国大力推广使用和有待发展的产品。

《 课后思考与讨论 》

一、填空题

1. 目前所用的墙体材料有＿＿＿＿＿＿、＿＿＿＿＿＿和＿＿＿＿＿＿三大类。

2. 烧结普通砖的外形为直角六面体，其标准尺寸为＿＿＿＿＿＿。

二、不定项选择题

1. 下面不是加气混凝土砌块的特点的是（　　　）。

A. 轻质　　　　　　B. 保温隔热　　　　　C. 加工性能好　　　　　D. 韧性好

2. 利用煤矸石和粉煤灰等工业废渣烧砖，可以（　　　）。

A. 减少环境污染　　　　　　　　　　B. 节约黏土和保护大片良田

C. 节省大量燃料煤　　　　　　　　　D. 大幅提高产量

三、简答题

1. 砌墙砖有哪几类？它们各自有什么特性？

2. 什么叫砌块？砌块与砌墙砖相比，有何优缺点？

3. 建筑中常用的非烧结砖有哪几种？

第5章 功能性材料

引　言

　　建筑功能材料主要指担负某些建筑功能的、非承重用的材料，赋予建筑物诸如防水、防火、保温、采光、隔声、装饰等功能，决定着建筑物的使用功能与建筑品质。

　　高效保温材料可以使墙体减薄，自重减轻，可建高层建筑物；高效防水材料可以简化施工方法，使建筑物的维修期延长；好的装饰材料可以使居住环境优美、清洁；良好的吸声材料可以使居住环境安静舒适；好的保温材料可以使室内湿度适宜，又能节约能源。

学习目标

　　知识目标：理解建筑工程中功能材料的作用；掌握功能材料的功能及特点；了解功能材料的技术性能指标。

　　技能目标：熟悉功能材料，具备合理选择功能材料的能力。

本章导读

　　我们在电影院看电影的时候，觉得电影院的音响效果非常好。但是，为什么我们听不到隔壁放映厅的声音呢？

　　学习了本章内容之后，希望大家能找到答案。

5.1 了解功能性材料的分类

【参考图文】

　　建筑功能材料主要指担负某些建筑功能的，非承重用的材料，它们以材料的力学性能以外的功能为特征，赋予建筑物诸如防水、防火、保温、采光、隔声、装饰等功能，决定着建筑物的使用功能与建筑品质。按照功能材料的用途和特点，主要把功能材料分为三类：防水材料、保温材料、吸声材料。

5.2 了解功能性材料的技术标准

【参考图文】

1. 防水材料技术指标

常用防水卷材的技术指标主要包括表 5-1 中的内容。

表 5-1　常用防水卷材技术指标

项 目		指 标 值	
		JL1	JF1
断裂拉伸强度 /MPa	常温 ≥	7.5	4.0
	60℃ ≥	2.3	0.8
扯断伸长率 （%）	常温 ≥	450	450
	−20℃ ≥	200	200
撕裂强度/（kN/m） ≥		25	18
不透水性，30min 不渗漏		0.3MPa	0.3MPa
低温弯折/℃ ＜		−40	−30
加热伸缩量 mm	延伸 ＜	2	2
	收缩 ＜	4	4
热空气老化 （80℃×168h）	断裂拉伸强度保持率 （%） ≥	80	90
	扯断伸长率保持率 （%） ≥	70	70
	100%伸长率外观	无裂纹	无裂纹

（续）

项 目		指 标 值	
		JL1	JF1
耐碱性 [10%Ca(OH)$_2$ 常温×168h]	断裂拉伸强度保持率 （%）≥	80	80
	扯断伸长率保持率 （%）≥	80	90
臭氧老化 （40 ℃×168h）	伸长率40%，500pphm	无裂纹	无裂纹

常用石油沥青纸胎油毡的物理性能指标见表5-2。

表 5-2　石油沥青纸胎油毡的物理性能

指 标 名 称		200 号			350 号			500 号		
		合格	一等	优等	合格	一等	优等	合格	一等	优等
每卷质量， 不小于/kg	粉毡	17.5			28.5			39.5		
	片毡	20.5			31.5			42.5		
单位面积浸涂材料总量， 不小于/(g/cm^2)		600	700	800	1000	1050	1100	1400	1450	1500
不透水性	压力，不小于 /MPa	0.05			0.10			0.15		
	保持时间， 不小于/min	15	20	30	30		45	30		
吸水率 （真空法）（%）， 不大于	粉毡	1.0			1.0			1.5		
	片毡	3.0			3.0			3.0		
耐热度	℃	85±2		90±2	85±2		90±2	85±2		90±2
	要求	受热2h涂盖层应无滑动和集中性气泡								
纵向拉力（25℃±2℃时）/N， 不小于		240		270	340		370	440		470
柔度	/℃	18±2		18±2	16±2	14±2		18±2		14±2
	要求	绕φ20圆棒或弯板无裂纹						绕φ25圆棒或 弯板无裂纹		

常见高聚物改性沥青防水卷材的特点和使用见表5-3。

表 5-3　常见高聚物改性沥青防水卷材的特点和使用

卷材种类	特　点	使用范围	施工工艺
SBS 改性沥青防水卷材	耐高、低温性能有明显提高，卷材的弹性和耐疲劳性能明显改善	单层铺设的屋面防水工程或复合使用	适用于寒冷地区和结构变形较大的结构，冷施工铺贴或热熔铺贴
APP 改性沥青防水卷材	具有良好的强度、延伸性、耐热性、耐紫外线及耐老化性能	单层铺设，适用于紫外线辐射强烈及炎热地区	热熔法或冷粘铺设
PVC 改性焦油防水卷材	有良好的耐热及耐低温性能，最低开卷温度为 -18℃	有利于在冬季负温度下施工	可热作业，也可冷施工
再生胶改性沥防水卷材	有一定的延伸性和防腐蚀能力，且低温柔性较好，价格低廉	变形较大或档次较低的防水工程	热沥青粘贴
废橡胶粉改性沥青防水卷材	比普通石油沥青纸胎油毡的抗拉强度、低温柔性均有明显改善	叠层使用于一般屋面防水工程，宜在寒冷地区使用	

三元乙丙橡胶防水卷材的物理性能指标见表 5-4。

表 5-4　三元乙丙橡胶防水卷材的物理性能

项目名称		一 等 品	合 格 品
抗拉强度/MPa，不小于		8.0	7.0
断裂伸长率(%)，不小于		450	450
直角撕裂强度/(N/cm^2)，不小于		280	245
脆性温度/℃，不低于		-45	-40
耐碱性 [10%Ca(IH)$_2$，168h]		抗拉强度变化 -20%~20%，断裂伸长率变化<20%	—
加热伸缩量，小于		延伸 2mm，收缩 4 mm	—
不透水性，30min		0.3MPa，合格	0.1MPa，合格
臭氧老化，40℃，168h，预拉伸 40%		500 pphm，无裂纹	100 pphm，无裂纹
热空气老化，80℃，168h	抗拉强度变化率(%)	-20~40	-20~50
	断裂伸长率变化率(%)，不小于	-30	-30
	撕裂强度变化率(%)	-40~40	-50~50

2. 保温材料技术指标

常用保温材料技术指标见表 5-5。

表 5-5 常用保温材料技术指标

序号	材料名称	导热系数 /[W/(m·k)]	工作温度 /℃	密度 /(kg/m³)	适用范围
1	岩棉	0.026~0.035	−260~700	≤150	工业锅炉、设备管道、建筑内保温
2	矿渣棉	0.041~0.055	≤650	60~100	管道的隔热、保温等
3	复合硅酸盐保温材料	0.028~0.045	−40~700	30~80	化工、电业罐体、管道的保温、隔热
4	普通硅酸铝棉	0.03~0.045	<1000	80~140	窑炉、化工业、建筑业的防火、隔热
5	玻璃棉板	0.03~0.04	−120~400	24~96	室内保温材料
6	离心玻璃棉管	0.032~0.035	−4~454	100~400	管道保温
7	泡沫石棉板材	0.033~0.044	≤600	20~40	化工、电力系统管道、设备、窑炉的保温
8	无机墙体保温砂浆	≥0.04	≤600	280	外墙抹灰，替代砂浆及保温材料
9	彩钢夹芯板（岩棉）	0.026~0.035	−260~700	≤150	钢结构厂房外墙保温
10	橡塑海绵（一类）	≤0.038	≤110	65~85	空调、风机等管道保温
11	聚氨酯发泡板	≤0.025	≤120	≥30	建筑外墙保温
12	酚醛保温板	0.022~0.029	≤1500	45~75	建筑外墙保温

胶粘剂的性能要求见表 5-6。

表 5-6 胶粘剂的性能要求

试验项目		性能指标
拉伸黏结强度（与水泥砂浆）	原强度	≥0.60MPa
	耐水	≥0.40MPa
拉伸黏结强度（与膨胀聚苯板）	原强	≥0.10MPa，破坏界面在膨胀聚苯板上
	耐水	≥0.10MPa，破坏界面在膨胀聚苯板上
可操作时间		(1.5~4.0)h

发泡聚苯板（EPS）性能指标见表5-7。

表5-7　发泡聚苯板（EPS）性能指标

检测项目		技术指标					
		I	II	III	IV	V	VI
外观		色泽均匀，阻燃型应掺有颜色的颗粒以示区别；外形平整，无明显收缩变形和膨胀变形；熔结良好；无明显油渍和杂质					
表观密度/(kg/m³)，不小于		15.0	20.0	30.0	40.0	50.0	60.0
压缩强度/kPa，不小于		60	100	150	200	300	400
导热系数/[W/(m·K)]，不大于		0.041			0.039		
尺寸稳定性/(%)，不大于		4	3	2	2	2	1
水蒸气透过系数/[ng/(Pa·m·s)]，不大于		6	4.5	4.5	4	3	2
吸水率（体积分数）(%)，不大于		6			4		2
熔结性	断裂弯曲负荷/N，不小于	15	25	35	60	90	120
	弯曲变形/mm，不小于	20			—		
燃烧性能	氧指数（%），不小于	30					
	燃烧分级	达到B₂级					
垂直于板面方向的抗拉强度/MPa，不小于		0.10					

胶粉聚苯颗粒保温浆料性能指标见表5-8。

表5-8　胶粉聚苯颗粒保温浆料性能指标

序号	检验项目	性能要求	
		JGJ 144—2004（试验方法）	JG/T 158—2013
1	湿表观密度	—	≤420 kg/m³
2	干表观密度	180～250kg/m³ GB/T 6343—2009（70℃恒重）	180～250kg/m³
3	导热系数	≤0.060W/(m·K)，(GB 10294—2008)	

（续）

序号	检验项目		性能要求	
			JGJ 144—2004 （试验方法）	JG/T 158—2013
4	水蒸气渗透系数		符合设计要求 （JGJ 144—2004 附录 A 第 A.11 节）	—
5	蓄热系数		≥0.95 W/(m² · K)	
6	抗压强度		≥0.25 MPa	≥200 kPa
7	抗拉强度	干燥状态	≥0.10 MPa	
		浸水 48h，取出后 干燥 7d	（JGJ 144—2004 附录 A 第 A.11 节）	—
8	压剪黏结强度		—	≥50 kPa
9	线性收缩率		≤0.3%	
10	软化系数		≥0.5	
11	燃烧性能级别		B₁ 级，GB 8624—2012	

无机保温砂浆优良保温性能指标见表 5-9。

表 5-9　无机保温砂浆优良保温性能指标

序号	检测项目		技术要求	
			Ⅰ类	Ⅱ类
1	外观质量		均匀、干燥无结块	
2	堆积密度/(kg/m³)		≤250	≤350
3	石棉含量		不含石棉纤维	
4	放射性	I_{Ra}	≤1.0	
		I_r	≤1.0	
5	分层度/mm		≤20	
6	干密度/(kg/m³)		240~300	301~400
7	抗压强度/MPa		≥0.20	≥0.40
8	导热系数/[W/(m · K)]		≤0.070	≤0.085
9	线收缩率(%)		≤0.30	
10	压剪黏结强度/kPa		≥50	
11	抗冻性	质量损失率(%)	≤15	
		强度损失率(%)	≤25	
12	软化系数		≥0.50	
13	燃烧性能		应符合 GB 8624—2012 规定的 A 级要求	

外墙外保温系统的性能要求见表5-10。

表5-10　外墙外保温系统的性能要求

检验项目	性能要求			
	JGJ 144—2004	JG 158—2013		JG 149—2003
耐候性	经耐候性试验后：不得出现饰面层起泡或剥落、保护层空鼓或脱落等破坏，不得产生渗水裂缝。具有薄抹面层的外保温系统，抹面层与保温层的拉伸黏结强度不得小于0.1MPa，并且破坏部位应位于保温层内	经80次高温（70℃）—淋水（15℃）循环和20次加热（50℃）—冷冻（—20℃）循环后不得出现开裂、空鼓或脱落。抗裂防护层与保温层的拉伸黏结强度不应小于0.1MPa，破坏部位应位于保温层内		表面无裂纹、粉化、剥落现象
吸水量	浸水1h，≤1.0kg/m²	浸水1h，≤1000g/m²		浸水24h，≤500g/m²
抗冲击强度	建筑物首层墙面以及门窗口等易受碰撞部位：10J级；建筑物二层以下墙面等不易受碰撞部位：3J级	C型普通型（单网）	3J冲击合格	普通型（P型）　≥3.0J
		C型加强型（双网）	3J冲击合格	
		T型	3.0J冲击合格	加强型（Q型）　≥10.0J
抗风压值	系统抗风压值 R_d 不小于风荷载设计值	不小于工程项目的风荷载设计值		不小于工程项目的风荷载设计值
耐冻融性能	30次冻融循环后，保护层无空鼓、脱落，无渗水裂缝；护层与保温层的拉伸黏结强度不小于0.1MPa，破坏部位应位于保温层	严寒及寒冷地区30次冻融循环、夏热冬冷地区10次循环，表面无裂纹、空鼓、起泡、剥离现象		表面无裂纹、空鼓、起泡、剥离现象
不透水性	抹面层2h不透水	试样防护层内侧无水渗透		试样防护层内侧无水渗透
水蒸气湿流密度	—	≥0.85 g/(m²·h)		≥0.85 g/(m²·h)
耐磨损，500L砂	—	无开裂，龟裂或表面保护层剥落，损伤		—
系统抗拉强度（C型）	—	≥0.1 MPa并且破坏部位不得位于各层界面		—
饰面砖黏结强度（T型）（现场抽测）	—	≥0.4 MPa		—
抗震性能（T型）	—	设防烈度等级下面砖饰面及外保温系统无脱落		—
火反应性	—	不应被点燃，试验结束后试件厚度变化不超过10%		—

耐碱型玻璃纤维网格布的指标要求见表 5-11。

表 5-11　耐碱型玻璃纤维网格布的指标

检测项目		相关标准性能要求	
		JG 149—2003	JG 158—2013
长度、宽度/mm		—	50～100、0.9～1.2
网孔中心距（经纬密度）	普通型	—	4mm×4mm
	加强型		6mm×6mm
单位面积质量/(g/m²)	普通型	130	≥160
	加强型		>500
	标准值≤150	—	
	标称值>150		
断裂强力（经纬向）/(N/50mm)	普通型	—	≥1250
	加强型		≥3000
耐碱断裂强力（经纬向）(%) ≥		50	90
断裂伸长率（经纬向）（断裂应变）(%) ≤		5.0	5
可燃物含量（涂塑量）	普通型	—	≥20g/m²
	加强型		

柔性耐水腻子性能指标见表 5-12。

表 5-12　柔性耐水腻子性能指标

检测项目		标准依据		
		JG 158—2013	JG/T 157—2009	JGJ/T 229—2010
容器中状态		无结块、均匀		
施工性		刮涂无障碍		
干燥时间（表干）/h		≤5		
初期干燥抗裂性（6h）		无裂纹		
打磨性		手工可打磨		
吸水量/(g/10min)		—	≤2.0	
耐水性（96h）		无起泡、无开裂、无掉粉、无异常		
耐碱性（48h）		无起泡、无开裂、无掉粉、无异常		
黏结强度/MPa	≥0.60	≥0.60		
	≥0.40	≥0.40		
柔性		直径 50mm，无裂纹		
动态抗开裂性，基层裂缝（表层材料抵抗基层裂缝扩展的能力）		—	≥0.08，<0.3	≥0.3
非粉状组分的低温储存稳定性		−5℃冷冻 4h 无变化，刮涂无障碍	3 次循环不变质	−5℃冷冻 4h 无变化，刮涂无障碍
柔性腻子复合上涂料层后的耐水性（96h）		无起泡、无起皱、无开裂、无掉粉、无脱落、无明显变色		
柔性腻子复合上涂料层后的耐冻融性（5 次）		无起泡、无起皱、无开裂、无掉粉、无脱落、无明显变色		

3. 吸声材料性能指标

常用吸声材料性能指标见表 5-13。

表 5-13　常用吸声材料性能指标

材　　料	厚度/cm	各种频率（Hz）下的吸声系数						装　置　情　况
		125	250	500	1000	2000	4000	
（一）无机材料								
吸声砖	6.5	0.05	0.07	0.10	0.12	0.16	—	
石膏板（有花纹）	—	0.03	0.05	0.06	0.09	0.04	0.06	贴实
水泥蛭石板	4.0	—	0.14	0.46	0.78	0.50	0.60	贴实
石膏砂浆（掺水泥、玻璃纤维）	2.2	0.24	0.12	0.09	0.30	0.32	0.83	墙面粉刷
水泥膨胀珍珠岩板	5	0.16	0.46	0.64	0.48	0.56	0.56	贴实
水泥砂浆	1.7	0.21	0.16	0.25	0.40	0.42	0.48	
砖（清水墙面）		0.02	0.03	0.04	0.04	0.05	0.05	
（二）木质材料								贴实
软木板	2.5	0.05	0.11	0.25	0.63	0.70	0.70	钉在木龙骨上 后留10cm空气层
木丝板	3.0	0.10	0.36	0.62	0.53	0.71	0.90	后留5cm空气层
三合板	0.3	0.21	0.73	0.21	0.19	0.08	0.12	后留5~15cm空气层
穿孔五合板	0.5	0.01	0.25	0.55	0.30	0.16	0.19	后留5cm空气层
刨花板	0.8	0.03	0.02	0.03	0.03	0.04	—	后留5cm空气层
木质纤维板	1.1	0.06	0.15	0.28	0.30	0.33	0.31	
（三）泡沫材料								
泡沫玻璃	4.4	0.11	0.32	0.52	0.44	0.52	0.33	
脲醛泡沫塑料	5.0	0.22	0.29	0.40	0.68	0.95	0.94	贴实
泡沫水泥（外面粉刷）	2.0	0.18	0.05	0.22	0.48	0.22	0.32	贴实
吸声蜂窝板	—	0.27	0.12	0.42	0.86	0.48	0.30	紧贴墙面
泡沫塑料	1.0	0.03	0.06	0.12	0.41	0.85	0.67	
（四）纤维材料								
矿棉板	3.13	0.10	0.21	0.60	0.95	0.85	0.72	贴实
玻璃棉	5.0	0.06	0.08	0.18	0.44	0.72	0.82	贴实
酚醛玻璃纤维板	8.0	0.25	0.55	0.80	0.92	0.98	0.95	贴实
工业毛毡	3.0	0.10	0.28	0.55	0.60	0.60	0.56	紧贴墙面

5.3　认识防水材料

【参考图文】

　　防水材料是指能够防止雨水、地下水与其他水分等侵入建筑物的组成材料。防止雨水、地下水、工业和民用的给排水、腐蚀性液体以及空气中的湿气、蒸汽等侵入建筑物的材料。建筑物需要进行防水处理的部位主要是屋面、墙面、地面和地下室。防水材料的质量好坏直接影响到人们的居住环境、生活条件及建筑物的寿命。依据防水材料的外观形态，防水材料一般分为防水卷材、防水涂料和密封材料三大类。

1. 防水卷材

防水卷材是一种可以卷曲的片状防水材料（图5.1）。防水卷材是主要用于建筑墙体、屋面，以及隧道、公路、垃圾填埋场等处，起到抵御外界雨水、地下水渗漏作用的一种可卷曲成卷状的柔性建材产品，作为工程基础与建筑物之间无渗漏连接，是整个工程防水的第一道屏障，对整个工程起着至关重要的作用。防水卷材分为沥青防水卷材、高聚物改性沥青防水卷材和合成高分子防水卷材三大类。

图 5.1　防水卷材

防水卷材应有良好的耐水性、温度稳定性和大气稳定性（抗老化性），并应具备必要的机械强度、延伸性、柔韧性和抗断裂能力。

1）石油沥青防水卷材

石油沥青防水卷材：用原纸、纤维织物、纤维毡等胎体浸涂石油沥青，表面撒布粉状、粒状或片状材制成可卷曲的片状防水材料。传统沥青防水卷材成本低，但拉伸强度和延伸率低，温度稳定性差，高温易流淌，低温易脆裂；耐老化性较差，使用年限短。但随着科学的进步，更多新形式的石油沥青防水卷材已出现，见表5-14。

表 5-14　常见石油沥青防水卷材的特点、适用范围

卷材名称	特色	适用范围
石油沥青纸胎油毡	我国传统的防水材料，耐久性差，使用年限较短，使用效果不佳，逐渐被淘汰	三毡四油、二毡三油叠层铺设的屋面工程的多层防水
石油沥青玻璃布油毡	抗拉强度高，胎体不易腐烂，柔韧性好，耐久性比纸胎油毡提高一倍以上	铺设地下防水、防腐层，屋面作防水层及金属管道（热管道除外）的防腐保护层
石油沥青玻纤胎油毡	有良好的耐水性、耐腐蚀性和耐久性，柔韧性也优于纸胎油毡，使用寿命长	屋面或地下防水工程
石油沥青麻布胎油毡	抗拉强度高，耐水性好，胎体材料易腐蚀	屋面增强附加层
石油沥青锡箔胎油毡	能反射热量，从而降低了屋面及室内温度，能阻隔蒸汽的渗透	多层防水的面层和隔汽层

2）高聚物改性沥青防水卷材

普通石油沥青材料在低温条件下容易变硬发脆、裂缝，感温性强，长期受太阳光照的紫外线作用，夏季高温软化，以致热解流淌，反复地热胀冷缩可引起沥青内应力的变化。在氧和臭氧等综合作用下，沥青中的化学成分不断转变结果，先是油质挥发，沥青脂胶的含量减少，塑性下降，脆性增加，黏结力减低，产生龟裂而老化。由于这些原因，故传统的石油沥青防水材料难以满足建筑防水耐用年限的需要，我国从 20 世纪 70 年代中期开始研发合成高分子材料改性沥青。

高聚物改性沥青防水卷材以合成高分子聚合物改性沥青为涂盖层，纤维织物或纤维毡为胎体，粉状、粒状、片状或薄膜材料为覆面材料制成可卷曲的片状材料。高聚物改性沥青防水卷材是采用改性后的沥青来制作卷材浸涂材料的。在沥青中添加一定量的高聚物改性剂，使沥青自身固有的低温易脆裂、高温易流淌的劣性得以改善；改性后的沥青不但具有良好的高低温性能，而且还具有良好的弹塑性、憎水性和黏结性等。高聚物改性沥青防水卷材与沥青防水卷材相比，改性沥青防水卷材的拉伸强度、耐热度与低温柔性均有一定的提高，并有较好的不透水性和抗腐蚀性。

高聚物改性沥青防水卷材是新型防水材料中使用比例较高的一类产品，现在已经成为防水卷材的主导产品之一，属中高档防水材料，其中以聚酯毡为胎体的卷材性能最优，具有高拉伸强度、高延伸率、低疲劳强度等特点。高聚物改性沥青防水卷材其特点主要是利用高聚物的优良性能，改善了石油沥青的热淌冷脆，从而提高了沥青防水卷材的技术性能。

在沥青中添加了高分子聚合物改性后，大大改善了上述性能，使其耐候性、感温性（高温特性，低温柔性）及与基底龟裂的适应性都有了明显的提高。使用这种改性沥青制成的防水材料，使从过去的"重、厚、长、大"的时代进入"轻、薄、短、小"的工业化时代成为现实和可能。常见高聚物改性沥青防水卷材的特点和适用范围见表 5-15。

表 5-15　常见高聚物改性沥青防水卷材的特点和适用范围

卷 材 名 称	特 色	适 用 范 围
SBS 改性沥青防水卷材	耐高、低温性能有明显提高，卷材的弹性和耐疲劳性有明显改善	用于工业和民用建筑的屋面与地下防水工程
APP 改性沥青防水卷材	耐热性好、温度适应范围广（-15～130℃），耐紫外线能力强，但低温柔韧性略差	屋面及地下防水工程，道路、桥梁等建筑物的防水，尤其适用于较高气温环境的建筑防水
再生胶改性沥青防水卷材	延伸率大、低温柔韧性好、耐腐蚀性强、耐水性好及热稳定性好	屋面及地下接缝和满铺防水层，尤其适用于基层沉降较大的建筑物变形缝处的防水

3）合成高分子防水卷材

合成高分子防水卷材：以合成橡胶、合成树脂或它们两者的共混体为基料，加入适量的化学助剂和填充料，经特定工序（混炼、压延或挤出等）制成的片状防水卷材。

　　合成高分子防水卷材采用工厂机械化生产，能较好地控制产品质量，其拉伸强度和抗撕裂强度高，拉伸强度一般都在 3MPa 以上，最高的拉伸强度可达 10MPa 左右，可以满足卷材搬运、施工和应用的实际需要。断裂伸长率大断裂伸长率一般都在 200% 以上，最高可达 500% 左右，可以适应结构伸缩或开裂变形的需要。断裂伸长率大，抗撕裂强度一般在 20kN/m 以上，抗裂性能优异。

　　其缺点是黏结性差，施工技术要求高。与基层完全黏结困难；搭接缝多，易产生接缝黏结不善产生渗漏的问题，宜与涂料复合使用，以增强防水层的整体性，提高防水可靠度。后期收缩大，大多数合成高分子防水卷材的热收缩和后期收缩均较大，常使卷材防水层产生较大内应力加速老化，或产生防水层被拉裂、搭接缝拉脱翘边等缺陷。而且相对于前两种防水卷材来说，价格较贵。常用的合成高分子防水卷材的特点、适用范围见表 5-16。

表 5-16　常用的合成高分子防水卷材的特点、适用范围

卷材名称	特色	适用范围
三元乙丙橡胶防水卷材	耐老化性能好，耐臭氧化、弹性和抗拉强度大，对基层变形开裂的适应性强，质量轻，寿命长，耐高低温性能优良，可以冷施工	防水要求高、耐久年限长的防水工程
聚氯乙烯（PVC）防水卷材	拉伸强度和断裂伸长率高，对基层的伸缩、开裂、变形适应性强；低温柔韧性好，可焊接性好；具有良好的水蒸气扩散性	大型屋面板、空心板作防水层，地下室或地下工程的防水和防潮，以及对耐腐蚀有要求的室内地面工程的防水
氯化聚乙烯防水卷材	耐老化、耐化学腐蚀及抗撕裂的性能好，弹性高	屋面作单层外露防水，以及有保护层的屋面、地下室、水池等工程的防水
氯化聚乙烯-橡胶共混防水卷材	不但具有氯化聚乙烯特有的高强度和优异的耐臭氧、耐老化性能，而且具有橡胶所特有的高弹性、高延伸性以及良好的低温柔性	尤宜用于寒冷地区或变形较大的防水工程
三元乙丙橡胶防水卷材	耐老化性能好，耐臭氧化、弹性和抗拉强度大，对基层变形开裂的适应性强，质量轻，寿命长，耐高低温性能优良，可以冷施工	防水要求高、耐久年限长的防水工程

2. 防水涂料

　　防水涂料是一种流态或半流态物质，涂布在基层表面，经溶剂或水分挥发或各组分间的化学反应，形成有一定弹性和一定厚度的连续薄膜，使基层表面与水隔绝，起到防水、防潮作用（图 5.2）。防水涂料有良好的温度适应性，操作简便，易于维修与维护。防水涂料按液态类型可分为溶剂型、水乳型和反应型三种；按成膜物质的主要成分可分为沥青类、高聚物改性沥青类和合成高分子类。

图 5.2　防水涂料

1）沥青基防水涂料

以沥青为基料配制而成的水乳型或溶剂型防水涂料。这类涂料对沥青基本没有改性或改性作用不大。根据形态的不同，沥青基防水涂料主要分为溶剂型防水涂料和水乳型防水涂料。

$$
沥青基防水涂料\begin{cases} 溶剂型（冷底子油） \\ 水乳型\begin{cases} 石灰乳化沥青 \\ 水性石棉沥青防水涂料 \\ 膨润土沥青乳液 \end{cases} \end{cases}
$$

溶剂型（冷底子油）：在常温下用于防水工程的底层。

石灰乳化沥青：结合嵌缝油膏、胶泥等密封材料用于工业厂房的屋面防水。

水性石棉沥青防水涂料：适用于各种沥青基防水层的维修，可涂于屋顶钢筋、板面和油毡表面作保护层，也可用于复杂屋面、一般屋面及平整的保温面层上，做独立的防水层。

膨润土沥青乳液：用于屋面防水或层间楼板层的防水。

2）高聚物改性沥青防水涂料

以沥青为基料，用合成高分子聚合物进行改性，制成的水乳型或溶剂型防水涂料。这类涂料在柔韧性、抗裂性、拉伸强度、耐高低温性能、使用寿命等方面比沥青基涂料有很大的改善。

$$
高聚物改性沥青防水涂料\begin{cases} 再生橡胶改性沥青防水涂料 \\ 氯丁橡胶沥青防水涂料 \\ SBS橡胶改性沥青防水涂料 \end{cases}
$$

再生橡胶改性沥青防水涂料：是以优质重交沥青为基料，添加橡胶和树脂材料改性而成的水性防水涂料，是以高聚物乳液为主要成膜物质，添加多种功能助剂反应而成的水性防水涂料。

氯丁橡胶沥青防水涂料：以含有环氧树脂的氯丁橡胶乳液为改性剂，以优质的石油乳化沥青为基料，并加入表面活性剂、防霉剂等辅助材料精制成。

SBS 橡胶改性沥青防水涂料：SBS 橡胶改性沥青防水涂料运用高分子合成技术，是新型特级橡胶防水涂料，加入了环氧树脂和树脂基团使本产品更具多功能与环保合为一体，赋予新产品更强大的防水、防腐、防潮、防霉等功效。

3）合成高分子防水涂料

以合成橡胶或合成树脂为主要成膜物质，加入其他辅料制成的单组分或多组分的防水涂料。这类涂料具有高弹性、高耐久性及优良的耐高低温性能，适用于屋面、地下室、水池及卫生间等的防水工程。

$$合成高分子防水涂料\begin{cases}聚氨酯防水涂料\\水性丙烯酸酯防水涂料\\聚氯乙烯防水涂料\end{cases}$$

聚氨酯防水涂料：聚氨酯防水涂料是由异氰酸酯、聚醚等经加成聚合反应而成的含异氰酸酯基的预聚体，该类涂料为反应固化型（湿气固化）涂料、具有强度高、延伸率大、耐水性能好、对基层变形的适应能力强等特点。

水性丙烯酸酯防水涂料：是以纯丙烯酸酯共聚物或纯丙酸酯乳液，加入适量优质填料、助剂配制而成，属合成树脂类单组分防水涂料。

聚氯乙烯防水涂料：加入了环氧树脂和树脂基团，具有适应范围广、耐候性、抗酸性、抗变形、使用寿命长、拉伸强度高、延伸率大。对基层收缩和开裂变形适应性强，使用温度范围宽（−40～100℃）等优点。

3. 建筑密封材料

建筑密封材料是嵌入建筑物缝隙、门窗四周、玻璃镶嵌部位以及由于开裂产生的裂缝，能承受位移且能达到气密、水密目的的材料，又称嵌缝材料。密封材料有良好的黏结性、耐老化和对高、低温度的适应性，能长期经受被粘接构件的收缩与振动而不破坏。

1）密封材料的分类

密封材料分为定型密封材料（密封条和压条等）和不定型密封材料（密封膏或嵌缝膏等）两大类（图 5.3、图 5.4）。

图 5.3　定型密封材料

不定型密封材料按原材料及其性能可分为塑性密封膏、弹塑性密封膏、弹性密封膏。

2）工程中常用的密封材料

（1）沥青嵌缝油膏。

图5.4 不定型密封材料

沥青嵌缝油膏是以石油沥青为基料，加入改性材料、稀释剂及填充料混合制成的密封膏（图5.5）。沥青嵌缝油膏适用于各种材料（混凝土、水泥砂浆、石棉瓦、砖、石、卷材、木材、金属等）或各种工程的面缝的密封防水防潮的涂嵌，主要用作屋面、墙面、沟和槽的防水嵌缝材料。使用时，缝内应洁净干燥，先刷涂一道冷底子油，待其干燥后即嵌填油膏。油膏表面可加石油沥青、油毡、砂浆、塑料为覆盖层。其使用性能良好，效果优越，操作简单，经济适用。

（2）聚氨酯密封膏。

聚氨酯密封膏一般用双组分配制，甲组分是含有异氰酸酯基的预聚体，乙组分含有多羟基的固化剂与增塑剂、填充料、稀释剂等。使用时，将甲乙两组分按比例混合，经固化反应成弹性体。

聚氨酯建筑密封膏具有延伸率大、弹性高、黏结性好、耐低温、耐油、耐酸碱及使用年限长等优点，可以制作屋面、墙面的水平或垂直接缝；尤其适用于游泳池工程；它还是公路及机场跑道的补缝、接缝的好材料，也可用于玻璃、金属材料的嵌缝（图5.6）。

图5.5 沥青嵌缝油膏

图5.6 聚氨酯密封膏

（3）聚氯乙烯接缝膏和塑料油膏。

聚氯乙烯接缝膏：以煤焦油和聚氯乙烯（PVC）树脂粉为基料，按一定比例加入增塑

剂、稳定剂及填充料等，在140℃温度下塑化而成的膏状密封材料，简称 PVC 接缝膏。

塑料油膏：用废旧聚氯乙烯（PVC）塑料代替聚氯乙烯树脂粉，其他原料和生产方法同聚氯乙烯接缝膏。塑料油膏成本较低。

PVC 接缝膏和塑料油膏有良好的黏结性、防水性、弹塑性、耐热、耐寒、耐腐蚀和抗老化性能也较好。

这种油膏适用于各种屋面嵌缝或表面涂布作为防水层，也可用于水渠、管道等接缝，用于工业厂房自防水屋面嵌缝、大型墙板嵌缝等的效果也好。

（4）丙烯酸酯密封膏。

丙烯酸酯密封膏：丙烯酸树脂掺入增塑剂、分散剂、碳酸钙、增量剂等配制而成，有溶剂型和水乳型两种，通常为水乳型。

这种密封膏弹性好，能适应一般基层伸缩变形的需要。耐候性能优异，耐高温性能好，在−20～100℃条件下，长期保持柔韧性。黏结强度高，耐水、耐酸碱性好，并有良好的着色性，适用于混凝土、金属、木材、天然石料、砖、瓦、玻璃之间的密封防水。

（5）硅酮密封胶。

硅酮密封胶是以硅氧烷聚合物为主体，加入硫化剂、硫化促进剂以及增强填料组成的室温固化型密封材料。硅酮密封胶具有良好的耐热、耐寒和耐候性，与各种材料都有较好的黏结性能，耐水性好，耐拉伸，抗压缩疲劳性强（图 5.7）。

图 5.7 硅酮密封胶

硅酮密封胶按用途分为 F 类和 G 类两种类别。其中，F 类为建筑接缝用密封膏，适用于预制混凝土墙板、水泥板、大理石板的外墙接缝，混凝土和金属框架的粘接，卫生间和公路接缝的防水密封等；G 类为镶装用密封膏，主要用于镶嵌玻璃和建筑门、窗的密封。硅酮密封胶不适用建筑幕墙和中空玻璃。

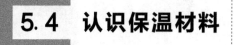

5.4 认识保温材料

【参考图文】

1. 保温材料的结构及基本性能

1）保温材料结构

保温材料通常是多孔材料，它们的基本特点是具有较高的孔隙率。其内部结构基本上可分为纤维状结构、多孔结构、粒状结构或层状结构。具有大量封闭气孔的材料的保温性能要优于具有大量连通气孔的。

2）保温材料的基本性能

导热系数是评定材料导热性能的重要物理指标导热系数越小，材料的隔热保温性能就越好。保温材料：导热系数不大于 $0.23W/(m \cdot K)$ 的材料。保温材料内部存在大量孔隙，一般强度很低，不适用于直接用作承重结构，需与承重材料复合使用。

影响导热系数的因素有以下几种。

① 组成与结构。

② 表观密度。

③ 孔隙大小与特征。空隙多而小对隔热有利。

④ 湿度与含水量。

⑤ 温度。导热系数随温度的升高而增大。这种影响在 0～50℃ 范围内并不大，只有处于高温或负温下才有影响。

⑥ 热流方向。热流平行于纤维延伸方向时，导热系数大；垂直于纤维延伸方向时，导热系数小。

上述因素中，表观密度和湿度的影响最大。

2. 常见的保温材料

1）无机散粒状保温材料

（1）膨胀蛭石及其制品。

蛭石是一种层状结构的含镁的水铝硅酸盐次生变质矿物，原矿外似云母，通常由黑（金）云母经热液蚀变作用或风化而成，因其受热失水膨胀时呈挠曲状，形态酷似水蛭，故称蛭石。生蛭石片经过高温焙烧后，其体积能迅速膨胀数倍至数十倍，体积膨胀后的蛭石就叫做膨胀蛭石。膨胀蛭石是将天然蛭石破碎，在 850－1000℃ 的温度下煅烧而得，蛭石煅烧后体积急剧膨胀，单个颗粒可膨胀至 20～30 倍。膨胀蛭石可直接用作填充材料，作保温、隔声用；也可与水泥、水玻璃、沥青、树脂等胶结材料配合，制成膨胀蛭石制品（图 5.8）。

图 5.8　膨胀蛭石

（2）膨胀珍珠岩及其制品。

膨胀珍珠岩是一种天然酸性玻璃质火山熔岩非金属矿产，包括珍珠岩、松脂岩和黑曜岩，三者只是结晶水含量不同。由于在 1000～1300℃ 高温条件下其体积迅速膨胀 4～30 倍，故统称为膨胀珍珠岩。一般要求膨胀倍数大于 7～10 倍（黑曜岩大于 3 倍，可用），二氧化硅含量在 70% 左右。膨胀珍珠岩由天然珍珠岩锻烧而得，呈蜂窝泡沫状的白色或灰白色颗粒，是一种高性能的保温材料。膨胀珍珠岩制品除可用作填充材料外，还可与水

泥、水玻璃、沥青、磷酸盐等结合制成膨胀珍珠岩制品（图5.9）。

图5.9　膨胀珍珠岩

2）无机纤维状保温材料

（1）石棉及其制品。

石棉是蕴藏在中性或酸性火成岩矿床中的一种非金属矿物，石棉具有保温、耐火、耐酸碱、耐热、隔声、不腐朽等优点。

（2）矿棉及其制品。

矿棉是由天然岩石、矿渣（工业废渣）等制成的棉状纤维的总称，包括岩棉和矿渣棉（图5.10）。矿棉（矿渣棉和岩棉）主要用于建筑物墙壁、屋顶、顶棚等处的保温和吸声，也可用于冷热设备及管道工程的保温隔热。

图5.10　矿物棉

（3）玻璃棉及其制品。

玻璃棉是用玻璃原料或碎玻璃经熔融后制成的一种纤维状材料。玻璃棉在−50℃的低温下长期使用，性能稳定。玻璃棉除可用作围护结构和管道保温外，还可用作低温保冷材料。广泛用在温度较低的热力设备和房屋建筑中的保温材料，也是优质的吸声材料。

3）无机多孔状保温材料

（1）泡沫混凝土。

泡沫混凝土又称为发泡水泥、轻质混凝土等，是一种利废、环保、节能、低廉且具有不燃性的新型建筑节能材料。泡沫混凝土是将水泥、水和松香泡沫剂混合后，经搅拌、成型、养护、硬化而成的一种具有多孔、轻质、保温、保温、吸声等性能的材料，用于建筑物围护结构的保温（图5.11）。它是通过化学或物理的方式，根据应用需要将空气或氮气、二氧化碳气、氧气等气体引入混凝土浆体中，经过合理养护成型，从而形成的含有大量细小的封闭气孔并具有相当强度的混凝土制品。泡沫混凝土的制作通常是用机械方法将泡沫剂水溶液制备成泡沫。具体操作为：用机械方法将泡沫剂水溶液制备成泡沫，再将泡沫加入到含硅质材料、钙质材料、水及各种外加剂等组成的料浆中，经混合搅拌、浇注成型、养护而成。

（2）加气混凝土。

加气混凝土是以硅质材料（砂、粉煤灰及含硅尾矿等）和钙质材料（石灰、水泥）为主要原料，掺加发气剂（铝粉），通过配料、搅拌、浇注、预养、切割、蒸压、养护等工艺过程制成的轻质多孔硅酸盐制品。它是一种保温隔热性能良好的材料，具有保温、保温、吸声等性能。因其经发气后含有大量均匀而细小的气孔，故名加气混凝土（图 5.12）。

图 5.11　泡沫混凝土

图 5.12　加气混凝土

（3）硅藻土。

硅藻土是一种生物成因的硅质沉积岩，它主要由古代硅藻的遗骸所组成。硅藻土是一种硅质岩石，被称为硅藻的水生植物的残骸堆积而成的多孔沉积物，其化学成分以 SiO_2 为主。它具有很好的保温性能（图 5.13）。硅藻土常用作填充料，或用其制作硅藻土砖等。

硅藻土砖主要原料为天然产多孔硅藻土，再加入少量的结合黏土与可燃物（图 5.14）。硅藻土砖的体积密度为 $0.7g/cm^3$，常温抗压强度为 $1\sim2MPa$，400℃时的导热系数为 $0.13\sim0.20W/(m\cdot K)$，热膨胀系数（1280℃时）为 $0.9\times10^{-6}℃^{-1}$。硅藻土主要用于工业窑炉和其他热工设备、热力管道的隔热保温材料，一般承受热面温度约为 1000℃。

图 5.13　硅藻土

图 5.14　硅藻土保温砖

（4）微孔硅酸钙。

微孔硅酸钙是一种新型保温材料，它具有容重轻、导热系数低、抗折、抗压强度高、耐热性好、无毒不燃、可锯切、易加工等优点，微孔硅酸钙是以石英砂、普通硅石或活性高的硅藻土以及石灰等原料，经配料、搅拌、成型及水热处理制成的保温材料（图 5.15）。产品具有耐热度高、绝热性能好、强度高、耐久性好、无腐蚀、无污染等优点，主要用于用于建筑物的围护结构和管道保温。

（5）泡沫玻璃。

泡沫玻璃是用玻璃细粉和发泡剂（石灰石、碳化钙和焦炭）经粉磨、混合、装模、煅烧而得到的多孔材料（图 5.16）。泡沫玻璃作为保温材料在建筑上主要用于保温墙体、地板、天花板及屋顶保温，可用于寒冷地区的低层建筑物。

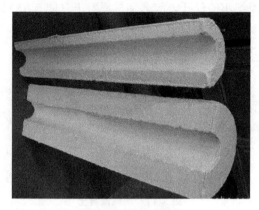

图 5.15　微孔硅酸钙

图 5.16　泡沫玻璃

4）有机保温材料

（1）泡沫塑料。

泡沫塑料是以各种树脂为基料，加入一定剂量的发泡剂、催化剂、稳定剂等辅助材料，经加热发泡而制成，其整个体积内含有大量均匀分布的气孔（图 5.17）。常用的泡沫塑料根据材料的主要成分不同，可分为聚苯乙烯泡沫塑料、聚氯乙烯泡沫塑料、聚氨酯泡沫塑料。

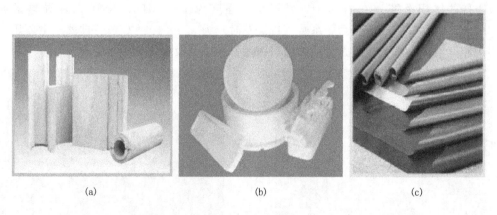

（a）　　　　　　　　　　（b）　　　　　　　　　　（c）

（a）聚氨酯泡沫塑料；（b）聚苯乙烯泡沫塑料；（c）聚氯乙烯泡沫塑料

图 5.17　泡沫塑料

（2）硬质泡沫橡胶。

硬质泡沫塑料是指无柔韧性，压缩硬度大，应力达到一定值能产生形变，解除应力后不能恢复原状的泡沫塑料（图 5.18）。其主要是以天然或合成橡胶为主要成分，用化学发泡法制成的泡沫材料。代表性的产品是聚苯乙烯泡沫塑料、硬质聚氨酯泡沫塑料，还有酚醛、氨基、环氧、热固性丙烯酸酯树脂等泡沫塑料，以及硬质聚氯乙烯泡沫塑料。它可用作隔热材料、夹层材料、包装材料、隔声和防震材料、建筑材料等。其特点是导热系数小而强度大，抗碱和盐侵蚀的能力较强。

（3）植物纤维板。

植物纤维板是以植物纤维为主要材料加入胶结料和填料而制成的一种轻质、吸声、保温材料（图 5.19）。如木丝板是以木树下脚料制成的木丝，加入硅酸钠溶液及普通硅酸盐水泥混合，经成形、冷压、养护、干燥而制成。蔗板是以甘蔗渣为原料，经蒸制、加压、干燥等工序制成。

图 5.18　硬质泡沫橡胶

图 5.19　植物纤维板

（4）碳化软木板。

碳化软木板是以软木橡树的外皮为原料，经破碎后在模型中成形，在 300℃ 左右热处理而成（图 5.20）。由于软木树皮层中含有无数树脂包含的气泡，所以成为理想的保温、绝热、吸声材料，且具有不透水、无味、无毒等特性，并且有弹性，柔和耐用。

（5）窗用保温薄膜。

窗用保温薄膜是以特殊的聚酯薄膜作为基材，镀上各种不同的高反射率的金属或金属氧化物涂层，经特殊工艺复合压制而成，是一种既透光又具有高隔热功能的玻璃贴膜（图 5.21）。

图 5.20　碳化软木

图 5.21　窗用保温薄膜

（6）蜂窝板。

蜂窝板是由两块轻薄的面板，牢固地黏结在一层较厚的蜂窝状芯材两面而制成的复合板材，亦称蜂窝夹层结构（图 5.22）。蜂窝板具有强度大、导热系数小、抗震性能好等特点，可制成保温性能良好的隔声材料。如果芯板以轻质的泡沫塑料代替，则隔热性能更好。

图 5.22　蜂窝板

5.5　认识吸声材料

【参考图文】

吸声材料是一种能在较大程度上吸收由空气传递的声波能量的建筑材料。吸声材料在建筑物中的作用主要是用以改善室内收听条件、消除回声，以及控制和降低噪声干扰等。

声音来源于物体的振动，产生声音的物体称为声源。声源发声后会迫使邻近的空气产生振动而形成声波。声波遇到材料表面，一部分被反射，另一部分穿透材料，其余的被材料吸收。评定材料吸声性能好坏的主要指标是吸声系数。

吸声系数：被吸收的声能（包括部分穿透材料的声能）与原先传递给材料的全部声能之比。

$$\alpha = \frac{吸收及透射的声能}{入射声能} \qquad (5-1)$$

吸声系数越高的材料，说明它的吸声性越好。由于同一材料对于高、中、低不同频率声波的吸收性不等，故往往取多个频率下的吸声系数平均值，以资全面评价其吸声性。

1. 吸声材料的基本特性

（1）与材料内部的开放连通的气孔有关，开放连通的气孔越多越多，吸声性能越好。

（2）与声音的入射角度有关。

（3）与声波频率有关。

规范规定取 125Hz、250Hz、500Hz、1000Hz、2000Hz、4000Hz 6 个频率的吸声系数来表示材料的特定吸声频率。对上述 6 个频率的平均吸声系数大于 0.2 的材料，称为吸声材料。吸声系数越大，吸声效果越好。

2. 影响材料吸声性能的因素

材料的吸声性能，主要受下列因素影响。

（1）表观密度的影响。表观密度大，低频吸声效果好；高频吸声效果差。

（2）材料厚度的影响。厚度大，低频吸声效果好，高频无大影响。

（3）孔隙特征的影响。孔隙细小，吸声效果好，孔隙粗大，则吸声效果差。

（4）背后空气层的影响。背后空气层厚度大，低频声音的吸声效果好。

3. 吸声材料的类型

多孔吸声材料的基本类型见表 5-17。

表 5-17　多孔吸声材料的基本类型

类型	主要品种	常用材料举例	使用情况
纤维材料	有机纤维材料	动物纤维：毛毡	价格昂贵，使用较少
		植物纤维：麻绒、海草、椰子丝	防火、防潮性能差，原料来源丰富，价格便宜
	无机纤维材料	玻璃纤维：中粗棉、超细棉、玻璃棉毡	吸声性能好，保温隔热，不自燃，防腐、防潮，应用广泛
		矿渣棉：散棉、矿棉毡	吸声性能好，松散材料宜因自重下沉，施工扎手
	纤维材料制品	软质木纤维板、矿棉吸声板、岩棉吸声板、玻璃棉吸声板、木丝板、甘蔗板等	装配式施工，多用于室内吸声装饰工程
颗粒材料	砌块	矿渣吸声砖、膨胀珍珠岩吸声砖、陶土吸声砖	多用于砌筑截面较大的消声器
	板材	珍珠岩吸声装饰板	质轻、不燃、保温、隔热、强度偏低
泡沫材料	泡沫塑料	聚氨酯泡沫塑料、脲醛泡沫塑料	吸声性能不稳定，吸声系数使用前需实测
	其他	泡沫玻璃	强度高、防水、不燃、耐腐蚀、价格昂贵，使用较少
		加气混凝土	微孔不贯通，使用较少

1）多孔性吸声材料

材料内部含有大量的内外连通的孔隙，声波进入材料内部相互贯通的空隙，空气分子受到摩擦和黏滞力，使空气产生振动，从而使声能转化为机械能，最后因摩擦而转变为热能吸收（图 5.23）。多孔材料的吸声系数，一般从低频到高频逐渐增大，故对中频和高频的声音吸收效果较好。

2）薄板振动吸声结构

薄板振动吸声结构是把胶合扳、薄木板、纤维扳、石膏板、石棉水泥板或金属板等的周

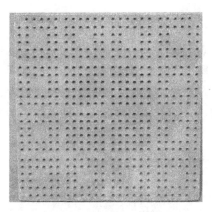

图 5.23　多孔性吸声材料

边固定在墙或顶棚的龙骨上，并在背后留有空气层，即构成薄板振动吸声结构（图 5.24）。该结构吸声的频率范围较窄，主要在低频区，通常为 80～300Hz，具有良好的低频吸声效果，能弥补多孔吸声材料对低频吸声较差的缺陷。

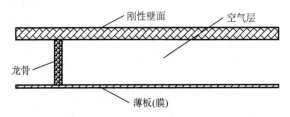

图 5.24　薄板振动吸声结构

3）共振腔吸声结构

建筑空间的围蔽结构和空间中的物体，在声波激发下会发生振动，振动着的结构和物体由于自身内摩擦和与空气的摩擦，要把一部分振动能量转变成热能而损耗。根据能量守恒定律，这些损耗的能量都是来自激发结构和物体振动的声波能量，因此，振动结构和物体都会消耗声能，产生吸声效果。结构和物体有各自的固有振动频率，当声波频率与结构和物体的固有频率相同时，就会发生共振现象。这时，结构和物体的振动最强烈，振幅和振速达到极大值，从而引起能量损耗也最多。因此，吸声系数在共振频率处为最大（图 5.25）。

图 5.25　共振腔吸声结构

其结构的形状为一封闭的较大空腔,有一较小的开口孔隙,很像个瓶子。若在腔口蒙一层透气的细布或疏松的棉絮,可加宽吸声频率范围和提高吸声量。获得较宽频率带的吸声性能,常采用组合共振吸声结构。

4)穿孔板组合共振腔吸声结构

这种结构是用穿孔的胶合板、硬质纤维板、石膏板、石棉水泥板、铝合金板、薄钢板等,将周边固定在龙骨上,并在背后设置空气层而构成。相当于许多单个共振吸声器并联组合,起扩宽吸声频带的作用,此结构对中频声波的吸声效果较好(图5.26)。

图5.26 穿孔板组合共振腔吸声结构

5)柔性吸声材料

柔性吸声材料是具有密闭气孔和一定弹性的材料,如聚氯乙烯泡沫塑料等。其内部由有许多微小的、互不贯通的独立气泡构成,是一种没有通气性能,在一定程度上具有弹性的吸声材料(图5.27)。当声波入射到材料上时,激发材料做整体振动,为克服材料内部的摩擦而消耗了声能。它的吸声频率特性是高频声吸收系数很低,中、低频的吸声系数类似共振吸收,但无显著的共振吸收峰而呈复杂的起伏状态。

6)悬挂空间吸声体

悬挂空间吸声体是一种将吸声材料制成平板形、球形、圆锥形、棱锥形等多种形式,分散悬挂在顶棚上,用以降低室内噪声或改善室内音质的吸声构件。此种构造增加有效的吸声面积,再加上声波的衍射作用,可以显著地提高实际吸声效果(图5.28)。

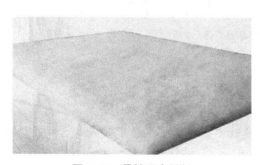

图5.27 柔性吸声材料

图5.28 悬挂空间吸声体

空间吸声体大多悬挂于建筑物空间的顶部，且以离顶吊挂居多。板状空间吸声体可以水平分散吊挂，也可垂直分散吊挂，还可水平、垂直复合吊挂，在总面积相同情况下，降噪效果基本相同。水平悬挂板状空间吸声体的离顶高度一般为房间净高的 $1/7 \sim 1/5$，一般来说，考虑到施工的难易程度，空间吸声体悬挂在建筑顶部的钢架以下，其高度刚好会在房间净高的 $1/7 \sim 1/5$，达到吸声及装饰的要求；若条件允许，可挂得更低些，离声源近些。为了提高悬挂空间吸声体的建筑装修效果，应对空间吸声体的形式、色彩、悬挂方式等进行综合考虑。若使空间吸声体悬挂成一定的艺术图案，并与采光、照明、通风和建筑装修等互相配合，则整体效果更好。

7）帘幕吸声体

帘幕吸声体是将具有通气性能的纺织品，安装在离墙面或窗洞一定距离处，背后设置空气层，通过声波与帘幕气孔的多次摩擦，达到吸声的目的。这种吸声体对中、高频都有一定的吸声效果。帘幕的吸声效果与所用材料种类和其褶裥有关。帘幕是具有通气性能的纺织品，具有多孔材料的吸声特性，由于较薄，本身作为吸声材料使用是得不到好的吸声效果的（图 5.29）。如果将它作为帘幕，离开墙面或窗洞一定距离安装，恰如多孔材料的背后设置了空气层，因而在中高频就能够具有一定的吸声效果。当它距墙面 1/4 波长的奇数倍距离悬挂时，就可获得相应频率的高吸声量。

【学中做】

图 5.29 帘幕吸声体

知 识 链 接

功能材料是新材料领域的核心，是国民经济、社会发展及国防建设的基础和先导。它涉及信息技术、生物工程技术、能源技术、纳米技术、环保技术、空间技术、计算机技术、海洋工程技术等现代高新技术及其产业。

学习小结

1. 防水工程的质量首先取决于防水材料的优劣，同时也受到防水构造设计、防水工程施工等因素的影响。建筑工程中常用的防水材料可分为防水卷材、防水涂料和密封材料。我国建筑防水材料的发展方向：大力发转改性沥青防水卷材，积极推进高分子卷材，适当发展防水涂料，努力开发密封材料，逐渐减少低档材料和提高中档材料的比例。

2. 保温材料通常是多孔材料，它们的基本特点是具有较高的孔隙率。其内部结构基本上可分为纤维状结构、多孔结构、粒状结构或层状结构。常用的保温材料有：无机散粒状保温材料、无机纤维状保温材料、无机多孔状保温材料、有机保温材料。

3. 吸声材料是一种能在较大程度上吸收由空气传递的声波能量的建筑材料，能改善声波在室内传播的质量，获得良好的影响效果。在一定面积上被吸收的声能与入射声能之比称为材料的吸声系数。

课后思考与讨论

一、填空题

1. 按照功能材料的用途和特点，可以把功能材料分_____、_____和_____。

2. 密封材料分为_____和_____两大类。

二、不定项选择题

1. 防水涂料可以分为（　　　）。

A. 沥青基防水涂料　　　　　　　　B. 石油防水涂料

C. 高聚物防水涂料　　　　　　　　D. 合成高分子防水涂料

E. 高聚物改性沥青防水涂料

2. 保温材料当中，由硅质材料（砂、粉煤灰及含硅尾矿等）和钙质材料（石灰、水泥）为主要原料，掺加发气剂（铝粉），通过配料、搅拌、浇注、预养、切割、蒸压、养护等工艺过程制成的轻质多孔硅酸盐制品属于（　　　）。

A. 膨胀蛭石　　　B. 微孔硅酸钙　　　C. 加气混凝土　　　D. 泡沫混凝土

三、简答题

1. 简述防水材料的类别及特点。

2. 什么是高聚物改性沥青防水卷材？其主要特点是什么？

3. 建筑密封材料按其形态可分为哪些？

4. 保温材料的主要性能指标有哪些？

5. 何谓吸声材料？影响吸声材料吸声效果的因素有哪些？

第 **2** 篇

建筑装饰材料

建筑的装饰装修从早期的用石灰粉刷墙壁，用油漆涂刷柱子，发展至当今的新型高档次装饰装修，历经了数千年的发展。近年来，随着人民生活水平的不断提高，对居住条件及环境的不断改善，也有力地带动了建筑装饰材料业的发展，为建筑装饰业提供更多、更好、更适用的装饰材料。

　　建筑装饰材料，一般是指内外墙面、地面、顶棚的饰面材料。它的主要属性是装饰功能或美学功能，人们更多的是从质感、观感、健康等方面来认识它们。装饰材料的好坏优劣，同样的人在不同的时期可以有完全不同的看法和认定。即使是一种被认为很美的东西，用久了也会觉得不美；而一些并不是很美的材料，由于有一定的独特性，其生命力就表现出多样性。

　　装饰装修材料品种繁多，而且各种材料都逐步向多功能、多用途等方面发展。如果按照材料的属性进行分类，新型建筑装饰材料可分为建筑装饰玻璃、建筑装饰陶瓷、建筑装饰石材、建筑装饰涂料、建筑装饰木材等。

第 **6** 章　建筑玻璃

引　言

玻璃是非晶无机非金属材料，一般是用多种无机矿物（如石英砂、硼砂、硼酸、重晶石、碳酸钡、石灰石、长石、纯碱等）为主要原料，另外加入少量辅助原料制成的。它的主要成分为二氧化硅和其他氧化物。普通玻璃的化学组成是 Na_2SiO_3、$CaSiO_3$、SiO_2 或 $Na_2O \cdot CaO \cdot 6SiO_2$ 等，主要成分是硅酸盐复盐，是一种无规则结构的非晶态固体。玻璃广泛应用于建筑物，随着科技的发展，建筑玻璃除了能隔风透光，还有调节光线、保温隔热、安全、艺术装饰等特性。成为继水泥和钢材之后的第三大建筑材料。

学习目标

了解建筑玻璃的种类，掌握不同种类建筑玻璃的用途，熟悉常用建筑玻璃的检查方法，了解建筑玻璃的发展趋势。

本章导读

重庆大剧院，位于重庆市江北区北城文华街东路，于 2007 年 1 月 28 日开工建设，2009 年 9 月 1 日正式竣工。是集歌剧、戏剧、音乐会演出，文化艺术交流，多功能为一体的大型社会文化设施。重庆大剧院是由设计过中央电视台新大楼的华东设计院和德国设计公司联合设计，大剧院的设计以"孤帆远影"为主题，其建筑表面选用浅绿色的有机玻璃，整个大剧院外形酷似"玻璃时空船"，寓意从过去驶向未来。

重庆大剧院建筑呈不规则形态，最高约 60m，东西长约 200m，南北宽约 100m，看上去棱角分明。重庆大剧院外立面和屋面结构将采用双层换气玻璃幕墙系统，外形由 11 块棱角分明的"石块"组成。重庆大剧院的外围墙采用翡翠色调，结构采用双层换气玻璃幕墙系统，当强光照在外面一层玻璃时，夹在两层玻璃中间的空气变热就从顶部冲出去，这样，不仅可以使墙体美观，而且可以有效缓解内层过热。由于外围玻璃墙体为内透光，一到晚上从外面看起来，大剧院就像透明、炙热的水晶球。

重庆大剧院
问题：重庆大剧院用的是什么玻璃，为什么能够发光？

6.1　了解建筑玻璃的基本知识

【参考图文】

建筑玻璃的主要品种是平板玻璃，具有表面晶莹光洁、透光、隔声、保温、耐磨、耐气候变化、材质稳定等优点。它是以石英砂、砂岩或石英岩、石灰石、长石、白云石及纯碱等为主要原料，经粉碎、筛分、配料、高温熔融、成型、退火、冷却、加工等工序制成。有石英玻璃、硅酸盐玻璃、钠钙玻璃、氟化物玻璃、高温玻璃、耐高压玻璃、防紫外线玻璃、防爆玻璃等。通常指硅酸盐玻璃，以石英砂、纯碱、长石及石灰石等为原料，经混和、高温熔融、匀化后，加工成形，再经退火而得。广泛用于建筑、日用、艺术、医疗、化学、电子、仪表、核工程等领域。

6.2　认识平板玻璃

平板玻璃又称白片玻璃或净片玻璃。其化学成分一般属于钠钙硅酸盐玻璃，组成范围是：SiO_2 70%～73%（重量，下同）；Al_2O_3 0～3%；CaO 6～12%；MgO 0～4%；Na_2O+K_2O 12%～16%。它具有透光、透明、保温、隔声，耐磨、耐气候变化等性能。平板玻璃主要物理性能指标：折射率约1.52；透光度85%以上（厚2mm的玻璃，有色和带涂层者除外）；软化温度650～700℃；热导率0.81～0.93w/（m·k）；膨胀系数9～10×10-6/K；比重约2.5；抗弯强度16～60MPa。

1. 窗用玻璃

窗用平板玻璃又称平光玻璃或镜片玻璃，简称玻璃，是未经研磨加工的平板玻璃。主要用于建筑物的门窗（图 6.1）、墙面、室外装饰等，起着透光、隔热、隔声、挡风和防护的作用，也可用于商店柜台、橱窗及一些交通工具（汽车、轮船等）的门窗等。窗用平板玻璃的厚度一般有 2mm、3mm、4mm、5mm、6mm 五种，其中 2～3mm 厚的，常用于民用建筑，4～6mm 厚的，主要用于工业及高层建筑。

2. 磨光玻璃

磨光玻璃又称镜面玻璃或白片玻璃，是经磨光抛光后的平板玻璃，分为单面磨光和双面磨光两种，对玻璃磨光是为了消除玻璃中含有玻筋等缺陷。磨光玻璃表面平整光滑且有光泽，从任何方向透视或反射景物都不发生变形，其厚度一般为 5～6mm，尺寸可根据需要制作。常用以安装大型高级门窗、橱窗或制镜。

3. 磨砂玻璃

磨砂玻璃（图 6.2）又称毛玻璃，是用机械喷砂，手工研磨或使用氢氟酸溶液等方法，将普通平板玻璃表面处理为均匀毛面而成的。该玻璃表面粗糙，使光线产生漫反射，具有透光不透视的特点，且使室内光线柔和。它常被用于卫生间、浴室、厕所、办公室、走廊等处的隔断，也可作黑板的板面。

图 6.1　平板玻璃

图 6.2　磨砂玻璃

4. 有色玻璃

有色玻璃又称彩色玻璃，分透明和不透明两种。该玻璃具有耐腐蚀、抗冲刷、易清洗等优点，并可拼成各种图案和花纹。适用于门窗、内外墙面及对光有特殊要求的采光部位。

5. 装饰镜

装饰镜是室内装饰必不可少的材料。可映照人及景物，扩大室内视野及空间，增加室内明亮度。可采用高质量浮法平板玻璃及真空镀铝或镀银的镜面。可用于建筑物（尤其是窄小空间）的门厅、柱子、墙壁、顶棚等部位的装饰。

6.3 认识装饰玻璃

装饰玻璃是以彩色装饰玻璃为载体,加上一些工艺美术手法使现实、情感和理想得到再现,再结合想象力实现审美主体和审美客体的相互对象化的一种物品。具体地说彩色装饰玻璃是人们现实生活中对精神世界的一种形象反映,同时也是装饰家们知觉、情感、理想、意念等综合心理活动的有机产物。广义的装饰玻璃覆盖了所有以玻璃材质为载体,体现设计概念和表达装饰效果的玻璃制品,包括装饰作品、工艺品和装饰品等等,而狭义的装饰玻璃则仅仅指的是装饰作品。

1. 彩绘玻璃

彩绘玻璃是一种用途广泛的高档装饰玻璃产品。屏幕彩绘技术能将原画逼真地复制到玻璃上,它不受玻璃厚度、规格大小的限制,可在平板玻璃上作出各种透明度的色调和图案,而且彩绘涂膜附着力强,耐久性好,可擦洗,易清洁。彩绘玻璃可用于家庭、写字楼、商场及娱乐场所的门窗、内外幕墙、顶棚吊灯、灯箱、壁饰、家具、屏风等,利用其不同的图案和画面来达到较高艺术情调的装饰效果。

2. 光栅玻璃

光栅玻璃又称镭射玻璃,是以玻璃为基材,经激光表面微刻处理形成的激光装饰材料,是应用现代高新技术采用激光全息变光原理,将摄影美术与雕塑的特点融为一体,使普通玻璃在白光条件下显现出五光十色的三维立体图像。光栅玻璃是依据不同需要,利用计算机设计,激光表面处理,编入各种色彩、图形及各种色彩变换方式,在普通玻璃上形成物理衍射分光和全息光栅或其他光栅,凹与凸部形成四面对应分布或散射分布,构成不同质感、空间感,不同立面的透镜,加上玻璃本身的色彩及射入的光源,致使无数小透镜形成多次棱镜折射,从而产生不时变换的色彩和图形,具有很高的观赏与艺术装饰价值。光栅玻璃耐冲击性、防滑性、耐腐蚀性均好,适用于家居及公共设施和文化娱乐场所的大厅、内外墙面、门面招牌、广告牌、顶棚、屏风、门窗等美化装饰。

3. 压花玻璃 (**图 6.3**)

压花玻璃又称花纹玻璃和滚花玻璃,主要用于门窗、室内间隔、卫浴等处。压花玻璃表面有花纹图案,可透光,但却能遮挡视线,即具有透光不透明的特点,有优良的装饰效果。压花玻璃的透视性,因距离、花纹的不同而各异。其透视性可分为近乎透明可见的,稍有透明可见的,几乎遮挡看不见的和完全遮挡看不见的。其类型分为压花玻璃、压花真空镀铝玻璃、立体感压花玻璃、彩色膜压花玻璃等。厚度为 3~5mm。其规格较多,分为菱形压花、方形压花。安装时花纹面朝向内侧,以免起到相反的效果。

4. 雕刻玻璃 (**图 6.4**)

雕刻玻璃分为人工雕刻和计算机雕刻两种。其中人工雕刻利用娴熟刀法的深浅和转折配合,更能表现出玻璃的质感,使所绘图案予人呼之欲出的感受。雕刻玻璃是家居装修中很有品位的一种装饰玻璃,所绘图案一般都具有个性"创意",反映着居室主人的情趣所在和追求。顾名思义,就是在玻璃上雕刻各种图案和文字,最深可以雕入玻璃 1/2 深度,立体感较强，可以做成通透的和不透的，适合做隔断和造型也可以上色之后再夹胶，适合酒店、会所、别墅等做隔断或墙面造型。

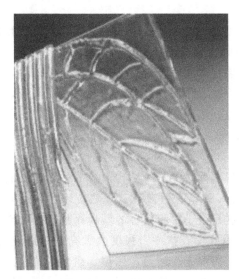

图 6.3　压花玻璃

图 6.4　雕刻玻璃

5. 镶嵌玻璃（图 6.5）

镶嵌玻璃工艺：利用各种金属嵌条、中空玻璃密封胶等材料将钢化玻璃、浮法玻璃和彩色玻璃，经过雕刻，磨削，碾磨，焊接，清洗干燥密封等工艺制造成的高档艺术玻璃。镶嵌玻璃能体现家居空间的变化，是装饰玻璃中具有随意性的一种。它可以将彩色图案的玻璃、雾面朦胧的玻璃、清晰剔透的玻璃任意组合，再用金属丝条加以分隔，合理地搭配"创意"，呈现不同的美感，更加令人陶醉。镶嵌玻璃广泛应用于家庭、宾馆、饭店和娱乐场所的装修、装潢。

图 6.5　镶嵌玻璃

6.4　认识安全玻璃

【参考图文】

安全玻璃是一类经剧烈振动或撞击而不破碎，即使破碎也不易伤人的玻璃。它用于汽车、飞机和特种建筑物的门窗等。建筑物使用安全玻璃，可以抵御子弹或 100km/h 的飓风中所夹杂碎石的攻击，这对主体为玻璃结构的现代建筑具有特别重要的意义。常见的安全玻璃种类有贴膜玻璃、钢化玻璃等。由钢化玻璃或夹层玻璃组合加工而成的其他玻璃制品，如安全中空玻璃等。安全玻璃根据不同的需要可用普通玻璃、钢化玻璃、热增强玻璃

来制成，也可制成中空玻璃。安全玻璃具有良好的安全性，抗冲击性和抗穿透性，具有防盗、防爆、防冲击等功能。

1. 钢化玻璃（图 6.6）

钢化玻璃是将平板玻璃加热到软化温度后，迅速冷却使其骤冷或用化学法对其进行离子交换而成的。这使得玻璃表面形成压力层，因此比普通玻璃抗弯强度提高 5～6 倍，抗冲击强度提高约 3 倍，韧性提高约 5 倍。钢化玻璃在碎裂时，不形成锐利棱角的碎块，因而不伤人。钢化玻璃不能裁切，需按要求加工，可制成磨光钢化玻璃、吸热钢化玻璃，用于建筑物门窗、隔墙及公共场所等防振、防撞部位。弯曲的钢化玻璃主要用于大型公共建筑的门窗，工业厂房的天窗及及车窗玻璃。

2. 夹层玻璃（图 6.7）

夹层玻璃是将两片或多片平板玻璃用透明塑料薄片，经热压粘合而成的平面或弯曲的复合玻璃制品。玻璃原片可采用磨光玻璃、浮法玻璃、有色玻璃、吸热玻璃、热反射玻璃、钢化玻璃等。夹层玻璃的特点是安全性好，这是由于中间粘合的塑料衬片使得玻璃破碎时不飞溅，致使产生辐射状裂纹，不伤人，也因此使其抗冲击强度大大高于普通玻璃。另外，使用不同玻璃原片和中间夹层材料，还可获得耐光、耐热、耐湿、耐寒等特性。夹层玻璃适用于安全性要求高的门窗，如高层建筑的门窗，大厦、地下室的门窗，银行等建筑的门窗，商品陈列柜及橱窗等防撞部位。

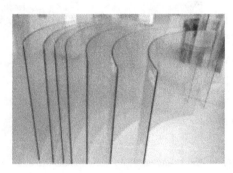

图 6.6　钢化玻璃

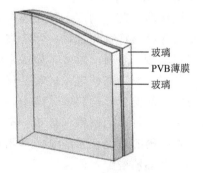

玻璃
PVB薄膜
玻璃

图 6.7　夹层玻璃

3. 夹丝玻璃（图 6.8）

夹丝玻璃是将普通平板玻璃加热到红热软化状态后，再将预热处理的金属丝或金属网压入玻璃中而成。其表面可是压花或磨光的，有透明或彩色的。夹丝玻璃的特点是安全性好，这是由于夹丝玻璃具有均匀的内应力和抗冲击强度，因而当玻璃受外界因素（地震、风暴、火灾等）作用而破碎时，其碎片能粘在金属丝（网）上，防止碎片飞溅伤人。此外，这种玻璃还具有隔断火焰和防火蔓延的作用。夹丝玻璃适用于振动较大的工业厂房门窗、屋面、采光天窗，需安全防火的仓库、图书馆门窗，建筑物复合外墙及透明栅栏等。

4. 防盗玻璃（图 6.9）

防盗玻璃是夹层玻璃的特殊品种，一般采用钢化玻璃、特厚玻璃、增强有机玻璃、磨光夹丝玻璃等以树脂胶胶合而成的多层复合玻璃，并在中间夹层嵌入导线和敏感探测元件等接通报警装置。

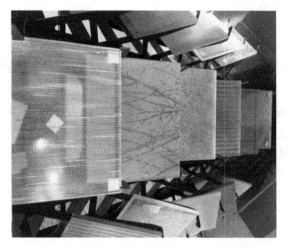

【参考图文】

图 6.8　夹丝玻璃

【学中做】

图 6.9　防盗玻璃

6.5　认识节能玻璃

1. 吸热玻璃

　　吸热玻璃是在玻璃液中引入有吸热性能的着色剂（氧化铁、氧化镍等）或在玻璃表面喷镀具有吸热性的着色氧化物（氧化锡、氧化锑等）薄膜而成的平板玻璃。吸热玻璃一般呈灰、茶、蓝、绿、古铜、粉红、金等颜色，它既能吸收 70% 以下的红外辐射能，又保持良好的透光率及吸收部分可见光、紫外线的能力，具有防眩光、防紫外线等作用。吸热玻璃适用于既需要采光、又需要隔热之处，尤其是炎热地区，需设置空调、避免眩光的大型公共建筑的门窗、幕墙、商品陈列窗，计算机房，以及火车、汽车、轮船的风挡玻璃，还可制成夹层、中空玻璃等制品。

2. 热反射玻璃（图6.10）

热反射玻璃是表面用热、蒸发、化学等方法喷涂金、银、铝、铜、镍、铬、铁等金属及金属氧化物或粘贴有机物薄膜而制成的镀膜玻璃。热反射玻璃对太阳光具有较高的热反射能力，热透过率低，一般热反射率都在30％以上，最高可达60％，且又保持了良好的透光性，是现代最有效的防太阳玻璃。热反射玻璃具有单向透视性，其迎光面有镜面反射特性，它不仅有美丽的颜色，而且可映射周围景色，使建筑物和周围景观相协调。其玻璃背光面与透明玻璃一样，能清晰地看到室外景物。热反射玻璃适用于现代高级建筑的门窗、玻璃幕墙、公共建筑的门厅和各种装饰性部位，用它制成双层中空玻璃和组成带空气层的玻璃幕墙，可取得极佳的隔热保温及节能效果。

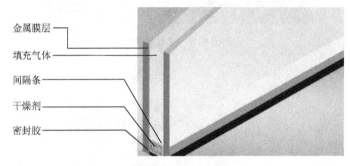

金属膜层
填充气体
间隔条
干燥剂
密封胶

图6.10　热反射玻璃

3. 光致变色玻璃（图6.11）

光致变色玻璃是在玻璃中加入卤化银，或在玻璃与有机夹层中加入钼和钨的感光化合物，获得光致变色玻璃。光致变色玻璃受太阳或其他光线照射时，其颜色会随光线的增强而逐渐变暗，停止照射后，又可自动恢复至原来的颜色。其玻璃的着色、退色是可逆的，而且耐久，并可达到自动调节室内光线的效果。光致变色玻璃主要用于要求避免眩光和需要自动调节光照强度的建筑物门窗。

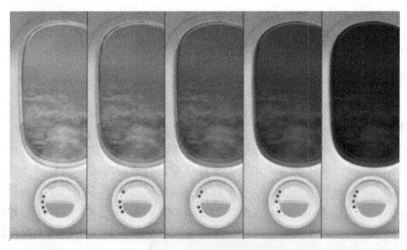

图6.11　光致变色玻璃

知 识 链 接

　　中国已经是世界上最大的建筑材料生产国和消费国。主要建材产品水泥、平板玻璃、建筑卫生陶瓷、石材和墙体材料等产量多年居世界第一位。同时，建材产品质量不断提高，能源和原材料消耗逐年下降，各种新型建材不断涌现，建材产品不断升级换代。目前，公路、铁路等基础设施建设投资的爆发增长和普通民用建筑投资的平稳增长，使建筑行业正处在景气上行阶段。同时，在建设节能社会和国家加强自主创新能力的背景下，节能和技术创新主题将是行业的发展热点。

学习小结

　　本章主要介绍玻璃的基本知识、平板玻璃、装饰玻璃、安全玻璃、节能玻璃。玻璃的基本概念和组成，平板玻璃的特点及化学成分组成，常见的平板玻璃包括窗用玻璃、磨光玻璃、磨砂玻璃（毛玻璃）、有色玻璃、装饰镜等。在装饰玻璃的应用中有分为彩绘玻璃、光栅玻璃、压花玻璃、雕刻玻璃、镶嵌玻璃等。玻璃的应用常常是解决安全问题，玻璃中也有安全玻璃，其中安全玻璃分为钢化玻璃、夹层玻璃、夹丝玻璃、防盗玻璃等。随着社会进步，对节能减排绿色建筑的要求也越严格，出现了节能玻璃，我们常见的节能玻璃包括吸热玻璃、热反射玻璃、光致变色玻璃。

课后思考与讨论

一、单选选择题。

1. 钢化玻璃 6mm 厚，最大许用面积是（　　）m^2。

A. 3　　　　　　　B. 4　　　　　　　C. 5　　　　　　　D. 6

2. 无框玻璃应使用公称厚度不小于（　　）mm 的钢化玻璃。

A. 10　　　　　　B. 12　　　　　　C. 14　　　　　　D. 16

3. 不承受水平荷载的室内栏板选用栏板玻璃时，若采用钢化玻璃其公称厚度不小于（　　）mm。

A. 4　　　　　　　B. 5　　　　　　　C. 6　　　　　　　D. 8

4. 当屋面玻璃最高点离地面的高度大于 3m 时，必须使用（　　）玻璃。

A. 钢化玻璃　　　B. 半钢化玻璃　　C. 夹层玻璃　　　D. 安全玻璃

5. 点支撑地板玻璃必须采用（　　）。

A. 钢化玻璃　　　B. 半钢化玻璃　　C. 夹层玻璃　　　D. 钢化夹层玻璃

二、多项选择题。

1. 建筑玻璃强度设计值应根据以下哪些内容选择（　　）。

A. 荷载方向　　　B. 荷载类型　　　C. 最小应力点位置

D. 玻璃种类　　　E. 玻璃厚度

2. 建筑物可根据功能要求选用下列哪些玻璃（　　）。

A. 中空玻璃　　　　B. 真空玻璃　　　　C. 钢化玻璃

D. 夹丝玻璃　　　　E. 镀膜玻璃

3. 塑料门窗工程在下列哪些情况下，必须使用安全玻璃（　　）。

A. 面积大于 $1.5m^2$ 的窗玻璃

B. 距离可踏面高度 900mm 以下的窗玻璃

C. 距离可踏面高度 600mm 以下的窗玻璃

D. 7 层及 7 层以上建筑外开窗

4. 对隔声性能要求高的塑料门窗宜采取下列哪些措施（　　）。

A. 采用密封性能好的门窗构造　　　B. 采用隔声性能好的中空玻璃

C. 采用隔声性能好的夹层玻璃　　　D. 采用双层窗构造

5、塑料门窗的三项性能指标是指（　　）。

A. 抗风压性能　　　B. 水密性能　　　C. 气密性能　　　D. 保温性能

第 **7** 章 建筑陶瓷

引 言

陶瓷是陶器与瓷器的统称。传统陶瓷又称普通陶瓷，是以黏土等天然硅酸盐为主要原料烧成的制品，经原料处理、配料、制坯、干燥和焙烧而制成的无机非金属材料。其中建筑陶瓷主要用于房屋建筑，市政设施等各种土木工程用的陶瓷制品。其特点是强度高、防潮、防火、耐酸、耐碱、抗冻、不老化、不变质、不褪色、易清洁等，并具有丰富的艺术装饰效果。

学习目标

了解建筑陶瓷的种类，掌握不同种类建筑陶瓷的用途，熟悉常用建筑陶瓷的标准及要求，了解建筑陶瓷的发展趋势。

本章导读

我国的建筑陶瓷产业在近十几年的时间里得到了快速发展，凭借内外部的发展优势与机遇，已成为世界建筑陶瓷的生产和消费大国，全球过半的建筑陶瓷产自我国，由此可见我国建筑陶瓷在国际舞台上占据了重要的地位。在辽阔的国土上，建筑陶瓷产区覆盖了大部分地区，其中以广东、山东等地区最具有代表性，不少地区形成了独具特色的建筑陶瓷集群。

问题：建筑陶瓷为什么在建筑领域中的需求越来越大，跟其材料特性有关系吗？

7.1 了解陶瓷的基本知识

　　带釉的建筑陶瓷制品是在坯体表面覆盖一层玻璃质釉，能起到防水、装饰、洁净和提高耐久性的作用。釉用原料，除粗陶外，一般选用含铁、钛低的黏土、长石、石英、石灰石、白云石、滑石、菱镁石、方硼石、锂云母、天青石、重晶石、珍珠岩等天然矿物，以及含铅、锌、钾、钠、硼、钡、锶等原料作釉料的基础组分，以锡、锆、钛、锑、铈的氧化物和锆的硅酸盐作浮浊剂，以含铁、钴、镍、锰、铜、铬、硒、镉、镨、钒等的氧化物或盐类作着色原料。

【参考图文】

　　建筑陶瓷的成型方法有模塑、挤压、干压、浇注、等静压、压延和电泳等。烧成工艺有一次烧成和二次烧成。使用的窑类型有间歇式的倒焰方窑、圆窑、轮窑，以及连续式的隧道窑、辊道窑和网带窑等。普通制品用煤、薪柴、重油、渣油等作燃料，而高级制品则用煤气和天然气等作燃料。

7.2 认识常见的建筑陶瓷

1. 陶瓷面砖

　　陶瓷面砖是用作墙、地面等贴面的薄片或薄板状陶瓷质装修材料，也可用作炉灶、浴池、洗濯槽等贴面材料。陶瓷面砖有内墙面砖、外墙面砖、地面砖、陶瓷锦砖和陶瓷壁画等。

　　① 内墙面砖又称釉面砖，用精陶质材料制成，制品较薄，坯体气孔率较高，正表面上釉，以白釉砖和单色釉砖为主要品种，并在此基础上应用色料制成各种花色品种。

　　生产工艺通常为高温慢烧，坯件多用长石黏土系和叶蜡石-黏土系精陶，掺入少量石灰石、滑石，以降低湿膨胀，防止后期龟裂。坯料组成范围：高岭土或叶蜡石为40%～65%；黏土为40%～65%；石英为20%～30%；熔剂（长石、石灰石、滑石、白云石等中的一种或几种）5%～17%。白色胚体上使用铅硼熔块透明釉，有色坯体上使用硼碱锆（锡、钛、铈）熔块乳浊釉。素烧温度为1230～1280℃，釉烧温度为1100～1160℃。可在已釉烧过的白釉、浅色釉面上采用贴花、丝网印刷、喷涂等工艺，饰以花纹图案，然后在低温下彩烧，也可在素烧胚或生釉层上施彩，釉烧和彩烧一次完成。

　　采用的低温快烧新工艺，其制坯主要原料为硅灰石、滑石、透辉石、磷渣、叶蜡石和黏土，用辊道窑、网带窑等快烧窑烧成。烧成温度：素烧为1000～1100℃；釉烧为960～1040℃，烧成周期为40～60min。其特点是烧成燃料消耗少，便于生产过程自动化，生产灵活性大和成本低。

　　② 外墙面砖（图7.1）由半瓷质或瓷质材料制成。分有釉和无釉两类，均饰以各种颜

色或图案。釉面一般为单色、无光或弱光泽。具有经久耐用、不褪色、抗冻、抗蚀和依靠雨水自洗清洁的特点。

图 7.1　外墙面砖

其生产工艺是以耐火黏土、长石、石英为坯体主要原料，在 1250～1280℃下一次烧成，坯体烧后为白色或有色。采用的新工艺是以难熔或易熔的红黏土、页岩黏土、矿渣为主要原料，在辊道窑内于 1000～1200 黏下一次快速烧成，烧成周期 1～3h，也可在隧道窑内烧成。

③ 地面砖（图 7.2）用半瓷质材料制成，分为有釉和无釉两种，均饰以单色、多色、斑点和各种花纹图案。地面砖和外墙砖向通用的墙地两用砖（又称彩釉砖、防潮砖）发展，其坯体材质相同，但产品厚度和釉的性能因用途而不同。

图 7.2　地面砖

工艺流程：放线并预检→成型钢筋进场→排钢筋→焊接接头→绑扎→柱墙插筋定位→交接验收

④ 陶瓷锦砖（图 7.3）又称马赛克，是用于地面或墙面的小块瓷质装修材料。可制成不同颜色、尺寸和形状，并可拼成一个图案单元，粘贴于纸或尼龙网上，以便于施工，并

分有釉和无釉两种。一般以耐火黏土、石英和长石作制坯的主要原料，干压成型，于1250℃左右下烧成。也有以泥浆浇注法成型，用辊道窑、推板窑等连续窑烧成。

图 7.3　陶瓷锦砖

⑤ 陶瓷壁画（图 7.4）为贴于内外墙壁上的艺术陶瓷。用于外墙的由半瓷质或瓷质材料制成，用于内墙的可由精陶材料制成。特点是经久耐用，永不褪色。一般以数十甚至数千块白釉内墙砖拼成，用无机陶瓷颜料手工绘画烧制成画面。还有运用磁州窑特殊装饰工艺，制成特殊风格的花釉画面。

图 7.4　陶瓷壁砖

2. 陶管（图 7.5）

陶管是山东建筑陶瓷中生产历史最悠久的产品之一，西周时期即开始生产建筑用泥质灰陶管。其所用原料取自博山地区，主要有焦宝石、黄土、青土、药土。产品内外施釉，倒焰窑烧成。釉面呈棕色，不渗水，具有耐酸碱性能。规格长 1m，内径分 6、8、10、12、14、18 寸等 6 种。

陶管一般以难熔黏土或耐火黏土为主要原料，其内表面或内外表面用泥釉或食盐釉。用挤管机硬挤塑成型，坯体含水率低，便于机械化操作。用煤烧明焰隧道窑烧成，烧成温度为 1260℃左右。

图 7.5 陶管

　　陶管主要用于民房、工业和农田建筑给水、排水系统的陶质管道，有施釉和不施釉两种，采用承插方式连接。陶管具有较高的耐酸碱性，管内表面有光滑釉层，不会附生藻类而阻碍液体流通。用于城市污水管道的现代化陶管及接口的性能陶管是最古老的用于下水管道工程的材料之一。近几十年来发达国家的陶管生产技术取得不断的发展，通过采用现代化的技术用于民房、工业和农田建筑给水、排水系统的陶质管道，采用承插方式连接。

7.3 了解卫生陶瓷

　　卫生陶瓷（图 7.6）是卫生间、厨房和试验室等场所用的带釉陶瓷制品，也称卫生洁具。按制品材质有熟料陶（吸水率小于 18%）、精陶（吸水率小于 12%）、半瓷（吸水率小于 5%）和瓷（吸水率小于 0.5%）四种，其中以瓷制材料的性能为最好。熟料陶用于制造立式小便器、浴盆等大型器具，其余三种用于制造中、小型器具。各国的卫生陶瓷根据其使用环境条件，选用不同的材质制造。

【参考图文】

图 7.6 卫生陶瓷

中国卫生陶瓷行业相对于整个国际市场来讲起步较晚，卫生陶瓷在中国还是一个新兴行业。但缘于在陶瓷工艺上有着良好的传承，加上中国卫生陶瓷产业的不断努力，在引进和消化国外技术和装备及学习国外的管理经验的基础上，取得了重大的发展，已达到甚至超过了国外一线品牌的水平。

【学中做】

中国生产的卫生陶瓷产品多属半瓷质和瓷质，有洗面器、大便器、小便器、妇洗器、水箱、洗涤槽、浴盆、返水管、肥皂盒、卫生纸盒、毛巾架、梳妆台板、挂衣钩、火车专用卫生器、化验槽等品类。每一品类又有许多形式，例如洗面器，有台式、墙挂式和立柱式等；大便器有坐式和蹲式，坐便器又按其排污方式有冲落式、虹吸式、喷射虹吸式、旋涡虹吸式等。中国标准规定，各种半瓷质卫生陶瓷的吸水率小于或等于 4.5％；耐急冷急热（100℃水中加热 5 分钟后投入 15～16℃水中）三次不炸裂。普通釉白度大于或等于 60 度；白釉白度大于或等于 70 度。此外，对陶瓷的外观质量、规格、尺寸公差、使用功能等，也都有明确的规定。

知 识 链 接

中国陶瓷发展的历史是漫长的。从新石器时代早期烧造最原始的陶器开始，到发明瓷器并普遍应用，技术和艺术都在不断进步；在适应人们生存和生活的需要过程中，所烧制的陶瓷器物的种类在增加，样式在变化，内在质量在不断提高。陶瓷器物的手工艺制造技术，蕴藏着丰富的科学和艺术内涵，其表现形式主要是通过造型和装饰、质地和色泽展示的。陶瓷生产从原材料到成品器物的转化过程，必须运用相应的工艺技术来完成，这是人们生产物质资料的过程，也是创造性地开发和逐步形成传统工艺的过程。

从中国古代陶瓷的发展历史，可看到陶瓷文化的时代特征：秦汉的豪放，隋唐的雄阔，宋代的儒雅，明清的精致，无不在其各自的历史阶段，闪烁着它自身时代的光焰。当前，我国建筑陶瓷行业发展迅速，产销量保持高速增长态势。中国的建筑陶瓷行业借助内外部有利形势，形成一套独特的发展模式，使其在国际市场上处于重要的地位。

学习小结

本章介绍陶瓷的基本知识及常见的建筑陶瓷、卫生陶瓷。我们在建设过程中，大家常常看见的建筑陶瓷包括陶瓷面砖、陶管等陶瓷。随着对"厕所的革命"的兴起，卫生陶瓷也进入飞速发展的阶段，对于改善厕所卫生展现出既美观又实用的陶瓷用具，有半瓷质和瓷质之分，包括有洗面器、大便器、小便器、妇洗器、水箱、洗涤槽、浴盆、返水管、肥皂盒、卫生纸盒、毛巾架、梳妆台板、挂衣钩、火车专用卫生器、化验槽等。让人类生活变动卫生、实用、美观。

课后思考与讨论

一、单项选择题

1. 建筑陶瓷的主要原料是（ ）。

A. 水泥　　　　　　B. 黏土　　　　　　C. 粉煤灰　　　　D. 矿渣

2. 陶瓷卫生产品的主要技术指标是（　　）。

A. 光泽度　　　　　B. 密实度　　　　　C. 耐污性　　　　D. 吸水率

3. 根据现行规范规定，陶质卫生陶瓷的吸水率最大值是（　　）。

A. 8.0%　　　　　B. 12.0%　　　　　C. 15.0%　　　　D. 16.0%

4. 根据现行规范规定，瓷质卫生陶瓷的吸水率最大值是（　　）。

A. 0.3%　　　　　B. 0.4%　　　　　C. 0.5%　　　　　D. 0.6%

5. 建筑陶瓷的特点有（　　）。

A. 强度高、防潮、防火、耐酸、耐碱、抗冻、不老化、不变质、不褪色、易清洁

B. 强度低、防潮、防火、耐酸、耐碱、不抗冻、不老化、不变质、不褪色、易清洁

C. 强度低、防潮、防火、耐酸、耐碱、抗冻、易老化、不变质、不褪色、易清洁

D. 强度高、不防潮、防火、耐酸、耐碱、抗冻、不老化、不变质、不褪色、易清洁

二、项目实践

1. 根据学习的陶瓷相关知识，了解自己家里、学校、商城里，使用哪些陶瓷用品。

2. 根据建筑市场供应的陶瓷用品，我们如何选择价美物廉的陶瓷用品，谈谈你选购时的经验和注意事项。

第**8**章　建筑石材

引　言

　　建筑石材即建筑装饰石材，建筑装饰石材是指具有可锯切、抛光等加工性能，在建筑物上作为饰面材料的石材，包括天然石材和人造石材两大类。天然石材指天然大理石和花岗岩，人造石材则包括水磨石、人造大理石、人造花岗岩和其他人造石材。装饰石材与建筑石材的区别在于多了装饰性。

学习目标

　　了解岩石的种类和特点，掌握不同种类建筑石材的用途，熟悉常用建筑石材的标准及要求，了解建筑石材的选用标准。

本章导读

　　全美闻名的拉什莫尔山上雕刻着美国四位著名总统的巨大头像。从左至右，这四位总统是：开国元勋华盛顿、《独立宣言》的起草者杰佛逊、奠定 20 世纪美国之基础的西奥多·罗斯福和解放黑奴的领导者林肯。请思考，这些石材是属于天然石材还是人造石材。

8.1 了解岩石的基本知识

1. 岩石的组成

矿物是具有一定化学成分和一定结构特征的天然化合物和单质的总称。岩石是矿物的集合体,组成岩石的矿物称为造岩矿物。由单矿物组成的岩石叫单矿岩,如白色大理石,它是由方解石或白云石组成。由两种或两种以上的矿物组成的岩石叫多矿岩(又称复矿岩),如花岗岩,它是由长石、石英、云母及某些暗色矿物组成。自然界中的岩石大多以多矿岩形式存在。

凡是由天然岩石开采而得到的毛料,或经加工而制成的块状或板状岩石,统称为石材。石材是古老的建筑材料之一,由于其抗压强度高,耐磨、耐久性好、美观而且便于就地取材,所以现在仍然被广泛的使用。

2. 岩石的分类

岩石按其成因不同可以分为三大类:岩浆岩、沉积岩、变质岩。

(1) 岩浆岩

岩浆岩称火成岩,占地壳总质量的89%左右。按照冷却条件的不同,又分为深成岩、喷出岩和火山岩3种。

① 深成岩。结晶完全、构造致密、表观密度大、抗压强度高、吸水率小、抗冻及耐久性好。建筑上常用的有花岗岩、正长岩和橄榄岩等。

② 喷出岩。结晶不完全,建筑中常用的有玄武岩、辉绿岩、安山岩。

③ 火山岩。一般不用于装饰工程。

(2) 沉积岩

沉积岩也称水成岩,指露出地表的各种岩石在外力作用下经历风化、搬运、沉积和再造4个阶段,在地表及地下浅层形成的岩石。占地壳质量的5%,但分布面积占地表75%。

沉积岩包括机械沉积岩、生物沉积岩、化学沉积岩3类。

(3) 变质岩

变质岩是由地壳中原有的岩石,由于岩浆活动和构造运动,经历原岩变质(再结晶,使得矿物成分、结构发生改变)而形成的新岩石。

沉积岩变质后性能变好,结构致密坚实耐用。如石灰岩变质为大理石。

火成岩则相反,如花岗岩变质为片麻岩。

变质岩主要包括大理石、石英岩、片麻岩。

3. 建筑石材的技术要求

① 表观密度:根据密度的大小、石材分为轻石和重石两类:表观密度大于等于$1800kg/m^3$者为重石,重石适用于建筑物的基础、贴面、不采暖房屋外墙、地面、路面、桥梁及水利建筑物;表观密度小于$1800kg/m^3$者为轻石,主要用于墙体材料,如采暖房屋外墙。

② 强度：在石材饱水状态下，取三个边长为 70.7mm 的立方体试块，求得抗压强度的平均值，以此作为评定石材标号的等级的标准。石材的强度等级分为：MU100、MU80、MU60、MU50、MU40、MU30、MU20、MU15、MU10。

8.2 认识天然装饰石材

【参考图文】

1. 天然花岗石板材

建筑装饰工程上所指的花岗石是指花岗石为代表的一类装饰石材，包括各类以石英、长石为主要的组成矿物，并含有少量云母和暗色矿物的岩浆岩和花岗石的变质岩，如花岗岩、辉绿岩、辉长岩、玄武岩、橄榄岩等。从外观特征看，花岗石常呈整体均粒状结构，称为花岗石结构。

① 特征。花岗石构造致密、强度大、密度大、吸水率极低、质地坚硬、耐磨，属酸性硬石材。

花岗石的化学成分有 SiO_2、Al_2O_3、CaO、MgO、Fe_2O_3 等，其中 SiO_2 的含量常为 60% 以上，为酸性石材，因此，其耐酸、抗风化、耐久性好，使用年限长。花岗石所含石英在高温下会发生晶变，体积膨胀而开裂，因此不耐火。

② 分类、级别及技术要求。天然花岗石板材按形状可分为毛光板（MG）、普型板（PX）、圆弧板（HM）和异型板（YX）四类。按其表面加工程度可分为细板面（YG）、镜面板（JM）、粗面板（CM）三类。

根据 GB/T 18601—2009《天然花岗石建筑板材》，毛面板（按厚度偏差、平面度公差、外观质量等）、普型板（按规格尺寸偏差、平面度公差、角度公差及外观质量等）、圆弧板（按规格尺寸偏差、直线度公差、线轮廓度公差及外观质量等）均分为优等品（A）、一等品（B）、合格品（C）三个等级。

天然花岗石板材的技术要求包括规格尺寸允许偏差、平面度允许公差、角度允许公差、外观质量和物理性能。

③ 应用。花岗石板材主要用于大型公共建筑或装饰等级要求较高的室内外装饰工程。花岗石不易风化，外观色泽可保持百年以上，所以，粗面和细面板材常用于室外地面、墙面、柱面、勒脚、基座、台阶；镜面板材主要用于室内外地面、墙面、柱面、台面、台阶等，特别适宜做大型公共建筑大厅地面。

2. 天然大理石板材

大理石是石灰岩经过地壳内高温高压作用形成的变质岩，常呈层状结构，有明显的结晶和纹理，主要矿物为方解石和白云石，它属于中硬石材。

商业上所说的大理石是指以大理石为代表的一类装饰石材，包括碳酸盐岩和与其有关的变质岩，主要成分为碳酸盐，一般质地较软。

建筑装修工程上所指的大理石是广义上的，除指大理石外，还泛指具有装饰功能，可以磨平、抛光的各种碳酸盐岩和与其有关的变质岩，如石灰岩、白云岩、钙质砂岩等。大理石板材主要成分为碳酸盐矿物。

① 特征。天然大理石质地较密实，抗压强度较高、吸水率低、质地较软，属碱性中硬石材。它易加工、开光性好，常被制成抛光板材，其色调丰富、材质细腻，极富装饰性。

大理石的成分有 CaO、MgO、SiO_2 等，其中 CaO 和 MgO 的总量占 50% 以上，故大理石属碱性石材。在大气中受硫化物及汽水形成的酸雨长期的作用，大理石容易发生腐蚀，造成表面强度降低、变色掉粉，失去光泽，影响其装饰性能。所以除少数大理石，如汉白玉、艾叶青等质纯、杂质少、比较稳定、耐久的板材品种可用于室外，绝大多数大理石板材只宜用于室内。

② 分类、等级及技术要求 天然大理石板材按形状分为普型板（PX）和圆弧板（HM）。国际和国内板材的通用厚度为 20mm，称为板厚。随着石材加工工艺的不断改进，厚度较小的板材也开始应用于装饰工程，常见的有 10mm、8mm、7mm、5mm 等，称为薄板。

根据 GB/T 19766—2016《天然大理石建筑板材》，天然大理石板材按板材的规格尺寸偏差、平面度公差、角度公差及外观质量分为优等品（A）、一等品（B）和合格品（C）三个等级。

天然大理石板材的技术要求包括规格尺寸允许偏差、平面度允许公差、角度允许公差、外观质量和物理性能。

天然大理石、花岗石板材采用"平方米"计量，出场板材均应注明品种代号标记、商标、生产厂名。配套工程用材料应在每块板材侧面标明其图纸编号。包装时应将光面相对，并按板材品种规格、等级分别包装。运输搬运过程中应严禁滚摔碰撞。板材直立码放时，倾斜角不大于 15°；平放时地面必须平整，垛高不高于 1.2m。

③ 应用 。天然大理石板材是装饰工程的常用饰面材料。一般用于宾馆、展览馆、剧院、商场、图书馆、机场、车站、办公楼、住宅等工程的室内墙面、柱面、服务台、栏板、电梯间门口等部位。由于其耐磨性相对较差，虽也可用于室内地面，但不宜用于人流较多场所的地面。由于大理石耐酸腐蚀能力较差，除个别品种外，一般只是用于室内。

3. 青石板材 （图 8.1）

青石板才属于沉积岩类（砂岩），主要成分为石灰石、白云石。随着岩石深埋条件的不同和其他杂质（如铜、铁、锰、镍等金属氧化物）的混入，形成多种色彩。青石板材质地密实、强度中等、易于加工，可采用简单工艺凿割成薄板或条形材。青石板材是理想的建筑装饰材料；用于建筑物墙裙、地坪铺贴以及庭院栏杆（板）、台阶等，具有古建筑的独特风格。

常用青石板的色泽为豆青色和深豆青以及青色带灰白结晶颗粒等多种。青石板根据加工工艺的不同分为粗毛面板、细毛面板和剁斧板等多种，尚可根据建筑意图加工成光面（磨光）板。青石板以"立方米"或"平方米"计量，其包装、运输、存储条件类似于花岗石板材。

图 8.1　青石板材

8.3　认识人造石材

1. 人造石材的基本知识

人造饰面石材适用于室内外墙面、地面、柱面、台面等，主要采用无机或有机胶凝材料作为胶粘剂，以天然砂、碎石、石粉或工业渣等为粗、细填充料，经成型、固化、表面处理而成的一种人造材料。

我国于 20 世纪 70 年代末期开始引进人造石材设备，发展极其迅速。

2. 人造石材的特点及制造工艺

人造石材使用性能高综合起来讲就是：强度高、硬度高、耐磨性能好、厚度薄、质量轻、用途广泛、加工性能好。

人造石材按照所用材料和制造工艺不同，可把人造饰面石材分为水泥型人造石材、聚酯型人造石材、复合型人造石材、烧结型人造石材和微晶玻璃人造石材。其中聚酯型人造石材和微晶玻璃型人造石材是目前应用较多的品种。

（1）水泥型人造石材

以水泥为黏结剂，砂为细骨料，碎大理石、花岗石、工业废渣等为粗骨料，经配料、搅拌、成型、加压蒸养、磨光、抛光等工序制成。

（2）聚酯型人造石材

以不饱和聚酯为黏结剂，与大理石、石英砂、方解石粉或其他无机填料按一定比例混合，浇铸成型，固化脱模烘干抛光制成。目前市场上的人造大理石以聚酯型居多。其产光洁性好，颜色鲜亮且可以调节。

聚酯型人造石材可分为人造花岗石、人造大理石、人造玛瑙石和人造玉石等。具有花色品种多、装饰效果好、板材薄、强度高、耐酸碱腐蚀性强、抗污性能好、耐高温性差、长期室外使用易老化的特点。

在居室装修施工中，采用天然大理石大面积用于室内装修时会增加楼体承重，而聚酯人造大理石就克服了上述缺点。它以不饱和聚酯树脂作为黏合剂，与石英砂、大理石粉、方解石粉等搅拌混合，浇铸成型，在固化剂作用下产生固化作用。经脱模、烘干、抛光等工序而制成。这种材料质量轻（比天然大理石轻 25％左右）、强度高、厚度薄，并易于加工，拼接无缝、不易断裂，能制成弧形，曲面等形状，比较容易制成形状复杂、多曲面的各种各样的洁具，如浴缸、洗脸盆、坐便器等，并且施工比较方便。

（3）复合型人造石材（图 8.2）

复合型人造石材是一种人造的仿石材材料，它的表面使用的是大理石粉和聚酯，底层用的是性能稳定的无机材料，中间部分采用含有有机高分子和无机材料的黏结剂填充、结成型。它的制作工艺是先用水、石灰、水泥等制成水泥砂浆的坯体，再把制作好的坯体浸泡到有机单体中，让胚体在一定条件下发生聚合反应，反应完成后就制成了这种复合型人造石材，用这种方法制作出来的复合型人造石材，具有很好的装饰效果。

复合型人造石材有着良好的装饰性，材料有质感，适用范围广，绿色环保等优点，在工程界得到了广泛的运用。

图 8.2　复合人造石材

（4）烧结型人造石材

烧结型人造石材的生产方法与陶瓷工艺相似，是将长石、石英、辉绿石、方解石等粉料和赤铁矿粉，以及一定量的高龄土共同混合，一般配比为石粉 60％，黏土 40％，采用混浆法制备坯料，用半干压法成型，再在窑炉中以 1000℃左右的高温焙烧而成。烧结型人造石材的装饰性好，性能稳定，但需经高温焙烧，因而能耗大，造价高。由于不饱和聚脂树脂具有粘度小，易于成型；光泽好；颜色浅，容易配制成各种明亮的色彩与花纹；固化快，常温下可进行操作等特点，因此在上述石材中，使用最广泛的，是以不饱和聚脂树脂为胶结剂而生产的树脂型人造石材，其物理、化学性能稳定，适用范围广，又称聚酯合成石。

（5）微晶玻璃人造石材

微晶玻璃人造石材，也称微晶玻璃、微晶板。1974 年，日本电子硝子（NEG）开始推出微晶玻璃板时，人们无法了解微晶玻璃是什么，性能是否可靠。但二十几年来，使用者证明：微晶玻璃板不仅具有美感、高级感，而且在耐候性、耐磨性、清洁维护方面均比

天然石来得优越。

　　微晶玻璃板是一种由适当玻璃颗粒经烧结与晶化，制成的微晶体和玻璃的混合体。其质地坚硬、密实均匀，且生产过程中无污染，产品本身无放射性污染，是一种新型的环保绿色材料。

知 识 链 接

【学中做】

　　天然石材中的放射性是引起普遍关注的问题。但经检验证明，绝大多数的天然石材中所含放射性物质极微，不会对人体造成任何危害。但部分花岗石产品放射性指标超标，会在长期使用过程中对环境造成污染，因此有必要限制其使用。在 GB 6566—2010《建筑材料放射性核素限量》中规定，装修材料（花岗石、建筑陶瓷、石膏制品等）中以天然放射性核素（镭-226、钍-232、钾-40）的放射性比活度及外照射指数的限值分为 A、B、C 三类：A 类产品的产销与使用范围不受限制；B 类产品不可用于 I 类民用建筑的内饰面，但可用于 I 类民用建筑的外饰面及其他一切建筑物的内、外饰面；C 类产品只可用于一切建筑物的外饰面。

　　放射性水平超过限值的花岗石和大理石，其中的镭、钍等放射元素衰变过程中将产生天然放射性气体氡。氡是一种无色、无味、感官不能觉察的气体，特别易在通风不良的地方聚集，可导致肺、血液、呼吸道发生病变。

　　目前国内使用的众多天然石材产品，大部分是符合 A 类产品要求的，但不排除有少量的 B 类、C 类产品。因此装饰工程中应选用经放射性测试，且获得了放射性产品合格证的产品。此外在使用过程中，应经常打开居室门窗，促进室内空气流通，使氡稀释，达到减少污染的目的。

学习小结

　　通过本章学习，我们了解了岩石的基本知识、种类；建筑石材的技术标准；天然装饰石材、人造石材等。岩石分为火成岩、沉积岩、变质岩；其中火成岩又分为深成岩、喷出岩和火山岩。建筑石材在进行选择中技术标准包括力学性能、几何尺寸、表观密度、强度等。生活水平的提高，人们对材料的选择上有了更多地选择，带来的功能和效果也超过之前的认知。天然装饰石材有着自然的温度和大自然的气息，人造石材弥补天然石材中不足之处。

课后思考与讨论

一、填空题

　　1. 按地质分类法，天然岩石分为（　　）、（　　）和（　　）三大类。其中岩浆岩按形成条件不同又分为（　　）、（　　）和（　　）。

2. 建筑工程中的花岗岩属于（　　　），大理石属于（　　　），石灰石属于（　　　）。

3. 天然石材按体积密度大小分为（　　　）、（　　　）两类。

4. 砌筑用石材分为（　　　）和（　　　）两类。其中料石按表面加工的平整程度又分为（　　　）、（　　　）、（　　　）和（　　　）四种。

5. 天然大理石板材主要用于（　　　），少数品种如汉白玉、艾叶青等可用作（　　　）；天然花岗石板材用作（　　　）。

二、判断题

1. 花岗石板材既可用于内装饰又可用于室外装饰。（　　　）

2. 大理石板材既可用于室内装饰又可用于室外装饰。（　　　）

3. 汉白玉是一种白色花岗石，因此可用作室外装饰和雕塑。（　　　）

4. 石材按其抗压强度共分为 MU100、MU0、MU60、MU50、MU40、MU30、MU20、MU15 和 MU10 九个强度等级。（　　　）

5. 火山为玻璃体结构且构造致密。（　　　）

6. 岩石中云母含量越多，则其强度越高。（　　　）

7. 岩浆岩分布最广。（　　　）

8. 黄铁矿是岩石中的有害矿物。（　　　）

第**9**章 建筑涂料

引　言

涂料，在中国传统名称为油漆。尽管涂料的工业化始于近代，但涂料本身的历史非常久远。在中国古代，使用天然树脂作为成膜物质装饰木器的技术早有记载。中国古代的画家使用的颜料，则是矿物盐和水的混悬液，这是最早的水性涂料。到了 19 世纪中叶，人们发现使用一些溶剂来帮助天然树脂的溶解，可以制成更加稳定的涂膜材料，从而导致了溶剂型涂料的产生。石灰乳液是涂料发展历史上出现较早的水性涂料，到了 19 世纪工业革命阶段，有人曾经尝试往石灰乳液里加入乳化亚麻仁油进行改良，形成了乳胶漆的雏形。20 世纪 30 年代中期，德国人把聚醋酸乙烯酯乳液作为涂料加以使用。到了 20 世纪 50 年代，纯丙烯酸酯乳液开始在欧美市场中出现，由于价格昂贵，没有得到广泛的使用。进入 20 世纪 60 年代，涂料产业得到进一步的发展，最为突出的是醋酸乙烯酯—乙烯聚合物涂料的发明，以及醋酸乙烯酯、高级脂肪酸乙烯共聚物涂料的进一步发展。20 世纪 70 年代以来，由于各国环境保护法规的制定和人们环境保护意识的加强，包括我国在内的许多国家开始通过法律途径限制有机溶剂的使用及涂料生产过程中有害物质的排放，从而使溶剂型涂料的生产与使用受到种种限制。另一方面，溶剂型涂料当中大约 75％ 的原料来自石油工业，西方工业国家的经济危机和第三世界国家调整石油价格使得溶剂型涂料成本进一步上升。到这一时期，以乳胶漆为代表的水性涂料逐渐取代溶剂型涂料进入人们的视野。20 世纪 90 年代至今，乳胶漆逐步替代传统溶剂型涂料走入千家万户。

学习目标

了解建筑涂料的基本知识和主要技术性能，了解建筑涂料的常见分类，掌握内墙涂料、外墙涂料等常见建筑涂料的基本知识，了解建筑涂料的发展趋势。

本章导读

建筑涂料的应用十分广泛，你能找出下图所示的建筑中使用了哪些建筑涂料吗？

9.1　了解涂料的基本知识

【参考图文】

　　涂料是涂覆在物体表面，并能与被涂物形成牢固附着的连续薄膜，起到一定保护和装饰作用，或具备其他特殊功能的材料。建筑涂料通常由基质、溶剂、颜填料、助剂等组分组成。其中基质通常是树脂、油料等。溶剂一般为水，也可以在水中添加一定的化学成分帮助基质的溶解。基质和溶剂的种类决定涂料的主要性能。颜填料分为颜料和填料。颜料赋予涂料颜色，填料赋予涂料一定的质地，并且降低涂料的生产成本。助剂则是对涂料的化学及物理性能能起到一定辅助作用的添加剂。将基质、溶剂、颜填料、助剂混合，在高速搅拌的情况下使得基质、颜填料在溶剂中充分分散，最终可以得到具有一定的粘稠程度的稳定乳液，这就是涂料。

　　《涂料工艺》一书对涂料的定义："涂料是一种材料，这种材料可以用不同的施工工艺涂覆在物件表面，形成粘附牢固、具有一定强度、连续的固态薄膜。这样形成的膜通称涂膜，又称漆膜或涂层。"

9.2　认识涂料的基本性能

【参考图文】

建筑涂料具有以下七种基本性能。

1. 遮盖力

遮盖力指涂料遮盖被涂覆的物体表面，使原物体表面不可见的功能。以每平米所消耗涂料或原料的最少克数表示。遮盖力的好坏取决于颜料的品种与用量。一般内墙乳胶涂料的遮盖力应不高于 $250g/m^2$。

2. 附着力

附着力指涂层在被涂物表面因物理和化学作用相互结合的附着力大涂层的装饰和保护作用可以长久，而附着力差则容易出现起皮、剥落造成质量问题。附着力的好坏不仅与涂料性能有关也与基层状况有关。一般常用的薄涂料对附着力的测试不做规定，对厚浆涂料常用枯结强度测定。一旦出现质量问题时要具体问题具体分析，找出主要原因，以便加以解决。

3. 最低成膜温度（MFT 值）

建筑涂料的涂装受环境温度的影响，特别是我国北方地区春、夏、秋、冬温度差异较大。而涂料的最低成膜温度是聚合物乳液形成连续性涂膜所需的最低温度，以 MFT 表示。不同乳液所制备的涂料其成膜温度也不同，通常由涂料生产厂商提供给应用方。一般合成树脂乳胶涂料的最低成膜温度在 5℃以上，无机涂料的最低成膜温度低于 0℃。

4. 干燥性

干燥性即液态涂料涂布于物体表面，随着溶剂的挥发逐渐失去流动性，形成连续涂膜的过程。建筑涂料的干燥性是一项重要指标，一般规定要求涂膜表干时间不大于 2h，实干时间不大于 48h。

5. 保色性

涂料的保色性，即涂层保持原色的能力，它是建筑涂料的一项重要性能。涂料的保色性主要取决于涂料使用的颜料，有的颜料对紫外线非常敏感，一经曝晒即发生明显变色，这样的颜料制备的涂料就不适合建筑室外装饰使用。

6. 保光性

涂料的保光性指涂层在自然或人工老化条件下保持涂膜原始光泽的能力。将被测试的涂膜样板遮盖住一部分，在日光或人造光源下照射一定时间后，用光泽计测定未照射和被照射部分的光泽，以其比值表示保光性的结果。丙烯酸类涂料保光性非常好。

7. 流平性

流平性指涂料施涂后，漆膜能够流动而消除涂痕的性能。它是涂料施工性能中的一项重要指标。流平性与涂料的黏度、表面张力和使用的溶剂等有关。涂料中如果加入硅油、醋丁纤维素等助剂，流平性可得到改善。各国标准不同，所规定的流平性测定方法也不同。

【参考图文】

除此之外，如耐候性、防水性、耐沾污性等性能也是建筑涂料所具有的性能。

由于涂料种类不同，涂料所使用的环境也有所不用，对性能的要求也就有所区分。例如对外墙涂料而言，耐候性及耐沾污性都是相对重要的性能指标。

9.3 认识常见涂料的种类

9.3.1　固态涂料与液态涂料

涂料品种复杂，分类的方法也较多。按涂料的形态分类，可以将涂料分为固态涂料和液态涂料。

1. 固态涂料

固态涂料又称粉末涂料，它是以固体树脂和颜料、填料及助剂等组成的固体粉末状合成树脂涂料。和普通溶剂型涂料及水性涂料不同，它的分散介质不是溶剂和水，而是空气。由于没有溶剂，固态涂料一般不存在溶剂引起的化学污染，成膜性能好，生产能耗较低。粉末涂料又可以分为热塑性和热固性两大类。热塑性粉末涂料的光泽和流平性较差，与金属之间的附着力也差，所以在汽车装饰领域中应用极少，家电行业中应用较多。热固性粉末涂料则应用在汽车行业，热固性粉末涂料是以热固性合成树脂为成膜物质，在烘干过程中树脂先熔融，再经化学交联后固化成平整坚硬的涂膜。该种涂料形成的漆膜外观和各种机械性能及耐腐蚀性均能满足汽车涂饰的要求。

2. 液态涂料

液态涂料包括溶剂型涂料、水溶性涂料和水乳型涂料，在建筑行业和汽车工业等领域都有广泛的应用。

溶剂型涂料是以有机溶剂为分散介质而制得的涂料。虽然溶剂型涂料存在着污染环境、浪费能源及成本高等问题，但溶剂型涂料仍有一定的应用范围。溶剂型涂料使用的的溶剂分为两个大类，烃类溶剂和含氧溶剂。烃类溶剂通常是不同分子量材料的混合物，并且通过沸点不同进行分级，包括脂肪族烃、芳香烃、氯化烃和萜烃等产品。含氧溶剂是分子中含有氧原子的溶剂。它们能提供范围很宽的溶解力和挥发性，很多树脂不能溶于烃类溶剂中，但能溶于含氧溶剂。常见的包括醇、酮、酯和醇醚等产品。

水溶性涂料是以水溶性树脂为基料，以水作为溶剂的涂料。树脂分子量低、亲水性高，固化时可通过自身的反应基团或加入固化剂与亲水基团反应。水溶性涂料按干燥类型可分为烘干型与常温干燥型。因为不含有机溶剂，所以施工安全，对人体危害较小。但其性能较溶剂型涂料差。应用最多的水溶性涂料是电泳涂料，广泛用于汽车整体涂装。

水乳型涂料与水溶性涂料类似，不同的是水乳型涂料的基质不具备小分子树脂的亲水性，并不溶解在水中，而是形成一定的颗粒分散在由水组成的溶液里，成为乳液状涂料。水乳型涂料的代表就是乳胶漆。水乳型涂料一般具有以下特征：①涂覆在物体表面后，水乳型涂料里的水分蒸发，涂料中的固体微粒相互接触，发生变形，最终结膜；②水乳型涂料干燥较慢，成膜的致密性低于溶剂型涂料，不宜在5℃以下施工；③储存期一般不超过半年；④可以在较潮湿的环境下施工。

9.3.2　内墙涂料、外墙涂料、地面涂料、特种涂料

涂料按建筑物使用部位的不同，可以将涂料分为内墙涂料、外墙涂料、地面涂料、特种涂料等。

1. 内墙涂料

内墙涂料，即一般应用在内墙表面起装饰效果的涂料。目前常见的有内墙水溶性涂料、乳胶漆、仿瓷涂料、新型内墙粉末涂料（如硅藻泥及近年才开始在市场上出现的液态墙纸）等。

1）内墙水溶性涂料

常见的内墙水溶性涂料是将聚乙烯醇溶解在水中，再在其中加入颜料等其他助剂而制成的涂料。为改进其性能和降低成本采取了多种途径，牌号很多，常见的有 106、803 等。该类涂料施工方便。由于其成膜物质亲水性较好，日常使用中不能用湿布擦洗，耐久性较低，易泛黄变色，但其价格便宜，施工也十分方便，目前多在一些临时设施的室内墙面装饰中选用。除此之外，近年来在市场上出现的"液体壁纸"也属于水溶性涂料一类，液态壁纸在传统水溶性涂料的配方上加以改良，并配合一定的施工工艺，耐久性得到了一定的提高，装饰效果也优于传统的内墙水溶性涂料。

2）乳胶漆

乳胶漆涂料目前在国内建筑装饰工程中应用广泛。乳胶漆是一种以水为介质，以丙烯酸酯类、苯乙烯-丙烯酸酯共聚物、醋酸乙烯酯类聚合物的水溶液为成膜物质，加入助剂、颜料及填料制成的水乳型涂料。有平光、高光等不同类型。具有施工方便、环保等特点。由于其成膜物质不溶于水，涂膜的耐水性和耐候性都要优于水溶性涂料，在室内装饰中应用十分广泛。

3）仿瓷涂料

仿瓷涂料又称瓷釉涂料，是一种装饰效果酷似瓷釉饰面的建筑涂料。仿瓷涂料应用面广泛。可在水泥面、金属面、塑料面、木料等固体表面进行刷漆与喷涂。可用于公共建筑内墙、住宅的内墙、厨房、卫生间、浴室衔接处，还可用于电器、机械及家具外表装饰的防腐。仿瓷涂料分为溶剂型树脂类（主要成膜物质为溶剂型树脂，包括常温交联固化的双组份聚氨酯树脂、双组份丙烯酸—聚氨酯树脂、单组份有机硅改性丙烯酸树脂等）和水溶性树脂类（主要成膜物质为水溶性聚乙烯醇）。

4）新型内墙粉末涂料

新型内墙粉末涂料包括硅藻泥（图 9.1）、活性炭墙材等，由于其不含溶剂，环保性能优越，装饰效果也较好，目前在国内市场中也开始得到广泛应用。

图 9.1　硅藻泥装饰墙面

（1）硅藻泥

硅藻泥是一种新型天然的环保涂料，适用于别墅、酒店、家居、公寓、医院等内墙装饰。硅藻泥主要成分为硅藻土，经一定加工处理后制成干粉状涂料，加水混合后即可涂刷施工。硅藻土是一类源自海洋海藻类植物经过亿万年形成的硅藻矿物，其主要成分为蛋白石及其变种；其次是黏土矿物——水云母、高岭石和矿物碎屑，矿物碎屑包括石英、黑云母和有机杂质等。硅藻土化学成分以二氧化硅为主，纯度高的硅藻土为白色，因含有少量的 Al_2O_3、Fe_2O_3、CaO、MgO 和有机杂质等而呈浅灰色或浅黄色。硅藻土呈松散土状，密度为 $0.4\sim0.9g/cm^3$，比表面积为 $40\sim65m^2/g$，孔隙率达 $80\%\sim95\%$，吸油量为$120\sim180g$ 熟亚麻油/100g，吸水率是自身体积的 $1.5\sim4.0$ 倍。总体上来说，硅藻土吸湿性强，耐水性较差，不适合于外墙装饰。

（2）活性炭墙材

活性炭墙材主要是指无机活性墙体保温隔热材料。虽然不存在严格意义的成膜物质，但由于施工过程类似于干粉涂料，一些企业和施工单位常与涂料发生混淆。活性炭墙材往往也具有一定的装饰作用，可替代部分涂料发挥墙体装饰的功能。

2. 外墙涂料

外墙涂料是指用于涂刷建筑外立面墙的涂料。相比内墙涂料而言，外墙涂料所处的使用环境要恶劣很多，所以外墙涂料需要具有比内墙涂料更好的耐候性、耐沾污性、防水性等性能。因为外墙涂料主要用于室外，对于环保等方面的需求则比内墙涂料要低一些。所以一般内、外墙涂料应分开使用。不过在一些情况下，外墙涂料也可以用于室内。

常见的外墙涂料主要包括外墙乳胶漆、氟碳涂料、液态石等。

1）外墙乳胶漆

外墙乳胶漆与内墙乳胶漆类似，同样是由丙烯酸酯类、苯乙烯-丙烯酸酯共聚物、醋酸乙烯酯类聚合物的水溶液为成膜物质的水乳型涂料。外墙乳胶漆的主要功能是装饰和保护建筑物外表面，使建筑物外貌整洁美观，美化城市环境的目的，同时能起到保护建筑物外墙的作用。

2）氟碳涂料

氟碳涂料是指以氟树脂为主要成膜物质的溶剂型外墙涂料，又称氟碳漆、氟涂料、氟树脂涂料。在各种涂料当中，氟树脂涂料由于引入的氟元素电负性大，碳氟键能强，耐候性、耐热性、耐低温性、耐化学药品性等均十分优越，且还具有独特的不粘性和低摩擦性。经过几十年的快速发展，氟涂料在建筑、化学工业、电器电子工业、机械工业、航空航天产业、家庭用品的各个领域得到广泛应用，成为继丙烯酸涂料、聚氨酯涂料、有机硅涂料等高性能涂料之后，综合性能最高的涂料品种之一。

目前，应用比较广泛的氟树脂涂料主要有 PTFE、PVDF、PEVE 等三大类型。由于人们对建筑幕墙造成的光污染日益重视，各类行业标准和规定相继出台，以氟碳涂料为代表的外墙涂料（图 9.2）正日益受到重视。不过由于氟碳涂料使用过程中 VOC 等污染物挥发较多，不适合用于室内装修使用。

3）液态石

液态石又称多彩涂料，由不相溶的连续相和分散相组成。连续相由分散剂、稳定剂及其他助剂、水组成；分散相由乳液、助剂、颜料、水或由合成树脂、增韧剂、助剂、颜料、溶剂组成。主要应用于仿造石材

图 9.2 氟碳涂料装饰外墙面

效，也叫地平线外墙涂料。涂装后可形成美观多彩的图案。

3. 地面涂料

地面涂料又称地坪漆，主要功能是装饰与保护室内地面，使地面清洁美观，与其他装饰材料一同创造油压式室内环境。为了获得良好的装饰效果，地面涂料应具有以下特点：耐碱性好、黏结力强、耐水性好、耐磨性好、抗冲击力强、涂刷施工方便及价格合理等。地面涂料一般可分为木地板涂料和水泥砂浆地面涂料。水泥砂浆地面涂料又分为薄质涂料（分溶剂型和水乳型）和厚质涂料（分溶剂型和水乳型）。地面涂料的代表是环氧地坪漆。

环氧地坪漆是一种高强度、耐磨损、美观的地板，具有无接缝、质地坚实、耐药品性佳、防腐、防尘、保养方便、维护费用低廉等优点。常见于工厂生产车间、室内运动场所、商场及其他公共场所的地下车库等。

4. 特种涂料

特种涂料涂刷的对象仍然是建筑物并主要是涂刷在建筑物的内外墙面、地面或屋面，因而首先要求这类涂料应具有建筑装饰涂料的一般功能，同时必须具备各自独特的某一功能。即要求其涂布于物体表面所形成的涂膜，不仅应对被涂物体起到保护和装饰作用，而且还可以起到调节被涂物体的使用功能，并赋予某些特殊功能，如防水功能、防火功能、防腐功能、防雾功能、吸音功能、太阳能吸收功能等。

由于特种涂料具有节约能源、资源耗费少、功能突出、施工方便、经济合理等许多特点，在各个领城中已经得到了非常广泛的应用。随着科学技术的进步以及人们需求的变化，新品种不断涌现。

在技术上，特种涂料除了涉及普通涂料的相关技术外，还与光学、声学、力学、电学、热学、磁学、物质结构等学科知识有关，因而特种建筑涂料技术是一种涉及多学科的边缘技术。

常用的特种涂料类型主要有：防水涂料、防火涂料、防霉涂料、防腐涂料、弹性涂料、防结露涂料、杀虫涂料、导电涂料等。按涂料涂层状态分类平涂涂料、砂壁状涂料、含石英砂的装饰涂料、仿石涂料等；

9.4 了解建筑涂料的发展趋势

21 世纪以来，随着中国房地产市场的高速发展，建筑涂料行业也取得了较大的发展，2009 年涂料产量为 755 万吨，2010 年产量为 966 万吨，到了 2011 年更是以 1079.51 万吨居世界领先地位，其中建筑涂料依托房地产有显著的增加，总量超过 400 万吨。近年来，随着房地产市场发展速度放缓，涂料行业的利润空间也逐渐下降。此外，由于我国的涂料行业大多数都是靠小资本创业，受限于技术力量和资金配置等方面，涂料研发的速度也相当缓慢。低水平的重复建设导致了企业生存压力的空前增大。部分企业凭借自主研发，开辟了发展的新路径。

我国的涂料产业发展，主要体现为各类新型涂料的发展。如高耐久性外墙涂料、外墙外保温涂料等。

1. 高耐久性外墙涂料

在以往的房屋建筑建设过程中，外墙贴瓷砖的使用较为普遍，瓷砖年久剥落造成的高空抛物伤害事件时有发生。尽管玻璃幕墙的普及弥补了这一问题，但近年来，国际社会对玻璃幕墙带来的光污染愈发重视，北京、上海等城市相继制定了相应法规，规定玻璃幕墙在高层建筑上应用面积不能超过55%。综合比较，高耐久性外墙涂料装饰技术具有极大优势。高耐久性的外墙涂料较多是氟碳、有机硅、纳米材料及它们的复合涂料。用涂料涂覆的装饰板现已成为高层建筑外装饰的主要材料，逐步取代瓷砖和玻璃幕墙；用其涂覆的彩色钢板可作为工业厂房屋顶、墙体及内装饰。原来涂覆彩色铝型材只有银色、古铜色两种，现在采用氟碳涂料或有机硅涂料的金属护墙板，因具有色彩多样化、寿命长、保养费用低廉等特点成为理想的替代品种。北京国际机场、上海浦东机场、东方明珠电视塔等标志性建筑大量使用氟碳涂料涂覆的装饰板，进一步推动了整个市场的发展。

2. 高性能外墙外保温涂料

我国每年完成的建筑工程总量约为 20 亿 m^2，约占全世界建筑总量的 50%。截至 2009 年，我国已建成的建筑面积总量约 430 亿 m^2，其中，节能建筑总面积约有 28.5 亿 m^2，仅占城镇既有建筑总量的 16.1%。我国建筑节能的任务至今仍十分艰巨。隔热保温涂料是目前建筑节能方面研发的新热点，主要包含以下几个品种：阻隔性隔热保温涂料、辐射隔热涂料和热反射性隔热涂料。其中热反射性隔热涂料是近年来建筑外墙涂料的发展热点。截至目前，国内已开发出纳米反射隔热涂料，纳米氧化锡或纳米掺锑二氧化锡作为反射隔热涂料的主要材料，对全波段太阳热反射比可达 86%，对可见光波段反射比可达 91% 以上。建筑反射隔热涂料不但市场需求旺盛，应用范围也得到扩展。过去在夏热冬冷地区很少使用这种涂料，现在在这类地区也得到较多的应用。

3. 纳米涂料

纳米涂料是近年来涂料发展的研究热点。一般来说，纳米涂料具有两个重要的基本特点：首先，涂料中至少有一相的粒径尺寸在 1~100nm 的粒径范围；其次，纳米相的存在使涂料的性能要有明显的提高或具有新的功能。纳米材料具有表面效应、小尺寸效应、光学效应、量子尺寸效应、宏观量子尺寸效应等特殊性质，可以使涂料获得新的功能。

当材料的粒度进入纳米尺度，材料表面活性中心的增多可提高其化学催化和光催化的反应能力，在紫外线和氧气的作用下给予涂层自清洁能力。纳米涂料的表面活性中心与成膜物质的官能团可发生次化学键结合，大大增加涂层的刚性和强度，从而改进涂层的耐划伤性。高表面能的纳米材料表面经过改性可以获得同时憎水和憎油的特性，用于内外墙涂料可以显著提高涂层的抗污性并可提高耐候性。某些粒径小于100nm的纳米材料，对 Y 射线具有吸收和散射作用，可提高涂层防辐射的能力，在内外墙涂料中可起到防止放射性物质挥发的氡气污染的作用。将纳米材料用在底漆中，可以增加底漆与基材的附着力，提高机械强度，且纳米级的颜料与底漆的强作用力及填充效果，有助于改进底漆—涂层的界面结合。纳米材料在面漆中可起到表面填充和光洁作用，提高面漆的光泽，减少阻力；纳米二氧化硅添加到外墙涂料中可提高涂料的耐擦洗性。纳米二氧化钛添加到建筑外墙涂料中，可将乳胶漆的耐候性提高到一个新的等级，同时还使乳胶漆的耐老化性能有很大的提高。纳米氧化锌添加到外墙涂料中，能使涂层具有屏蔽紫外线、吸收红外线以及杀菌防毒作用。

知 识 链 接

涂料的发展经历了天然成膜物质涂料的使用、涂料工业的形成和合成树脂涂料的生产三个历史发展阶段。

涂料的第一个发展阶段是天然成膜物质涂料的使用。中国是世界上使用天然成膜物质涂料——大漆的国家。大漆就是常说的生漆，是在一种漆树上割取它的漆液，用油纸密封保存使用。大漆属于天然漆，环保无毒，然而很多人对其过敏，甚至有人闻到大漆的味道就会起疹子。并且大漆对涂刷技术的要求也很高，所以大漆如今已经基本销声匿迹。

第二个阶段是涂料工业的形成阶段。在这个时期亚麻油、熟油的大量生产和应用，促使清漆和色漆的品种发展迅速。涂料工业初期生产的色漆，一般是将颜料调入干性油中。施工时要经过调配并稀释到适当黏度，使用很不方便。后来，涂料生产厂直接配制适合施工要求的涂料，即调合漆。

【学中做】

在20世纪90年代以前，我国市场上大多数涂料都属于调合漆，气味较大，干燥缓慢，但耐候性好，施工容易。调合漆的污染物主要来自于溶剂。溶剂中可能含有 VOC、甲苯，二甲苯，重金属等污染物。这也是以往许多人"涂料有毒"这一印象的来源。

随着科学技术不断进步，涂料生产发展到了一个崭新的历史时期，即合成成膜物质时期。

现在涂料正步向一个新的阶段，涂料业向节省资源、能源，环保、有利于生态平衡的方向发展。水性涂料、特殊功能涂料的出现就是最好的证明。

◎ 学习小结 ◎

建筑涂料通常由基质、溶剂、颜填料、助剂等组分组成。其中基质通常是树脂、油料等。建筑涂料一般具有保护、装饰等功能。除此之外还存在许多特种涂料，如防水涂料、防火涂料等。涂料在调节、改善人类的居住条件上发挥了巨大作用。随着科学技术的发展，涂料也正在往环保、节能、高性能及复合化等方向迈进。

◎ 课后思考与讨论 ◎

一、单项选择题

1. 氟碳涂料属于（　　）。

A. 溶剂型外墙涂料　　　　B. 水乳型外墙涂料

C. 水溶性外墙涂料　　　　　　　　D. 水溶性内墙涂料

2. 乳胶漆一般是由（　　）替代溶剂，配合基质、颜料、填料和助剂制备而成。

A. 甲醛溶液　　　B. 酚醛树脂　　　C. 甲苯树脂　　　D. 水

二、简答题

1. 外墙涂料的常见种类有哪些？都具有什么特点？

2. 建筑涂料都具有哪些基本性质？

3. 乳胶漆是什么？具有怎样的特性？

第 **10** 章　建筑木材

引　言

木材，通常是指树木砍伐后，经初步加工，可供建筑及制造器物用的材料。作为人类最原始的建筑材料之一，木材几乎支撑起了整个中国古代的建筑文明。我国古代的匠人不仅将木材用于制造门、窗、柱、梁，也用木材来装饰建筑、制造家具。在我国古代，制造木材的匠人具有精湛的手艺，催生出了精妙繁多的工艺品类和惊世骇俗的作品。时至今日，木材仍然是建筑行业里不可替代的珍贵天然材料——尽管在过往的上百年内，许多科学家苦心专营想要研究出木材的替代品，但至今未能全然成功。木材以它独特的性能和价值，始终在混凝土丛林里拥有它的一席之地。

学习目标

了解木材的分类与基本结构。认识木材的物质性质与力学性能。认识人造板材的种类和基本知识，了解人造板材的发展和研究方向。认识木地板的种类和性质。

本章导读

木材的使用已有千百年历史，至今仍存在于我们生活的方方面面，请你指出你现在身边环境中存在的木材，想一想它们是如何从原木加工成现在你所看见的形状？

10.1　了解木材的基本知识

木材，泛指用于工民建筑的木制材料，通常被为软材和硬材。工程中所用的木材主要取自树木的树干部分。木材因取得和加工容易，自古以来就是一种主要的建筑材料。

10.1.1　木材的分类

【参考图文】

木材的分类方式，主要可按树种进行分类，或按木材形状进行分类。

1. 按树种进行分类

中国树种很多，因此各地区常用于工程的木材树种各异。木材按树种进行分类，一般分为针叶树材和阔叶树材。

1）针叶树材

针叶树材是一种乔木。针叶树材的解剖分子比较简单，排列也比较规则，主要包括轴向管胞、木射线、木薄壁组织和树脂道。轴向管胞是构成针叶木材的主要细胞，主要功能是输导水分以及提供机械支持，约占整个木材体积的90%以上。因此针叶树材较阔叶树材往往要更软一些。用于建筑的各个方面，在住宅、家具及其用途也不断得到拓展。

2）阔叶树材

阔叶树材即阔叶树树干产生的木材。阔叶树材的经济价值大，不少品种为重要用材树种，其中有些为名贵木材，如樟木、楠木等。中国的经济林树种大部分是阔叶树种，它们除了被用来生产木材外，还可生产木本粮油、干鲜果品、橡胶、紫胶、栲胶、生漆、五倍子、白蜡、软木、药材等产品；壳斗科许多树种的叶片还可喂饲柞蚕；另外，蜜源阔叶树也很丰富，可以开发利用。各种水果都是阔叶树，还有一些阔叶树用作行道树或庭园绿化树种。

我国木材分布具有一定的地域特色。杉木及各种松木、云杉和冷杉等是针叶树材；柞木、水曲柳、香樟、檫木及各种桦木、楠木和杨木等是阔叶树材。东北地区主要有红松、落叶松（黄花松）、鱼鳞云杉、红皮云杉、水曲柳；长江流域主要有杉木、马尾松；西南、西北地区主要有冷杉、云杉、铁杉。

2. 按成材方式进行分类

木材按其成材方式，又可以分为原木和锯材。

原木即未经过切削打磨的木材，是木材最原始的形态，常用于木质结构建筑中的承重及框架部分。如果将原木按照一定的要求和规格进行深度加工，就形成了一个新的木材种类——锯材。锯材的种类可以按照其特点进行划分，大致有四类：根据木材的较窄一边有没有经过处理打磨就可以将锯材分类为整边和毛边；根据截面宽度和厚度的关系又可以将锯材分为板材和方材。

木材的一般结构（图10.1）和缺陷

一般地，木材由树皮，木质部和髓心三个部分组成。木质部又由形成层和次生木质部组成。

树皮是指包裹在木材的干、枝、根次生木质部外侧的全部组织。

形成层是指位于树皮和木质部之间，由于形成层的分生功能，木材直径会变粗。

次生木质部是位于形成层和髓心之间，来源于形成层的分裂生长，可分为边材和心材两个部分。

髓心一般在树干的中间位置，由木质部包裹，提供幼树生长的养分，生命周期短。

天然木材一般存在缺陷，缺陷也称疵病，常见缺陷可分为以下几类：

（1）天然缺陷。如木节、斜纹理以及因生长应力或自然损伤而形成的缺陷。木节是树木生长时被包在木质部中的树枝部分。原木的斜纹理常称为扭纹，对锯材则称为斜纹。

（2）生物为害的缺陷。其主要有腐朽、变色和虫蛀等。

（3）干燥及机械加工引起的缺陷。如干裂、翘曲、锯口伤等。缺陷降低木材的利用价值。

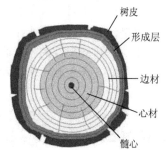

图 10.1　木材的一般结构

为了合理使用木材，通常按不同用途的要求，限制木材允许缺陷的种类、大小和数量，将木材划分等级使用。腐朽和虫蛀的木材不允许用于结构，因此影响结构强度的缺陷主要是木节、斜纹和裂纹。

4. 木材的色差和变色

木材的边部（边材）颜色较浅，芯部（心材）颜色较深，木材是天然生长的物质，必然会存在着边材和心材；年轮中的早材与晚材及纹理条纹之间颜色的差异（色差），正是由于这种色调深浅的对比，构成了木材的各种美丽的图案，这是一种自然的美，欧美一些发达国家选择木地板时不刻意要求颜色一致，而是要求保留木材固有的纹理及色差，天然的才是最美的。

多数木材变色是由浅变深，少数木材变色是由深变浅。木材的心材与边材；根部与梢部中的变色物质的种类及含量不同，产生变色的程度也不同，有些树种变色明显，有些树种变色不明显，木材的光变色是木材固有的特性。

10.2　认识木材的性质

【参考图文】

木材的物理性质

木材具有优秀的力学性能，一般地，应用木材要考虑以下几方面的物理性质：

1. 含水率

木材生产中一般采用绝对含水率（MC）来表示木材的含水率水平。绝对含水率即木材中水分的质量占木材绝干质量的百分率。其计算公式如下：

$$MC = \frac{G_{湿} - G_{干}}{G_{干}} \times 100\%$$

其中：$G_{湿}$——湿木材的质量/g；

$G_{干}$——绝干木材的质量/g。

中国林科院木材工业研究所根据木材气干密度（含水率15%时），将木材的含水率分为五个等级（单位：g/cm³）：很小：$\leqslant 0.350$；小：$0.351 \sim 0.550$；中：$0.551 \sim 0.750$；大：$0.751 \sim 0.950$；很大：> 0.950。根据木材中含水率的多和少，又可以将木材分为湿材、生材、半干材、气干材、室干材和绝干材。

湿材：长期浸泡于水中、含水率大于生材的木材，如水运水贮过程中的木材。

生材：和新采伐的木材含水率基本一致的木材。

半干材：含水率小于生材、相当于纤维饱和点的木材，一般在22%～35%的含水率范围内。

气干材：长期贮存于大气中，与大气的相对湿度趋于平衡的木材。其含水率取决于周围环境的温度和相对湿度，一般在8%～20%之间，我国国标把气干材平均含水率定为12%。

室干材：木材在干燥室内，以适当的温度和相对湿度条件进行干燥，含水率约为7～15%的木材，通常根据木材使用区域、场合及用途等而定。

绝干材：含水率为零的木材称为绝干材或全干材。

除此之外，平衡含水率也是木材应用中的重要指标。木材在大气中能吸收或蒸发水分，与周围空气的相对湿度和温度相适应而达到恒定的含水率，称为平衡含水率。木材平衡含水率随地区、季节及气候等因素而变化，在10%～18%之间。

含水率对木材的各项性能均有着重要影响。木材中的水分可分两部分，一部分存在于木材细胞胞壁内，称为吸附水；另一部分存在于细胞腔和细胞间隙之间，称为自由水（游离水）。当吸附水达到饱和而尚无自由水时，称为纤维饱和点。木材的纤维饱和点因树种而有差异，在23%～33%之间。当含水率大于纤维饱和点时，水分对木材性质的影响很小。当含水率自纤维饱和点降低时，木材的物理和力学性质随之而变化。

2. 密度

密度一般是指某一物体单位体积的质量，通常以 g/cm；或 kg/m 来表示。木材密度是木材性质的一项重要指标。它可以用来估计木材的实际重量，推断木材的工艺性质和木材的干缩、膨胀、硬度、强度等木材物理力学性质。木材的密度受木材含水率的影响，含水率越高的木材往往密度越高。

木材密度以基本密度和气干密度两种为最常用。

1）基本密度

木材的基本密度是木材的一种属性。

木材基本密度=木材的绝干质量÷生材木材体积

其中木材的绝干质量是指木材绝对干燥情况下的重量。生材木材体积则需要木材在饱和含水的情况下测定。也就是湿材的体积。木材的基本密度在木材干燥、防腐工业中都具有一定的实用性。

2）气干密度

气干密度是气干材重量与气干材体积之比。通常以含水率在 8%～20% 时的气干材密度为气干密度。木材气干密度是对木材进行各项性能的比较和生产使用的基本依据。

木材密度的大小受多种因素的影响，其主要影响因素为：木材含水率的大小、细胞壁的厚薄、年轮的宽窄、纤维比率的高低、抽提物含量的多少、树干部位和树龄立地条件和营林措施等。

3. 胀缩性

木材吸收水分后体积膨胀、失去水分体积收缩。这样的性质称为胀缩性。木材自纤维饱和点到绝干状态的体积收缩率按部分区分，顺纹方向约为 0.1%，径向为 3%～6%，弦向为 6%～12%。径向和弦向干缩率的不同是木材产生裂缝和翘曲（图 10.2）的主要原因。木材含水率的大小对木材胀缩性有重要影响，因此在木材的使用过程中，要严格控制木材的含水率，预防因干缩湿胀引起的一系列质量问题。

图 10.2　翘曲的木材

10.2.2　木材的力学性能

木材有很好的力学性能，但木材是有机各向异性材料，顺纹方向与横纹方向的力学性质有很大差别。木材的顺纹方向抗拉和抗压强度均较高，横纹方向抗拉和抗压强度较低。木材强度根据树木种类的不同而有所不同，同时还受木材缺陷、荷载作用时间、含水率及温度等因素的影响。在这些因素当中，木材缺陷和荷载作用时间对木材强度的影响最大。因木节尺寸和位置不同、受力性质（拉或压）不同，有节木材的强度比无节木材可降低 30%～60%。在荷载长期作用下木材的长期强度几乎只有瞬时强度的一半。

由于木材是构造非均一性和各向异性的天然生物性材料，不同构造方向上性质变化很大，而且木材还不可避免地存在各种和不同程度的缺陷，这些原因都会导致木材力学性质的测定工作复杂化。为了使测定的结果能真正代表各试验树种木材的力学性质，各个国家采用的木材力学试验方法标准里都规定要求使用较小尺寸而无明显缺陷的木材试样来进行木材力学性质的测定。比如通常所说的木材强度，就是指无疵木材试样的强度。这样的强度值，可以用来比较不同树种木材的力学性质，也可以用来比较不同地理条件下生长的林木以及一株树上不同部位的木材的力学性质。木材强度的测定是木材得以使用，尤其是在建筑工程中使用的基础。

木材的力学性能主要包括以下几个方面：

1. 木材的受拉性能

木材承受拉力而不被破坏，能保持原有形态并继续使用的能力称为木材的受拉性能。在应力极限范围内，木材的变形很小，没有显著的塑性变形，但一旦超过受力极限则会立刻破坏。这一类破坏属于脆性破坏。因为这个特性，在使用木材的过程中除了需要采用较严格的强度设计值，还需要对木材的缺陷给予严格限制。

2. 木材的抗压强度

木材受压时，有较好的塑性变形，可以使应力集中逐渐趋于缓和，所以局部削弱对木材受压的影响比受拉时小得多。木节、斜纹和裂缝等缺陷造成的影响也比受拉时

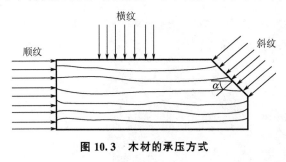

图 10.3　木材的承压方式

的影响更为缓和。木材受压时的工作性能要比受拉时可靠得多。两个构件利用表面互相接触传递压力叫承压，在木结构的接头和连接中常遇到承压的情况。根据木材承压的外力与木纹所成的角度不同，可分为顺纹承压、横纹承压和斜纹承压，如图 10.3 所示。

3. 木材的抗折与抗弯强度（图 10.4）

木材抵抗弯折应力的能力，称为木材的抗折强度和木材的抗弯强度。在横向弯曲的试验中，一个试件被破坏的过程大概是这样的：在不断增加荷载的最开始，截面的应力均是呈现直线分布。随着荷载的增加，在截面受压区，压应力逐渐成为曲线，而受拉区内的应力仍接近直线，中和轴下移；当受压边缘纤维应力达到其强度极限值时将保持不变，此时的塑性区不断向内扩展，拉应力不断增大；边缘拉应力达到抗拉强度极限时，构件受弯破坏。

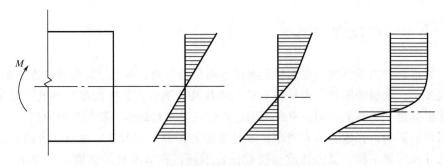

图 10.4　木材受弯变形过程中扭矩的变化

4. 木材的抗剪强度

木材承受剪力的情况可分为截纹受剪、顺纹受剪和横纹受剪，如下图 10.5 所示。截纹受剪是指剪切面垂直于木纹，木材对这种剪切的抵抗力是很大的，一般不会发生这种破

坏。顺纹受剪提指作月力与术纹平行。横纹受剪是指作用力与木纹垂直。木结构中通常多用顺纹受剪破坏，属于脆性破坏。木材缺陷对木材的抗剪强度影响很大，特别是木材的裂缝，当裂缝与剪面重合时更加危险，是木结构连接破坏的主要原因。由于木材的

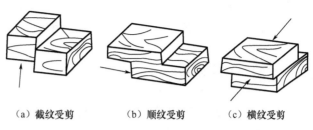

(a) 截纹受剪　　　(b) 顺纹受剪　　　(c) 横纹受剪

图 10.5　木材的抗剪强度

髓心处材质较易开裂，故规定受剪面应该避开髓心。

10.2.3　影响木材力学性能的因素

影响木材力学性能的因素主要包括以下几个方面。

（1）木材自身的结构组成如密度和纹理方向。木材的力学性能受自身组织结构影响很大。如横纹剪切强度约为顺纹剪切强度的一半，而截纹剪切强度则为顺纹剪切强度的 8 倍。木材顺纹抗拉强度最高，而横纹抗拉强度很低，仅为顺纹抗拉强度的 1／10～1／40。斜纹受拉强度介于顺纹与横纹两者之间，因而应尽量避免木材横纹受拉。

（2）含水率。当木材水分低于其纤维饱和点时，大多数力学性质随含水率的降低而升高，反之则降低，其对数与其含水率成一直线关系。利用这种相关关系，就可以对不同含水率试样测定的强度性质，调整到另一含水率时的强度值。

（3）温度。木材温度升高，大部分力学性质随之降低，而当温度降低时则随之增高。当温度在 93℃ 以下时，温度的变化如果很快，木材发生的力学性质变化是可逆的，也即是可恢复到原来温度时的力学性质。如木材的含水率不变，温度在 200℃ 以下时，则其力学性质与温度是线性关系。只要温度不超过 100℃，木材的力学性质就不会产生永久的损失。木材受长期高温的影响，会引起力学性质永久损失的不可逆效应，这是由于木材物质降解，导致重量和强度损失的后果。木材的含水率愈高，对高温也愈敏感，力学性质降低的程度也愈大，用高温干燥对要求高的结构构件来说，必须很好地考虑。木材受高温的影响往往是累积的，木材受高温每次 1 月，经反复 6 次，与受高温 6 个月的影响相同。木块的形状和大小对温度的影响也有关系，如果温度升高的时间较短，大木块受周围介质温度的影响当未达到内部时，强度的降低内部将小于外部。

木材力学性能密切地关系着木材的使用，因此木材的力学性能既是合理利用木材的基础数据，同时又是造林营林部门选择用材林树种较有价值的参考。具有十分重要的意义。

10.3　认识人造板材的种类及发展

【参考图文】

人造板材，顾名思义就是利用木材在加工过程中产生的各类边角废料，添加化工胶粘

剂制作而成的板材。由于天然原木造价昂贵，难以应用到社会建筑的方方面面，加之现代工业的发展，人造板材已成为现代建筑中应用最广、产值最高的木质材料。

10.3.1　人造板材的分类

人造板材种类很多，常用的有颗粒板（刨花板）、密度板、胶合板、细木工板等，以及防火板等装饰型人造板材。

【参考图文】

1. 颗粒板

颗粒板又称刨花板。在市场上也被区分为刨花颗粒板和实木颗粒板，如图 10.6 所示。刨花颗粒板是将各种木材的枝芽、小径木、速生木材、木屑等切削成一定规格的碎片，经过干燥处理，混合胶料、硬化剂、防水剂等添加剂，在一定的温度和压力下压制成的一种人造板材。而实木颗粒板则是由木材或木杆，原木打碎并压制而成。实木颗粒板制造时两侧使用细密木纤维，中间夹杂许多长木纤维，其截面呈现蜂窝状。实木颗粒板加工工艺与刨花颗粒板类似，品质上要高于刨花颗粒板。但实际应用当中，两种颗粒板都只适合用来做简单的装饰吊顶及家具，没有太大的本质区分。

图 10.6　实木颗粒板与刨花颗粒板

图 10.7　密度板

2. 密度板（图 10.7）

密度板全称密度纤维板，是以木质纤维或其他植物纤维为原料，经纤维制备后施加合成树脂在加热加压的条件下压制成的板材。密度板由于结构均匀，材质细密，性能稳定，耐冲击，易加工，在国内家具、装修、乐器和包装等方面应用比较广泛。

需要注意的是，密度板遇水膨胀率大，变形大，长时间承重变形比均质实木颗粒板大。同时密度板的纤维细碎，致使密度板握钉力比实木板、颗粒板等都要更差一些。然而尽管有这些缺点，密度板的表面光滑平整、材质细密、性能稳定、边缘牢固、容易造型，且加工当中可以添加各类防腐防虫的树脂及添加剂，避免了腐朽、虫蛀等问题。在抗弯曲强度和冲击强度方面，密度板也要优于颗粒板，因而在现今建筑装饰行业中应用仍十分广泛。

3. 胶合板（图 10.8）

胶合板是由木段旋切成单板或由木方刨切成薄木，再用胶粘剂胶合而成的三层或多层的板状材料，通常用奇数层单板，并使相邻层单板的纤维方向互相垂直胶合而成。

胶合板是现代家具常用的材料之一，为人造板三大板之一（即颗粒板、密度板和胶合板）。除此之外，胶合板还可用于飞机、船舶、火车、汽车、建筑和包装箱等领域。胶合板通常分为表层板和内层板，由表层板对称覆盖在内层板两侧，内层板可以有单层和多层，按木纹方向纵横交错配置，表层和内层板配置完成后成为板坯。板坯涂上具有粘接力及一定性能的合成树脂后，在加热或不加热的条件下进行压制，成为胶合板。胶合板层数一般为奇数，少数也有偶数。常用的胶合板类型有三合板、五合板等。胶合板具有与天然木材相似的性能，能提高木材利用率，是节约木材的一个主要途径。

4. 细木工板（图 10.9）

细木工板是指在胶合板生产基础上，以木板条拼接或空心板作芯板，两面覆盖两层或多层胶合板，经胶压制成的一种特殊胶合板。

细木工板握螺钉力好，强度高，具有质坚、吸声、绝热等特点，细木工板含水率在 $10\%\sim13\%$ 之间，加工简便，用于家具、门窗及套、隔断、假墙、暖气罩、窗帘盒等，用途最为广泛。由于内部为实木条，所以对加工设备的要求不高，方便现场施工。

但是细木工板内部的实木条为纵向拼接，故竖向的抗弯压强度差，长期受力会导致板材明显的横向变形。同时部分细木工板内部的实木条材质不一，密度大小也不统一，只经过简单干燥处理，容易在使用过程中引起翘变形，影响外观及使用效果。

图 10.8　胶合板

图 10.9　细木工板

10.3.2　人造板材的研究与发展

人造板材虽然在一定程度上代替了天然木材的使用，但无论从环保、性能等角度始终无法完全与天然木材画上等号。现代木材行业对人造板材的研究过程中，主要将重点放在其环保性能的提升和经济价值的研究上。目前，以玉米秸秆及麦秆为代表的复合板材的研究和应用，以及人造板材甲醛等污染物挥发的控制与研究，正在为人造板材的应用铺开新的局面。

1. 人造秸秆板材的研究与应用

人造秸秆板材是指秸秆历经一系列的加工，成型的板材。按照加工工艺可以将人造秸秆板材分为两种：使用胶粘剂胶合和无胶胶合。使用胶粘剂胶合的加工工艺：把秸秆粉碎，再添加异氰酸酯进行碾压成型，另一种是将秸秆利用机械加工成纤维，使用脲醛树脂为胶粘剂，经过热压，形成一种一定密度的人造秸秆板；无胶胶合工艺：利用秸秆自身性质，采用一定的加工工艺，如高温高压，使其自交结，再热压成板材。

秸秆人造板材的出现，使秸秆的回收与处理增加了一个途径，既促进了秸秆再利用、有利于环境保护，同时还能发挥可观的经济价值。如何使使用的胶粘剂污染更小和无胶胶合工艺的优化，是目前正待研究的问题。

2. 关于人造板材甲醛挥发量测试方法的相关研究

人造板材是建筑室内甲醛污染的重要来源，其甲醛散发性能直接决定室内甲醛浓度，因此科学、准确测试人造板材甲醛散发性能对改善室内空气质量具有重要意义。目前，国内外标准通用的测试方法有穿孔法、干燥器法和气候箱法。有研究者采用这三种方法分析胶合板、刨花板和细木工板三类板材的甲醛性能，结果表明，对同类型和不同类型的板材，三种方法得到的甲醛浓度值变化趋势均不同，且都不具有可比性。而且现今存在的许多标准方法仅仅评价材料挥发甲醛的相关指标，并没有将甲醛散发性与空气质量标准衔接。

10.4 木材在建筑中的其他应用

除去天然木材与人造板材之外，建筑工业领域还存在许多木制品的身影。如木地板、木质墙板等。

10.4.1 木地板的分类及应用

木地板是指用木材制成的地板，中国生产的木地板主要分为实木地板、强化木地板、实木复合地板、多层复合地板、竹材地板、软木地板，以及新兴的木塑地板。

1. 实木地板（图 10.10）

实木地板是天然木材经烘干、加工后形成的地面装饰材料。其又称原木地板，是用木材直接加工而成的地板。它具有木材自然生长的纹理，是热的不良导体，能使建筑室内保持冬暖夏凉的舒适体感。同时其脚感舒适，使用安全。是卧室、客厅、书房等地面装修的理想材料。

不过在良好的使用性能以外，实木地板对铺装工艺的要求很高，施工难度较大。如果室内环境过于潮湿或干燥，实木地板容易起拱、翘曲或变形。实木地板铺装好之后还需要经常打蜡、上油，否则影响地板的美观和耐久。不过随着科学技术的进步，近年来市场上也开始出现一些无须打蜡的实木地板。除此之外，实木地板本身造价高昂，且容易与其他木地板混淆，所以仅存在于一些对地板要求较高的装饰项目当中。

2. 强化木地板（图10.11）

强化木地板一般由四层材料复合组成，即耐磨层、装饰层、高密度基材层、平衡（防潮）层。强化木地板也称浸渍纸层压木质地板、强化地板，合格的强化木地板是以一层或多层专用纸浸渍热固性氨基树脂，铺装在刨花板、高密度纤维板等人造板基材表层，背面加平衡防潮层，正面加耐磨层和装饰层，经热压、成型的地板。

相较于其他木地板，强化木地板优点明显。首先，其耐磨、稳定性好。强化地板表层为耐磨层，它由分布均匀的三氧化二铝构成，能达到很高的硬度。其次，强化木地板的耐污染，抗腐蚀，抗压、抗冲击性能也十分出色，优于其他种类木地板。由于强化地板表层耐磨层具有良好的耐磨、抗压等性能，在日常使用中，维护起来也相对简单容易。与此同时，强化木地板具有良好的外观，其表层装饰层可以由电脑设计、打印形成，因此不拘泥于木材本身的花纹和颜色。同时强化木地板还具有非常优秀的阻燃性能。

当然除去以上原因，使得强化木地板走进千家万户的最大原因还是在于其性价比。在所有的木地板品种里面，强化木地板是造价最低的品种，也由此使其成为许多室内装修项目的首要选择。

图 10.10　实木地板

耐磨层

装饰层

基材

平行层

图 10.11　强化木地板

3. 实木复合木地板（图10.12）

实木复合地板是由不同树种的板材交错层压而成，一定程度上克服了实木地板湿胀干缩的缺点，干缩湿胀率小，具有较好的尺寸稳定性，并保留了实木地板的自然木纹和舒适的脚感。

4. 多层复合地板

多层复合地板即多层胶合板复合的实木复合木地板。以多层胶合板为基

油漆层

实木木皮

胶合板

平衡层

图 10.12　实木复合木地板

材，表层为硬木片镶拼板或刨切单板，以胶水热压而成。基层胶合板的层数必须是单数，通常为七层或九层，表层为硬木表板，多数为色木、柞木、桦木等。厚度通常为 $3.0\sim4.0$mm，刨切板为 $1.2\sim2.2$mm，总厚度通常不超过 15mm。

多层复合地板各项性能与实木复合木地板相差无几，但经济适用性更高，价格接近强化复合木地板。

5. 竹木地板（图 10.13）

竹木地板是竹材与木材复合再生产物，用于住宅、写字楼等场所的地面装修。竹木地板的面板和底板采用的是竹材，而其芯层多为杉木、樟木等木材。

竹木地板外观自然清新、纹理细腻流畅、防潮防湿防蚀以及韧性均较好。地板还具有一定的弹性。同时，其表面坚硬程度可以与实木地板中最坚硬的种类媲美。另一方面，由于该类地板芯材采用木材为原料，稳定性极佳，结实耐用，脚感好，隔声性能好，冬暖夏凉。适用于居家环境以及体育娱乐场所等室内装修。由于胶粘剂使用较少，竹木地板的环保性能和实木复合木地板较为接近。

6. 软木地板

软木地板是由软木，即栓皮栎橡树的树皮制作而成的地板。栓皮栎橡树主要生长在地中海沿岸及同一纬度的我国秦岭地区，该类树皮可以再生，地中海沿岸工业化种植的栓皮栎橡树一般 7～9 年采摘一次树皮。

与实木地板相比，软木地板更具环保性，隔声性、防潮性能也由于常见的其他品种木地板，脚感极佳。软木地板柔软、舒适、耐磨，使用过程中对使用人意外摔倒可提供极大的缓冲，其独有的隔音效果和保温性能使得软木地板非常适合应用于卧室、会议室、图书馆、录音棚等场所。

软木地板造价高昂，在国内市场中较为罕见。

7. 木塑地板（图 10.14）

木塑复合板材是一种主要由木材（木纤维素、植物纤维素）为基础材料与热塑性高分子材料（塑料）和加工助剂等，混合均匀后再经模具设备加热挤出成型而制成的环保材料，兼有木材和塑料的性能与特征，是能替代木材和塑料的新型材料。

木塑地板拥有和木材一样的加工特性，使用普通的工具即可锯切、钻孔、上钉，可以像普通木材一样使用。同时具有木材的木质感和塑料的耐水防腐特性，是一种性能优良、耐用性强的室外防水防腐建材。

图 10.13　竹木地板

图 10.14　木塑地板

10.4.2 木墙板

　　木装饰墙板是将木材切削成 0.3～0.8mm 的薄木作为面层，以人造板为基材，经胶黏热压后加工成的具有单面装饰作用的墙面装饰板材。再根据现场墙体实际情况，经裁切涂饰等处理工序制成各种规格样式的成品墙板。饰面薄木层常用树种有樱桃木、黑胡桃、柚木、花梨木等珍贵木材或纹理优美的树种。木装饰墙板的安装通常使用装配式安装，即工厂集成化生产、现场组合安装。目前这一墙面装饰方式越来越多地出现在建筑室内装饰项目当中，因其装饰效果好、生产效率高、施工周期短，得到市场的广泛认可。

　　木装饰墙板存在其他人造板材所共有的优点及缺点。潮湿环境中容易发生各类变形，以及生产和使用过程中造成的环境污染依然是限制其应用的一大因素。

知 识 链 接

　　作为常见的外围护结构材料，玻璃的传热速度是木材的 23 倍，大理石是木材的 90 倍，钢材是木材的 1650 倍，铝材是木材的 7000 倍。这意味着如果以木材作为建筑的外围护结构，在使用过程当中建筑整体散失的热量更少，可以降低建筑制冷和供暖的成本。木材是烧结材料、混凝土以及天然和人造石材的优秀替代品，与其他建筑材料相比，木材在绝缘和保温性能上十分出色。木材在隔音方面效果也很突出，能通过吸收音波来阻止回声在空间的波动。

【参考图文】

　　木材是一种纯天然的、原生态的材料，由于具有良好的力学性能、隔热性能和隔声效果，在所有的建筑材料中木材最受人们青睐。树木存在生命，使得木材也具有和生命的联系。即使在各类建筑材料高度发展的今天，人们仍旧愿意去使用和接近利用木材建构的物体。

学习小结

　　木材，泛指用于工民建筑的木制材料，通常被为软材和硬材。工程中所用的木材主要取自树木的树干部分。木材因取得和加工容易，自古以来就是一种主要的建筑材料。木材的分类方式主要可按树种进行分类，分为针叶树材和阔叶树材，或按木材形状分为原木和锯材。木材的性质主要体现在含水率、密度和干缩湿胀三个方面。木材的力学性能主要有受拉性能、受弯性能、抗剪性能和抗压性能。人造板材种类很多，常用的有颗粒板（刨花板）、密度板、胶合板、细木工板等，以及防火板等装饰型人造板材。木地板是指用木材制成的地板，中国生产的木地板主要分为实木地板、强化木地板、实木复合地板、多层复合地板、竹材地板、软木地板以及新兴的木塑地板。

 课后思考与讨论

一、单项选择题

1. 下列属于木材力学性能的是（　　）。

A. 密度　　　　　B. 含水率　　　　C. 抗压强度　　　D. 质量

2. 下列木材各项强度中一般最大的是（　　）。

A. 顺纹抗压　　　B. 顺纹抗拉　　　C. 斜纹抗拉　　　D. 斜纹抗压

3. 影响木材正常使用阶段变形稳定性的含水率主要是（　　）。

A. 标准含水率　　B. 饱和含水率　　C. 平衡含水率　　D. 干燥含水率

二、简答题

1. 阔叶树材主要有哪些种类？都具有什么特点？

2. 强化木地板的主要特点有哪些？

3. 颗粒板包括哪些种类？分别有什么特点？

第3篇

安装工程材料

安装工程材料包括给排水材料、电气材料、通风与空调材料及消防材料等。本篇以日常工程建设中最为常用的材料作为本篇介绍的主要对象。对各个专业材料的规格、性能、用途及施工中应用逐一说明。

给排水材料中常用的材料有金属管材（无缝钢管、焊接钢管、螺旋缝电焊钢管、球墨铸铁管、铜管、薄壁不锈钢管）、非金属管材（U-PVC、PP-R、PEX、ABS、PE）、复合管材（钢塑复合管、铝塑复合管）、阀门（截止阀、节流阀、闸阀、止回阀、球阀、旋阀）、管件（无缝钢管管件、可锻铸铁管件、硬聚氯乙烯管件）、卫生器具及附件等。

电气材料中常用的材料有电线、电缆（电力电缆、铠装电力电缆、阻燃电力电缆、控制电缆、铠装控制电缆）、导管（金属、非金属）、线槽、桥架、照明灯具、照明开关、插座等。

通风与空调材料中常用的材料有风管（金属风管、非金属风管）、风管连接材料及垫料、胶粘料、柔性软接材料等。

消防材料中常用的材料有自动喷水灭火消防专用材料（闭式洒水喷头、湿式报警阀、水流指示器）、消火栓（室内、室外）、防火阀、送风及排烟口等。

第**11**章 给排水材料

引　言

　　给排水材料常用于安装工程中，而安装工程中的给排水部分在建筑中既重要又关键，如PP-R管、铜管、无缝钢管等材料在我们生活中随处可见。通过学习本章，了解给排水材料的特点、分类、适用范围及相关概念的理解。

学习目标

　　了解给排水材料的分类；掌握给排水材料的特点及适用范围；熟悉给排水材料在施工中的应用。

本章导读

　　我们日常生活中用水的需求很多，如何解决建筑物中的给水和排水问题就非常重要了。让我们看看大家在建筑物中常见的给排水材料，如图11.1所示。

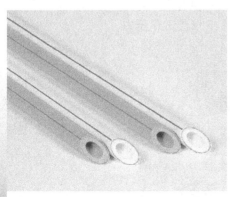

(a)　　　　　　　　　　　　　　　　　(b)

（a）PP-R管；（b）钢管件

图 11.1　常用给排水管材和管件

11.1　了解给排水材料的基础知识

【参考图文】

1. 公称直径

管子、管件和管路附件的公称直径，也称为公称通径，既不是实际的内径，也不是实际的外径。公称直径的管子和实际内径数值有差别，如 $DN150$ 的给水铸铁管，实测内径只有 148.5mm。公称直径以符号"DN"表示，单位为 mm（可省略）。

例如：$DN100$，表示公称直径为 100mm。

2. 公称压力、试验压力、设计压力和工作压力

（1）公称压力，公称压力是为了设计、制造和使用的方便而规定的一种标准压力（在数值上它正好等于第一级工作温度下的最大工作压力），用"PN"表示，其后附加压力数值，单位为 MPa。

例如：$PN2$，表示公称压力为 2MPa。

（2）试验压力，是指管道、容器或设备进行耐压强度和气密性试验规定所要达到的压力。在管道施工完成进入正式使用前进行压力试验，要对其强度和严密性进行检查，以确保使用中的安全和可靠。用"Ps"表示，其后附加压力数值，单位为 MPa。

例如：$Ps1.5$，表示试验压力为 1.6MPa。

（3）设计压力，是指根据是指给水管道系统作用在管内壁上的最大瞬时压力。用"Pe"表示，其后附加压力数值，单位为 MPa。

例如：$Pe1.6$，表示设计压力为 1.6MPa。

（4）工作压力，是指为了管道系统的运行安全，根据管道输送介质的各级最高工作温度所规定的最大压力。用"Pt"表示，其后附加压力数值，单位为 MPa。

例如：$Pt1.6$，表示工作压力为 1.6MPa。

3. 公称压力、试验压力、设计压力和工作压力之间关系

公称压力、试验压力、设计压力和工作压力之间的关系则是：试验压力＞公称压力＞设计压力＞工作压力，设计压力通常情况下是 1.5 倍的工作压力。

11.2　认识常用管材

【参考图文】

1. 常用金属管材

常用的金属管材包括无缝钢管、焊接钢管、螺旋缝电焊钢管、球墨铸铁管、薄壁不锈钢管。

1）无缝钢管

无缝钢管（Seamless Steel Tube），是一种具有中空截面、周边没有接缝的长条钢材，是用钢锭或实心管坯经穿孔制成毛管，然后经热轧、冷轧或冷拔制成。

无缝钢管按制造工艺的不同，分为热轧管和冷轧管。热轧管的最大公称直径为 600mm；冷轧管的最大公称直径为 200mm。在给水排水管道中，通常使用的管道的管径超过 57mm 时选用热轧管，使用的管径在 57mm 之内选用冷轧管。如图 11.2 所示为无缝钢管。

图 11.2　无缝钢管

2）焊接钢管

焊接钢管是指用钢带或钢板弯曲变形为圆形、方形等形状后再焊接成的、表面有接缝的钢管。焊接钢管比无缝钢管成本低、生产效率高，采用的坯料是钢板或带钢。焊接钢管在酸性环境中耐蚀性强。

建筑给排水工程中常将焊接钢管用于低压流体输送用，焊接钢管分为镀锌管和不镀锌管，即俗称的白铁管和黑铁管。根据其管壁的厚度不同可分为普通管和加强管，普通管工作压力≤1.0MPa，加强管工作压力≤1.6MPa。住宅小区室内通常用的普通管如图 11.3 所示。

(a)　　　　　　　　　　　　　　　(b)

（a）镀锌管称为白铁管；（b）不镀锌管称为黑铁管

图 11.3　焊接钢管

3）螺旋缝电焊钢管

螺旋缝电焊钢管采用普通碳素钢或低合金钢制造，一般用于工作压力不超过 2MPa，介质温度最高不超过 200℃的直径较大的管道，常使用在冷水机组冷却水管、室外煤气管道等。

4）球墨铸铁管

室内排水常用的球墨铸铁管规格为 $DN50\sim DN200$，室外排水常用的球墨铸铁管规格为 $DN75\sim DN1600$。

球墨铸铁管接口连接方式分为法兰对夹连接加橡胶圈密封和柔性平口连接。

球墨铸铁管适用于供水、供气管道系统、市政管道系统等。

5）铜管

铜管又称为紫铜管，有色金属管的一种，为压制的或拉制的无缝管。钢管具备坚固、耐腐蚀的特性。铜管适用于室内供水、供热、制冷管道安装的使用。其主要缺点是工程造价高，优点是耐用、品质高等。

6）薄壁不锈钢管

不锈钢管安全可靠、卫生环保、经济适用，管道的薄壁化及新型可靠、简单方便色连接成为现代普遍适用的原因。壁厚为 0.6～1.2mm 的薄壁不锈钢管在优质饮用水系统、热水系统使用较多。

薄壁不锈钢管连接方式有压缩式、压紧式、活接式、推进式、推螺纹式、承插焊接式、活套式法兰连接、焊接式等。

2. 常用非金属管材

常用的非金属管材包括硬聚氯乙烯管（U-PVC管）、聚丙烯给水管（PP-R管）、交联聚乙烯给水管（PEX管）、工程塑料给水管（ABS管）、聚乙烯管（PE管）。

1）聚氯乙烯管（U-PVC管）

硬聚氯乙烯管（U-PVC管）分为给水管和排水管，其两者区别是材料要求和工作压力不同，给水管的塑料粒子原料必须符合卫生饮用规范标准。

硬聚氯乙烯管（U-PVC管）的缺点是工作时噪声大，现在常见的新产品有芯层发泡 U-PVC管、螺纹内壁 U-PVC管等，能改善其原来的缺点。一般使用在对噪声控制要求较高的室内管道中等。

2）聚丙烯给水管（PP-R管）

聚丙烯给水管（PP-R管）的公称压力有 1.0MPa 和 2.0MPa 两种。公称压力 1.0MPa 的 PP-R管的工作压力≤0.6MPa，工作水温≤70℃，可用来作为给水管；公称压力 2.0MPa 的 PP-R管的工作压力≤1.6MPa，工作水温≤95℃，可用来作为给水和热水系统管道。

3）交联聚乙烯给水管（PEX管）

交联聚乙烯给水管（PEX管）分为冷水型和热水型。冷水型管工作温度是≤45℃，而热水型管工作温度是≤95℃。交联聚乙烯给水管（PEX管）的规格以外径计算，常用的外径最小为 20mm，最大为 63mm。管道与管件连接采用卡箍式或卡套式连接。

4）工程塑料给水管（ABS管）

给水用工程塑料给水管（ABS管）选用合适的 ABS 树脂及原料，经挤出成型或注

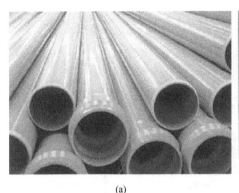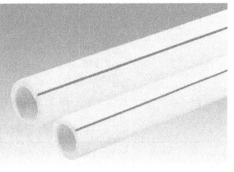

(a)　　　　　　　　　　　　　　　　(b)

（a）U – PVC 管；（b）PP – R 管

图 11.4　非金属管材

射成型而成，工程塑料给水管（ABS 管）综合性能良好，特别是耐压能力、耐低温能力等物理性能。工程塑料给水管（ABS 管）适用于恶劣、寒冷条件下的工作环境，公称压力 $PN=1.0$MPa，适用于工作温度 $-40\sim80℃$ 的环境，连接方式采用冷胶溶合。

5）聚乙烯管（PE 管）

聚乙烯管（PE 管）适用于工作温度 $-60\sim60℃$ 的环境，具有良好的耐磨性、低温抗冲击性和耐腐蚀性。

3. 常用复合管材

（1）钢塑复合管。产品以无缝钢管、焊接钢管为基管，内壁涂装高附着力、防腐、食品级卫生型的聚乙烯粉末涂料或环氧树脂涂料。采用前处理、预热、内涂装、流平、后处理工艺制成的给水镀锌内涂塑复合钢管，是传统镀锌管的升级型产品，钢塑复合管一般用螺纹连接。

（2）铝塑复合管。铝塑复合管是最早替代铸铁管的供水管，其基本构成应为五层，即由内而外依次为塑料、热熔胶、铝合金、热熔胶、塑料。现在国内铝塑管质量领先地区是佛山地区。国内比较出名的品牌有日丰、峰泰、美丰。

铝塑复合管有较好的保温性能，内外壁不易腐蚀，因内壁光滑，对流体阻力很小；又因为可随意弯曲，所以安装施工方便。作为供水管道，铝塑复合管有足够的强度。

11.3　认识常用阀门管件

【参考图文】

1. 常用阀门

阀门产品的型号由 7 个单元组成，各单元表示为：阀门类别、驱动方式、连接形式、结构形式、密封面材料、公称压力和阀体材料，如图 11.5 所示。

（1）阀门类别，见表 11 – 1。

$$\boxed{1}\;\boxed{2}\;\boxed{3}\;\boxed{4}\;\boxed{5}\;-\;\boxed{6}\;\boxed{7}$$

$\boxed{1}$表示阀门类别；$\boxed{2}$表示驱动方式；$\boxed{3}$表示连接形式；
$\boxed{4}$表示结构形式；$\boxed{5}$表示密封面材料；$\boxed{6}$表示公称压力；
$\boxed{7}$表示阀体材料

图 11.5　阀门型号的组成图

表 11 - 1　阀门类别及其代号表

阀门类别	代号	阀门类别	代号	阀门类别	代号	阀门类别	代号
闸阀	Z	止回阀	H	旋阀	X	疏水阀	S
截止阀	J	减压阀	Y	节流阀	L	蝶阀	D
安全阀	A	调节阀	T	电磁阀	ZCLF	球阀	Q

（2）驱动方式，见表 11 - 2。

表 11 - 2　阀门驱动方式及其代号表

驱动方式	代号	驱动方式	代号	驱动方式	代号	驱动方式	代号
手驱动	1	正齿轮	4	气动	6	电磁	8
蜗轮	3	伞齿轮	5	液动	7	电动机	9

（3）连接形式，见表 11 - 3。

表 11 - 3　阀门连接形式及其代号表

连接形式	代号	连接形式	代号	连接形式	代号
内螺纹	1	法兰	4	对夹	7
外螺纹	2	焊接	6	卡箍	8

（4）结构形式，见表 11 - 4。

表 11 - 4　阀门结构形式及其代号表

结 构 形 式	代号	结 构 形 式	代号
闸阀		暗杆楔式单闸板	5
明杆楔式单闸板	1	暗杆楔式双闸板	6
明杆楔式双闸板	2	暗杆平行式单板	7
明杆平行式单板	3	暗杆平行式双板	8
明杆平行式双板	4	截止阀	
杠杆式安全阀		直通式（铸造）	1
单杠杆微启式	1	直角式（铸造）	2
单杠杆全启式	2	直通式（锻造）	3

（续）

结构形式	代号	结构形式	代号
双杠杆微启式	3	直角式（锻造）	4
双杠杆全启式	4	直流式	5
弹簧式安全阀		压力计用	9
封闭微启式	1	止回阀	
封闭全启式	2	直通升降式（铸）/（锻）	1/3
封闭带扳手微启式	3	立式升降式	2
封闭带扳手全启式	4	单瓣旋启式/多瓣旋启式	4/5
不封闭带扳手微启	7	球阀	
不封闭带扳手全启	8	直通式（铸造）/（锻造）	
带散热片全启	0	蝶阀	
脉冲式	9	垂直板式/斜板式/杠杆式	1/3/0
减压阀		调节阀	
外弹簧薄膜式	1	带散热片气开式	1
内弹簧薄膜式	2	带散热片气关式	2
膜片活塞式	3	不带散热片气开式	3
波纹管式	4	不带散热片气关式	4
杠杆弹簧式	5	阀前	7
气垫薄膜式	6	阀后	8
疏水阀			
浮球式	1	脉冲式	8
钟形浮子式	5	热动力式	9

（5）密封圈材料，见表 11-5。

表 11-5　阀门密封圈材料及其代号表

密封圈或衬里材料	代号	密封圈或衬里材料	代号	密封圈或衬里材料	代号	密封圈或衬里材料	代号
铜（黄、青）	T	耐酸钢或不锈钢	H	渗氮钢	D	巴比特合金钢	B
硬质合金	Y	橡胶	X	硬橡胶	J	皮革	P
四氟乙烯	SA	聚氯乙烯	SC	酚醛塑料	SD	石墨石棉	S
衬胶	CJ	衬铅	CQ	衬塑料	CS	搪瓷	TC

（6）公称压力，用数值表示，单位 MPa。

（7）阀体材料，见表 11 - 6。

表 11 - 6　阀门材料及其代号表

阀 体 材 料	代号	阀 体 材 料	代号
灰铸铁	Z	碳钢	C
可锻铸铁	K	中铬钼合金钢	I
球墨铸铁	Q	铬钼钒合金钢	V
铜合金（铸铜）	T	铬镍钼钛合金钢	R
铝合金	L	铬镍钛钢	P

2. 阀门型号解读

Z944T - 1 *DN*500：公称直径 500mm，电动机驱动，法兰连接，明杆平行式双闸板闸阀，密封圈材料为铜，公称压力为 1MPa，阀体材料为灰铸铁。

【学中做】

知 识 链 接

安装完成的管道应当进行试压，以证明其安装管道的质量，试验压力值应为工作压力的 1.5 倍，但不得小于 1.6MPa。管材为钢管、铸铁管，试验压力下保持 10min，压力降不大于 0.05MPa；然后降至工作压力检查，以压力保持不变，不渗不漏为合格。管材为塑料管时，在试验压力下保持 1h，压力降不大于 0.05MPa；然后降至工作压力检查，压力保持不变，不渗不漏为合格。

管道安装完毕，验收前应用高速水流进行冲洗，直到排出的水不含杂质为止。饮用水管道在冲洗后还应进行消毒，使水质达到饮用水卫生要求。并请有关单位验收，做好管道冲洗及消毒验收记录。

学习小结

给排水材料包括常用的管材和管件，包括常用的金属管材（无缝钢管、焊接钢管、螺旋缝电焊钢管、球墨铸铁管、铜管、薄壁不锈钢管等）、常用非金属管材（U - PVC、PP - R、PEX、ABS、PE）和常用复合管材（钢塑复合管、铝塑复合管）。

常用的管件包括闸阀、截止阀、节流阀、球阀、止回阀、安全阀、减压阀、旋塞阀、蝶阀、疏水阀等。

课后思考与讨论

一、填空题

1. 无缝钢管按工艺特点分为_____和_____。

2. 焊接钢管可分为_____和_____。

3. 在常用非金属管材中，能用于给水管的_____、_____、_____和_____。

4. 截止阀的代码为_____，安全阀的代码为_____，蝶阀的代码为_____；阀门连接方式中 1 表示_____，阀门驱动类型中 9 表示_____。

5. H11T - 1.6K *DN*50 表示_____。

二、简答题

1. 简述薄壁不锈钢管的优缺点。

2. 简述 U - PVC、PP - R 的优缺点及适用环境。

第**12**章 电气材料

引 言

　　电线是指传导电流的导线，可以有效传导电流。直径小的叫"线"，直径大的叫"缆"。结构简单的叫"线"，结构复杂的叫"缆"。

　　但随着使用范围的扩大，很多品种"线中有缆""缆中有线"。所以没有必要严格区分。

　　在日常习惯上，人们把家用布电线叫做电线，把电力电缆简称电缆。

学习目标

　　掌握电线的基本常识。熟悉电缆的表示方法及型号。

本章导读

案例一

　　2008 年 3 月 19 日下午 4 点左右，南京某高校 3 号男生宿舍楼突然起火，猛烈的大火很快将整间宿舍烧个精光，所幸没有人员受伤。据调查，这个宿舍存在私拉电线的现象，当天下午宿舍内的电脑又一直没关，电脑发热引发了火灾。

案例二

　　2005 年 3 月，某大学一同学在使用电热杯的过程中，因线路维修临时停电，该同学出门时忘了拔掉插在电源上的电热杯。十分钟后电来了，电热杯将水烧干，并将电热杯塑料底盘熔化。熔化的塑料所产生的异味被路过的同学察觉，及时报告了公寓管理员，才没有酿成大祸。

12.1　认识电线

【参考图文】

1. 常用电线型号

型号表示的方法，如图 12.1 及表 12-1 所示。

图 12.1　电线型号组成

表 12-1　电线型号说明

名　称	说　明
代号或用途	以字母表示，B 表示固定敷设电线，R 表示软线，N 表示农用直埋线
线心材质	通常有两种，L 表示铝心，T 表示铜心，在型号中可以省去不标
绝缘	是指心线外的绝缘材料，V 表示聚氯乙烯，X 表示天然橡胶绝缘，F 表示丁腈聚氯乙烯复合物绝缘，E 表示乙丙橡皮绝缘，YJ 表示交联聚乙烯绝缘
护套	单心电线外无护套，多心电线或电缆外有护套。V 表示聚氯乙烯护套，Y 表示聚乙烯护套，X 表示天然橡皮护套，F 表示氯丁橡胶护套
派生	同型号的不同生产牌号，通常用数字表示，也有用字母表示，如 W 表示户外

2. 常用电线的型号

常用电线型号见表 12-2。

表 12-2　常用电线型号一览表

序号	型号	名　称
1	BV	铜心聚氯乙烯绝缘电线
2	BVP	铜心聚氯乙烯绝缘屏蔽电线
3	BVR	铜心聚氯乙烯绝缘软线
4	BVV	铜心聚氯乙烯绝缘聚氯乙烯护套电线
5	BVVB	铜心聚氯乙烯绝缘聚氯乙烯护套平行电线
6	BX	铜心橡皮绝缘电线
7	BXF	铜心氯丁橡皮绝缘电线
8	BXR	铜心橡皮绝缘软线
9	RX	铜心橡皮绝缘棉纱编织双绞软线
10	RVB	铜心聚氯乙烯绝缘平行软线
11	RVS	铜心聚氯乙烯绝缘绞型软线

3. 常用电线导体的标称截面

(1) 标称截面面积常用的有 $0.75mm^2$、$1mm^2$、$1.5mm^2$、$2.5mm^2$、$4mm^2$、$6mm^2$、$10mm^2$、$16mm^2$、$25mm^2$、$35mm^2$、$50mm^2$、$70mm^2$、$95mm^2$、$120mm^2$、$150mm^2$、$185mm^2$、$240mm^2$、$300mm^2$、$400mm^2$ 等。

(2) 标称截面面积为 $0.75mm^2$、$1mm^2$、$1.5mm^2$、$2.5mm^2$、$4mm^2$、$6mm^2$，单心的作布电线用，多股的作移动设备馈电线用。

(3) 标称截面面积为 $10mm^2$ 及以上的电线导体均为多股组成。$10\sim35mm^2$ 为 7 股；$35\sim95mm^2$ 为 19 股；$120\sim185mm^2$ 为 37 股；$240\sim400mm^2$ 为 61 股。

(4) 电线的额定电压 U_0/U 有两类，即 300V/500V、450V/750V。

12.2 认识电缆

【参考图文】

1. 电缆型号构成的方法

电缆型号表示的方法，如图 12.2 及表 12-3 所示。

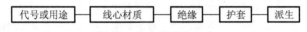

代号或用途 — 线心材质 — 绝缘 — 护套 — 派生

图 12.2　电缆型号组成

表 12-3　电缆型号说明

名　称	说　明
代号或用途	以字母表示，B 表示固定敷设电线，R 表示软线，N 表示农用直埋线
线心材质	通常有两种，L 表示铝心，T 表示铜心，在型号中可以省去不标
绝缘	是指心线外的绝缘材料，V 表示聚氯乙烯，X 表示天然橡胶绝缘，F 表示丁腈聚氯乙烯复合物绝缘，E 表示乙丙橡皮绝缘，YJ 表示交联聚乙烯绝缘
护套	单心电线外无护套，多心电线或电缆外有护套。V 表示聚氯乙烯护套，Y 表示聚乙烯护套，X 表示天然橡皮护套，F 表示氯丁橡胶护套
派生	同型号的不同生产牌号，通常用数字表示，也有用字母表示，如 W 表示户外

2. 常用电线的型号

常用电线型号，见表 12-4。

表 12-4　常用电缆型号一览表

序号	型号	名　称
1	VV	铜心聚氯乙烯绝缘聚氯乙烯护套电力电缆
2	VV_{22}	铜心聚氯乙烯绝缘聚氯乙烯护套钢带铠装电力电缆
3	VV_{30}	铜心聚氯乙烯绝缘聚氯乙烯护套裸细钢丝铠装电力电缆

（续）

序号	型号	名　称
4	VV$_{32}$	铜心聚氯乙烯绝缘聚氯乙烯护套内细钢丝铠装电力电缆
5	ZRYJV	铜心联聚乙烯绝缘聚氯乙烯护套阻燃电力电缆
6	ZRYJV$_{22}$	铜心交联聚乙烯绝缘聚钢带铠装聚氯乙烯护套阻燃电力电缆
7	ZRYJV$_{32}$	铜心交联聚乙烯绝缘聚钢丝铠装聚氯乙烯护套阻燃电力电缆
8	KVV	铜心聚氯乙烯绝缘聚氯乙烯护套控制电缆
9	KVV$_{20}$	铜心聚氯乙烯绝缘聚氯乙烯护套裸钢带铠装控制电缆
10	KVV$_{30}$	铜心聚氯乙烯绝缘聚氯乙烯护套裸细钢丝铠装控制电缆
11	KV$_{22}$	铜心聚氯乙烯绝缘钢带铠装聚氯乙烯护套控制电缆
12	KV$_{32}$	铜心聚氯乙烯绝缘细钢丝铠装聚氯乙烯护套控制电缆

3. 常用电缆的外覆的铠装表示

常用电缆外覆铠装表示，见表12-5。

表12-5　常用电缆外覆铠装表

序号	数字	示　意
1	20	裸钢带铠装
2	21	钢带铠装纤维外被
3	22	钢带铠装聚氯乙烯护套
4	23	钢带铠装聚乙烯护套
5	30	裸细钢丝铠装
6	32	细钢丝铠装聚氯乙烯护套

4. 常用电缆的导体

（1）电缆的导体，在建筑电气工程中均为铜心导体。导体的标称截面系列与电线相同。

（2）电力电缆的导体有单心、双心、三心、四心和五心几种。其中三心电缆三根互相绝缘的导体截面是相等的；四心电缆的导体也相互绝缘，但三根导体截面相等，一根导体截面面积小1～2个等级；五心电缆的五根心也是相互绝缘，其中三根导体截面相等，其余两根导体根据施工设计所确定。

（3）控制电缆均为铜心多心电缆，铜心标称截面面积为 0.5mm^2、0.75mm^2、1mm^2、1.5mm^2、4mm^2、6mm^2、10mm^2；同一电缆内心数最少2根，最多为61根。常用的 KVV 型控制电缆心线截面为 0.75～2.5mm^2 心线根数为 2～61 根。

【参考图文】

（4）电缆的额定电压。

房屋建筑安装工程中电力电缆的额定电压为 1kV、10kV、35k。

控制电路的额定电压 U_0/U 有两类，即 300V/500V、450V/750V。

【学中做】

知 识 链 接

电线表面标志——根据国家标准规定，电线表面应有制造厂名、产品型号和额定电压的连续标志。这有利于在电线使用过程中发生问题时能及时找到制造厂，消费者在选购电线时务必注意这一点。同时消费者在选购电线时，应注意合格证上标明的制造厂名、产品型号、额定电压与电线表面的印刷标志是否一致，防止冒牌产品。

电线外观——消费者在选购电线时应注意电线的外观应光滑平整，绝缘和护套层无损坏，标志印字清晰，手摸电线时无油腻感。从电线的横截面看，电线的整个圆周上绝缘或护套的厚度应均匀，不应偏心，绝缘或护套应有一定的厚度。

导体线径——消费者在选购电线时应注意导体线径是否与合格证上明示的截面面积相符，若导体截面偏小，容易使电线发热引起短路。建议家庭照明线路用电线采用 $1.5mm^2$ 及以上规格；空调、微波炉等用功率较大的家用电器应采用 $2.5mm^2$ 及以上规格的电线。

规范使用——应规范布线，固定线路最好采用 BV 单心线穿管子，注意在布线时不要碰坏电线，在房间装潢时不要碰坏电线；在一路线里中间不要接头；电线接入电器箱（盒）时不要碰线；另外用电量较大的家用电器如空调等，应单独一路电线供电；弱电、强电用的电线最好保持一定距离。

电缆线路常见的故障有机械损伤、绝缘损伤、绝缘受潮、绝缘老化变质、过电压、电缆过热故障等。当线路发生上述故障时，应切断故障电缆的电源，寻找故障点，对故障进行检查及分析，然后进行修理和试验，该割除的割除，待故障消除后，方可恢复供电。

学习小结

本章主要介绍了电线、电缆。电线包括绝缘电线、屏蔽电线、软线等。电缆包括电力电缆、控制电缆、阻燃电缆、带铠装的电缆等。

通过对电线、电缆的学习，熟悉电缆型号、规格及导体的材质和数量。

电线、电缆的额定电压为 300V/500V、450V/750V，电力电缆的额定电压为 1kV、10kV、35k。

课后思考与讨论

一、填空题

1. 电线 BV 表示_____；电线 BVVB 表示_____。

2. 电线导体的标称截面有_____。

3. 电缆外覆的铠装中，数字 22 表示_____。

4. 常用的 KVV 型控制电缆心线截面面积为 $0.75 \sim 2.5mm^2$，心线根数为_____根。

5. 房屋建筑安装工程中，电力电缆的额定电压为_____；控制电路的额定电压 U_0/U 有两类，即_____。

二、简答题

1. 简述常用的电缆型号名称。

2. 简述电线型号的名称及标称截面尺寸。

第13章 通风与空调材料

引　言

通风就是采用自然或机械方法，使风没有阻碍地穿过，到达房间或密封的环境内，以达成卫生、安全等适宜空气环境的技术。

空调即空气调节器（Air Conditioner），是指用人工手段，对建筑/构筑物内环境空气的温度、湿度、洁净度、速度等参数进行调节和控制的过程。一般包括冷源/热源设备，冷热介质输配系统，末端装置等几大部分和其他辅助设备。设备主要包括水泵、风机和管路系统。末端装置则负责利用输配来的冷热量，具体处理空气，使目标环境的空气参数达到要求。

学习目标

了解常用风管材料的分类及特征。熟悉风管连接材料分类及特征。

本章导读

随着我国城市进程的加快，百姓的日子也越来越好，家家户户在夏季用上了空调。空调的工作原理如图 13.1 所示。

通过本章的学习，应了解通风和空调使用的材料。

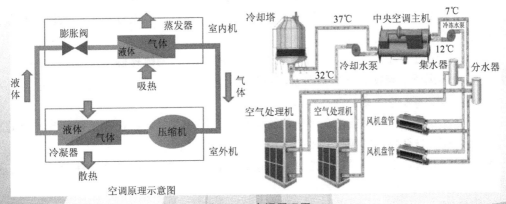

图 13.1　空调原理图

13.1 认识常用的风管材料

【参考图文】

目前随着各种新材料、新工艺的不断出现，空调通风管道的材料选择以材质消声、节能、环保、质量轻、防火性能及目前投资等多方面参数进行考量、均衡，确认更符合现代建筑科学要求的管材。

目前常用的风管材料主要有三大类：金属风管、非金属风管、复合风管。

金属风管主要包括普通薄钢板（黑铁皮）、镀锌薄钢板（白铁皮）、塑料复合钢板、铝板和不锈钢板等。

普通薄钢板根据其工艺不同，分为热轧钢板和冷轧钢板，热轧钢板用于工业通风工程中，冷轧钢板用于机器。

非金属风管包括玻璃钢风管、复合风管（酚醛复合风管、聚氨酯复合风管、玻纤复合风管、高分子复合风管、玻镁复合风管）等。

13.2 认识常用的风管连接材料

【参考图文】

1. 金属风管的连接、支撑材料及其使用

扁钢：用于制作小规格法兰、抱箍及风帽支撑等。

角钢：主要用于制作支架、加固框和法兰。

圆钢：主要用于制作支架的吊杆和螺栓。

槽钢：主要用于制作空调设备的支架及大型风管的支架等。

紧固件：紧固件包括通风空调设备与支架连接用的螺栓，无法兰连接时用镀锌钢板制作的法兰夹，风管法兰连接螺栓和垫片，风管与部件法兰连接用的铆钉。

螺栓和垫圈：是通用紧固件，有精制和粗制两种。通风空调工程中大多数使用粗制螺栓。垫圈有平垫圈和弹簧垫圈，弹簧垫圈在需要防振的地方使用。

铆钉：常用的铆钉有平头和半圆头铆钉，净化空调中选用镀锌铆钉。

2. 非金属风管的连接、支撑材料及其使用

玻璃钢风管和金属管道基本一致。

玻镁复合风管采用胶粘技术和特殊的结构组合、连接。主要将连接处制作成凹凸连接插口，用于特殊胶粘技术粘接。支吊架采用角钢、槽钢、圆钢。

其他复合风管，根据不同材料选择和连接方式，配有厂方定型配套的法兰连接件、胶带等。支吊架主要采用角钢、圆钢。

13.3　认识常用的风管连接辅助材料

【参考图文】

1. 垫料

常用的垫料有用于民用工程的橡胶板、闭孔海绵橡胶板等，用于工业工程的石棉橡胶板、石棉板、软聚氯乙烯板等。

2. 胶粘料

无法兰连接的法兰角、洁净空调、风管咬口、法兰四角等微小的漏风处需使用胶粘料。常用的胶粘料主要有橡胶胶粘剂、环氧树脂胶粘剂。

3. 柔性软接

目前市场上柔性软接研发的新材料较多，主要根据设计功能选择耐火、耐高温、耐酸、耐碱、耐腐蚀的软接。防火软接采用硅橡胶涂覆玻纤布为软接材料，用高温线缝制而成，最高耐温可高达 400℃。对于需保温的，采用硅酸钛不燃 A1 级保温软接头。常用的帆布软接有白帆布、防水布、阻燃布、汽车帆布。

【参考图文】

知 识 链 接

中央空调是由一台主机通过风道或冷媒管接接多个末端设备的方式来控制不同的房间，以达到室内空气调节目的的家用中央空调系统的设备。采用风管送风方式，用一台主机即可控制多个不同房间并且可引入新风，预防空调病的发生。家用中央空调的最突出特点是产生舒适的居住环境；此外，从审美观点和最佳空间利用上考虑，使用家用中央空调使室内装饰更灵活，更容易实现各种装饰效果，即使您不喜欢原来的装饰，重新装修，原来的中央空调系统稍微改变即可与新的装修风格和谐一致。因此称家用中央空调为一步到位、永不落后的选择。家用中央空调（或称户式中央空调、单元式可调中央空调）是指由一个室外机产生冷（热）源进而向各个房间供冷（热）的空调，它是属于（小型）商用空调的一种。家用中央空调分为风系统和水系统两种。风系统由室外机、室内主机、送风管道以及各个房间的风口和调节阀等组成；水系统由室外机、水管道、循环水泵及各个室内的末端（风机盘管、明装等）组成。

《 学习小结 》

【学中做】

本章主要介绍了通风和空调材料，包括金属风管、非金属风管、复合风管等。
金属风管的连接材料有扁钢、角钢、圆钢、槽钢、紧固件等材料。其使用的范围不同。
扁钢：用于制作小规格法兰、抱箍及风帽支撑等。
角钢：主要用于制作支架、加固框和法兰。

圆钢：主要用于制作支架的吊杆和螺栓。

槽钢：主要用于制作空调设备的支架及大型风管的支架等。

紧固件：紧固件包括通风空调设备与支架连接用的螺栓，法兰连接螺栓和垫圈，风管与部件、法兰连接用铆钉等。

课后思考与讨论

一、填空题

1. 普通薄钢板根据其工艺特点不同可分为_____和_____。

2. 非金属风管主要有_____、_____。

3. 复合风管包括_____、_____、_____、_____、_____。

二、简答题

1. 区分热轧钢板与冷轧钢板的优缺点。

2. 简述扁钢、角钢、圆钢、槽钢在风管连接材料中的使用对象。

第**14**章　消防材料

引　言

消防器材是人类与火灾作斗争的重要武器，随着科学技术的飞速发展，多种学科的相互渗透，给消防器材的更新发展带来了生机与活力。消防器材涉及面广、种类多。从火灾自动控测报警系统、灭火器、固定灭火系统、泵、车及供水器材、个人装备和救生设备、通信调度指挥系统，到灭火剂、阻燃器材，可以说它涵盖了与国计民生相关的冶金、机械、传动、轻工、电子、计算机、化工、材料等多种科学领域。

学习目标

了解闭式洒水喷头的类型；熟悉湿式报警器的规格型号；掌握水流指示器的技术指标参数。

本章导读

我国城市建设速度日益加快，处处都是高楼大厦。如何解决高楼中的消防安全问题是我们关注的重点。看看认识图 14.1 中的消防器材吗？

图 14.1　消防器材

14.1 认识自动喷水灭火材料

【参考图文】

1. 闭式洒水喷头

闭式洒水喷头根据其洒水形状及使用方法的不同，可分为普通型、下垂型、直立性和边墙型四种类型。喷头的主要技术参数见表 14 - 1。

表 14 - 1　闭式喷头主要技术参数

型号	工作压力	公称直径	流量系数 k	接口螺纹	额定动作温度/℃	最高环境温度/℃	玻璃球色标	玻璃球直径	安装位置
ZSTP15	1.2MPa	15mm	80±4	1/2 吋	57	27	橙	Φ5	直立、下垂
ZSTX15					68	38	红		下垂
ZSTZ15					79	49	黄		直立
ZSTB15					93	63	绿		直立、下垂、靠墙
ZSTB15					141	111	蓝		直立、下垂、靠墙

2. 湿式报警器

湿式报警器的规格型号，见表 14 - 2。

表 14 - 2　ZSFZ 型湿式报警器规格型号　　　　　单位：mm

型号	公称直径	阀门高度	法兰外径	法兰螺孔中径	螺孔数及直径	阀组外形尺寸（长×宽×高）
ZSFZ100	100	250	215	180	8×φ18	650×320×490
ZSFZ150	150	288	280	240	8×φ23	700×345×500

3. 水流指示器

水流指示器的主要技术参数，见表 14 - 3。

表 14 - 3　ZSFZ 型水流指示器的主要技术参数

性能指标	技术参数
密封性能试验	2.4MPa
工作压力	0.14～1.2MPa
敏感度	15～37.5L/min
延时时间	2～9s
开关容量	AC220V/5A；DC24V/3A
触点输出	常开和常闭触点各一对

14.2　认识室外消火栓

室外消火栓的型号及规格见表14-4。

表14-4　室外消火栓型号及规格

类别	型号 公称压力	外形尺寸/mm			进水口形式	出　水　口		
		长	宽	高		形式	口径	数量
地上式	SS100/65-1.6	360	350	1425	法兰	内扣	65	2
						外螺纹	100	1
	SS100/65-1.0	360	350	1425	承插	内扣	65	2
						外螺纹	100	1
	SS150/80-1.6	470	430	1570	法兰	内扣	80	2
						外螺纹	150	1
	SS150/80-1.0	470	430	1570	承插	内扣	80	2
						外螺纹	150	1
地下式	SA100/65-1.6	480	350	1050	法兰	内扣	65	1
						外螺纹	100	1
	SA100/65-1.0	480	350	1040	承插	内扣	65	1
						外螺纹	100	1
	SA65-1.0	475	350	1040	承插	内扣	65	2
	SA65-1.6	475	350	1040	法兰	内扣	65	2

14.3　认识防火阀与送风、排烟口

常用防火阀、排烟防火阀、送风、排烟口型号及规格，见表14-5。

表14-5　常用防火阀、排烟防火阀、送风、排烟口型号及规格

名称	型号	功能代号	特　征	适用范围
防火阀	FFH	FD	70℃自动关闭，可手动关闭、复位，输出电信号	火灾时需隔断火源的通风管上

（续）

名称	型号	功能代号	特 征	适 用 范 围
防火调节阀	FFH	FVD	70℃自动关闭，可手动关闭、复位，0～90°五挡风量调节，输出电信号	火灾时需隔断火源的通风管上
防烟防火调节阀	FFH	SFVD	70℃自动关闭，可手动关闭、复位，0～90°五挡风量调节，输出电信号	火灾时需隔断火源的通风管上
远控防烟防火调节阀	FFH	BSVFD	远距离手动关闭，70℃自动关闭，手动复位，0～90°五挡风量调节，输出两路电信号	火灾时需隔断火源的通风管上
排烟防火阀	FPY	SFD	电信号 DC24V 开启，手动开启，280℃重新关闭，手动复位，输出开启电信号	各排烟分区、排烟支管、排烟风机入口处
远控排烟防火阀	FPY	BSFD	电信号 DC24V 开启，远距离手动开启和复位，280℃重新关闭，输出开启电信号	各排烟分区、排烟支管、排烟风机入口处
板式排烟口	PYK	BSD	电信号 DC24V 开启，远距离手动开启，远距离手动复位，输出开启电信号	排烟吸入口
多叶排烟口	PYK	SD	电信号 DC24V 开启，手动开启，手动复位，输出开启电信号	排烟吸入口
远控多叶排烟口	PYK	BSD	电信号 DC24V 开启，远距离手动开启手动复位，输出开启电信号	排烟吸入口
远控多叶防火排烟口	PYK	BSFD	电信号 DC24V 开启，远距离手动开启和复位，280℃重新关闭，输出开启电信号	排烟吸入口
多叶防火排烟口	PYK	SFD	电信号 DC24V 开启，远距离手动开启和复位，280℃重新关闭，输出开启电信号	排烟吸入口

知 识 链 接

常用的消防器材有以下几类。

水灭火系统，包括室内、室外消火栓（含水枪、水带），自动喷水灭火系统（包括喷淋系统，雨淋系统（里面有喷头、管道、水泵、水泵接合器、水箱、水流指示器等）。

泡沫灭火系统，包括泡沫罐、比例混合器、管线、喷头等。

气体灭火系统，主要是1211、1301和二氧化碳系统，包括喷头、储气瓶、管线、控制线路。

灭火器，包括手提式的和推车式的，有干粉、清水、泡沫、二氧化碳等不同类型和大小的灭火器。

防火分隔设备，如防火卷帘门，防火门（钢质、木质），防火堵料，防火隔断。

消防电梯，防烟风机、排烟风机。

消防指示标识（如安全出口，疏散方向，禁止烟火等），应急消防照明灯。

【参考图文】

【参考图文】

消防车、船，如水罐消防车、泡沫消防车、干粉消防车、照明消防车、抢险消防车、举高消防车等。

消防队员专用设备，如抢险装备（破拆斧、链锯、无齿锯、液压顶杆、堵漏器等），个人防护装备（防化服、隔热服、消防战斗服、手套、靴、空气呼吸器、呼救器、定位器等），其他作战设备（消防梯、挂钩梯、救生绳、缓降器、对讲机、挠钩、特种水枪、自动水炮等）。

学习小结

本章主要介绍了消防材料。消防材料包括闭式洒水喷头、湿式报警器、水流指示器等。

介绍了室外消火栓的型号规格及类别；对防火阀、排烟防火阀、送风口、送风口的型号规格以及特征和适用范围做了介绍。

课后思考与讨论

一、填空题

1. 闭式洒水喷头按其形状和使用方法可分为＿＿＿＿、＿＿＿＿、＿＿＿＿、＿＿＿＿。

2. 室外消火栓按其类别分为＿＿＿＿、＿＿＿＿。

二、简答题

请将常用防火阀、排烟防火阀、送风、排烟口的规格型号填写在下表中。

名称	型号	功能代号	特征	适用范围

参 考 文 献

[1] 周和荣 . 安全员专业知识与务实 [M]. 北京：中国环境科学出版社，2010.

[2] 全国一级建造师执业资格考试用书编写委员会 . 建筑工程管理实务 [M]. 北京：中国建筑工业出版社，2016.

[3] 李崇智，周文娟，王林 . 建筑材料 [M]. 北京：清华大学出版社，2014.

[4] 王福川 . 新型建筑材料 [M]. 北京：中国建筑工业出版社，2003.

[5] 马保国 . 建筑功能材料 [M]. 武汉：武汉理工大学出版社，2004.

[6] 赵品 . 材料科学基础教程 [M]. 哈尔滨：哈尔滨工业大学出版社，2009.

[7] 陈宝璠 . 建筑水电工程材料 [M]. 北京：中国建材工业出版社，2010.

[8] 朱张校，姚可夫，王昆林，等 . 工程材料 [M].5 版 . 北京：清华大学出版社，2011.

[9] 全国造价工程执业资格考试培训教材编写组 . 建设工程技术与计量（安装部分）[M]. 北京：机械工业出版社，2012.

[10] 全国造价工程执业资格考试培训教材编写组 . 建设工程技术与计量（土建部分）[M]. 北京：机械工业出版社，2012.

[11] 闫文杰 . 通风空调工程施工员培训教材 [M]. 北京：中国建材工业出版社，2010.

[12] 张元发，等 . 建设工程质量检测见证取样员手册 [M]. 北京：中国建材工业出版社，2003.

[13] 李志刚 . 质量员 [M]. 北京：中国铁道出版社，2010.

[14] 龚利红 . 材料员一本通 [M]. 北京：中国电力出版社，2008.

[15] 吴文平，林沂祥 . 建筑材料员一本通 [M]. 合肥：安徽科学技术出版社，2011.

[16] 电气施工员一本通编委会 . 电气施工员一本通 [M]. 北京：中国建材工业出版社，2009.

[17] 马向东，孙斌 . 水暖施工员一本通 [M]. 北京：中国建材工业出版社，2009.

[18] 周庆，张志贤 . 安装工程材料手册 [M]. 北京：中国计划出版社，2004.